普通高等教育工科基础课“十四五”系列教材

数学建模及其赛题解析

安芹力 杨亚莉 焦红英 梁国宏 王亚利 仝坤玉 编

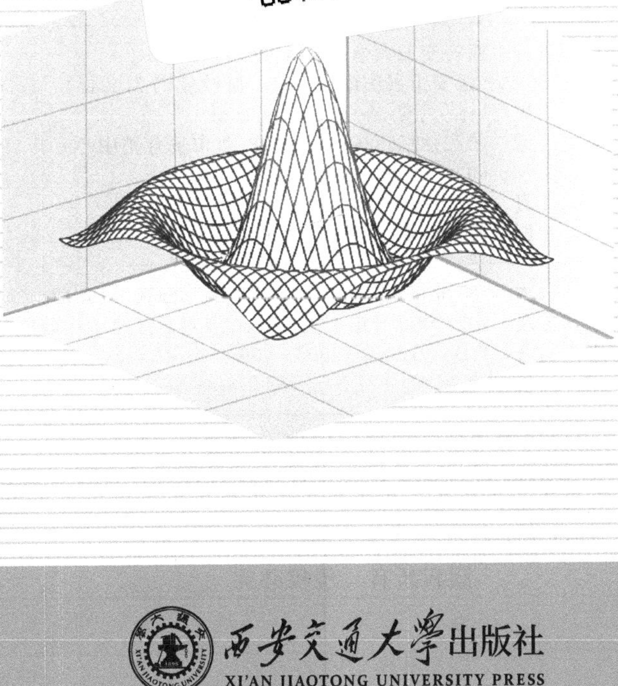

西安交通大学出版社
XI'AN JIAOTONG UNIVERSITY PRESS

内容简介

本书是基于作者多年从事本科生、研究生数学建模课程教学以及数学建模竞赛的经验，综合参考国内外建模教材、竞赛优秀论文以及有关问题的学术文献编写而成的。内容共分为九章，最后以附录的形式给出了赛题的解析。本书既详尽介绍了软件基础、初等数学建模方法、最优化建模方法、微分方程建模方法、差分方程和代数方程建模方法、图论建模方法、离散建模方法，又对历年数学建模竞赛赛题进行了详尽解析，全面阐述了数学建模解决问题的基本过程、思想和方法，旨在循序渐进、由浅入深、由易到难培养学生观察问题、分析问题、解决问题的能力。

本书可作为高等院校本科、研究生数学建模课程教材和数学建模竞赛辅导教材，也可供高校师生和科技工作者参考。

图书在版编目(CIP)数据

数学建模及其赛题解析/安芹力等编. -- 西安 ：
西安交通大学出版社，2025.2. --(普通高等教育
工科基础课"十四五"系列教材). -- ISBN 978-7
-5693-4000-6

Ⅰ. O141. 4-44

中国国家版本馆 CIP 数据核字第 20251PC486 号

书　　名　数学建模及其赛题解析
　　　　　　SHUXUE JIANMO JIQI SAITI JIEXI
编　　者　安芹力　杨亚莉　焦红英　梁国宏　王亚利　仝坤玉
策划编辑　田　华
责任编辑　邓　瑞
责任校对　王　娜
装帧设计　伍　胜

出版发行　西安交通大学出版社
　　　　　　(西安市兴庆南路 1 号　邮政编码 710048)
网　　址　http://www.xjtupress.com
电　　话　(029)82668357　82667874(市场营销中心)
　　　　　　(029)82668315(总编办)
传　　真　(029)82668280
印　　刷　西安五星印刷有限公司

开　　本　787 mm×1092 mm　1/16　**印张**　13.125　**字数**　450 千字
版次印次　2025 年 2 月第 1 版　2025 年 2 月第 1 次印刷
书　　号　ISBN 978-7-5693-4000-6
定　　价　38.00 元

如发现印装质量问题，请与本社市场营销中心联系。
订购热线：(029)82665248　(029)82667874
投稿热线：(029)82668818
读者信箱：457634950@qq.com

前　言

在知识爆炸与技术创新日新月异的今天，数学作为一门基础而强大的科学工具，其应用范围已远远超越了传统的学术领域，深入工程、经济、管理、生物、医学乃至社会科学的各个角落。数学建模是连接数学理论与实际应用的重要桥梁，要学习好数学建模，学生不仅要掌握扎实的数学基础，更需具备敏锐的问题洞察能力、创新的思维方式和高效的求解技能。它不仅是科学研究的重要手段，也是培养复合型人才、提升问题解决能力的有效途径。正是基于这样的背景与需求，我们编写了《数学建模及其赛题解析》。

本书的编写，旨在为广大数学爱好者，理工科学生、研究生，以及科研工作者提供一本既系统全面又深入浅出的数学建模指南。我们深知，在浩瀚的数学海洋中，数学建模如同一座灯塔，指引着探索者穿越理论与实践的迷雾，发现未知世界的奥秘。因此，我们希望本书能够传授数学建模的基本理论、方法和技巧，更重要的是，能够激发读者对数学的热爱，培养其独立思考、勇于探索的精神，以及将数学知识转化为解决实际问题的能力。本书特色如下：

一是理论与实践相结合。本书精选了两个具有代表性的数学建模赛题，从问题背景分析、模型建立、求解过程到结果验证，全程详细剖析，让读者在实战中掌握数学建模的全流程。

二是循序渐进，由浅入深。内容编排上，本书注重知识的连贯性和递进性，从基础概念讲起，逐步深入高级主题，确保不同基础的读者都能找到适合自己的起点。

三是强调思维训练。书中不仅提供了具体的解题步骤，更注重解题思路的引导和思维方法的训练，帮助读者在解决具体问题的同时，提升逻辑思维、创新思维和批判性思维。

全书共分九章及附录，第 1 章 MATLAB 软件基础、第 2 章 Lingo 软件基础及附录由安芹力编写；第 3 章优化模型由王亚利编写；第 4 章微分方程模型、第 5 章差分方程与代数方程模型由杨亚莉编写；第 6 章概率模型由仝坤玉编写；第 7 章 SPSS 及其应用由焦红英编写；第 8 章图论模型、第 9 章离散模型由梁国宏编写。全书由安芹力组织与协调，仝坤玉负责排版与校对，赵学军负责审核。本书适合对数学建模感兴趣的所有读者，无论是初涉数学建模的本科生，还是希望进一步提升数学建模能力的研究生和科研工作者，亦或是渴望将数学应用于实际工作的专业人士，都能从中受益。我们期待，通过本书的学习，每一位读者都能在数学建模的道路上迈出坚实的步伐，收获成长的喜悦。

尽管我们已倾注大量心血于本书的编写之中，但受限于编者的知识水平和时间精力，书中难免存在不足之处。我们衷心希望广大读者能够不吝赐教，提出宝贵意见和建议，以便我们在未来的修订中不断完善。

编者
2024 年 12 月于空军工程大学

目　录

第 1 章　MATLAB 软件基础

1.1　MATLAB 的开发环境

MATLAB 的开发环境就是在使用 MATLAB 的过程中可激活的，并且为用户使用提供支持的集成系统。这里介绍几个比较重要的，如桌面平台和帮助系统。

1.1.1　MATLAB 桌面平台

桌面平台是各桌面组件的展示平台，默认设置情况下的桌面平台包括 6 个窗口，具体如下。

1.1.1.1　MATLAB 主窗口

该窗口不能进行任何计算任务的操作，只用来进行一些整体的环境参数的设置。

1.1.1.2　命令窗口

命令窗口(Command Window)是对 MATLAB 进行操作的主要载体，默认的情况下，启动 MATLAB 时就会打开命令窗口，显示形式如图 1.1.1 所示。一般来说，MATLAB 的所有函数和命令都可以在命令窗口中执行。在 MATLAB 命令窗口中，命令不仅可以由菜单操作来实现，也可以由命令行操作来执行，下面就详细介绍 MALTAB 命令行操作。

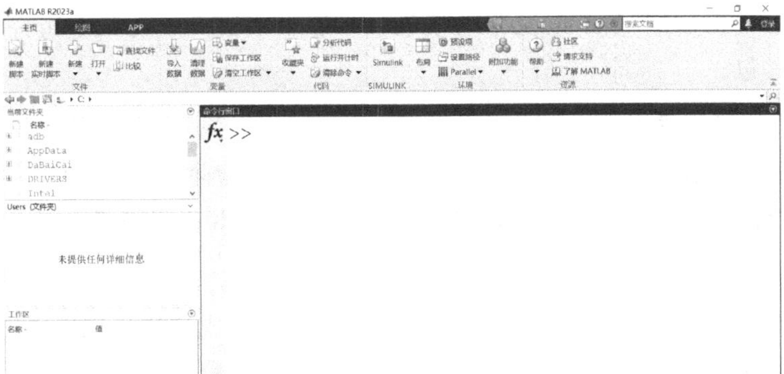

图 1.1.1　MATLAB 主界面

实际上，掌握 MATLAB 命令行操作是走入 MATLAB 世界的第一步，命令行操作实现了对程序设计而言简单而又重要的人机交互，通过对命令行操作，避免了编程序的麻烦，体现了 MATLAB 所特有的灵活性。

例如：

```
%在命令窗口中输入"a=sin(pi/5)",然后单击回车键,则会得到该表达式的值
  a=
    0.5878
```

由上例可以看出，为求得表达式的值，只需按照 MATLAB 语言规则将表达式输入即可，结果会自动返回，而不必像其他的程序设计语言那样，编制冗长的程序来执行。若不想在屏幕上输出结果，可以在语句最后加分号。

当需要处理相当烦琐的计算时，可能在一行之内无法写完表达式，可以换行表示，此时需要使用续行符"…"否则 MATLAB 将只计算一行的值，而不理会该行是否已输入完毕。

例如：

```
sin(1/9*pi)+sin(2/9*pi)+sin(3/9*pi)+…
sin(4/9*pi)+sin(5/9*pi)+sin(6/9*pi)+…
sin(7/9*pi)+sin(8/9*pi)+sin(9/9*pi)+…
ans=
    5.6713
```

使用续行符之后 MATLAB 会自动将前一行保留而不加以计算，并与下一行衔接，等待完整输入后再计算整个输入的结果。这里"ans"是指当前的计算结果，若计算时用户没有对表达式设定变量，系统就自动赋当前结果给"ans"变量。

1.1.1.3 历史窗口

默认设置下历史命令窗口(Command History)会保留自安装时起所有命令的历史记录，并标明使用时间，以方便使用者的查询。双击某一行命令，即在命令窗口中执行该命令。

1.1.1.4 发行说明书窗口

发行说明书窗口(Launch Pad)是 MATLAB 6 所特有的，用来说明用户所拥有的 MathWorks 公司产品的工具包、演示以及帮助信息。当选中该窗口中的某个组件之后，可以打开相应的窗口工具包。

1.1.1.5 当前目录窗口

在当前目录窗口(Current Directory)中可显示或改变当前目录，还可以显示当前目录下的文件，包括文件名、文件类型、最后修改时间以及该文件的说明信息等并提供搜索功能。

1.1.1.6 工作空间管理窗口

工作空间管理窗口(Workspace)是 MATLAB 的重要组成部分。在工作空间管理窗口中将显示所有目前保存在内存中的 MATLAB 变量的变量名、数据结构、字节数以及类型，而不同的变量类型分别对应不同的变量名图标。

1.1.2 MATLAB 帮助系统

首先，可以通过工具栏的帮助选项获得帮助。此外，MATLAB 也提供了在命令窗口中获得帮助的多种方法，在命令窗口中获得 MATLAB 帮助的命令及说明列于表 1.1.1 中。其调用格式为：命令＋指定参数。

表 1.1.1　MATLAB 帮助命令

命令	说明
doc	在帮助浏览器中显示指定函数的参考信息
help	在命令窗口中显示 M 文件帮助
helpbrowser	打开帮助浏览器，无参数
helpwin	打开帮助浏览器，并且见初始界面置于 MATLAB 函数的 M 文件帮助信息
lookfor	在命令窗口中显示具有指定参数特征函数的 M 文件帮助
web	显示指定的网络页面，默认为 MATLAB 帮助浏览器

1.2　MATLAB 数值计算功能

本节将简要介绍 MATLAB 的数据类型、矩阵的建立及运算。

1.2.1　MATLAB 数据类型

MATLAB 的数据类型主要包括数字、字符串、矩阵、单元型数据及结构型数据等，我们将重点介绍其中几个常用类型。

1.2.1.1　变量与常量

MATLAB 语言中变量的命名应遵循如下规则：

(1)变量名区分大小写。

(2)长度不超过 63 个字符(6.5 版本以前为 19 个)。

(3)以字母开头，后面可以跟字母、数字和下划线。

MATLAB 语言本身也具有一些预定义的变量，这些特殊的变量称为常量。表 1.2.1 给出了 MATLAB 语言中经常使用的一些常量值。

表 1.2.1　常量值

常量	表示数值
pi	圆周率
eps	浮点运算的相对精度
inf	正无穷大
NaN	表示不定值
realmax	最大的浮点数
i, j	虚数单位

应尽量避免给系统预定义变量重新赋值！如果已改变了某外常量的值，可以通过“clear＋常量名”命令恢复该常量的初始设定值。

1.2.1.2　数字变量的运算及显示格式

MATLAB 是以矩阵为基本运算单元的，而构成数值矩阵的基本单元是数字。为了更好地学习和掌握矩阵的运算，首先对数字的基本知识作简单的介绍。

对于简单的数字运算，可以直接在命令窗口中以平常惯用的形式输入，如计算 2 和 3 的乘积再加 1 时，可以直接输入：

```
>>1+2*3
ans=
    7
```

这里“ans”是指当前的计算结果，若计算时用户没有对表达式设定变量，系统就自动赋当前结果给“ans”变量。用户也可以输入：

```
>> a=1+2*3
a=
    7
```

此时系统就把计算结果赋给指定的变量 a 了。

MATLAB 语言中数值有多种显示形式，在缺省情况下，若数据为整数，则以整数表示；若数据为实数，则以保留小数点后 4 位的精度近似表示。MATLAB 语言提供了 10 种数据显示格式，常用的有下述几种格式：

(1)short：小数点后 4 位(系统默认值)。

(2)long：小数点后 14 位。

(3)short e：5 位指数形式。

(4)long e：15 位指数形式。

MATLAB 语言还提供了复数的表达和运算功能。在 MATLAB 语言中，复数的基本单位表示为 i 或 j。在表达简单数的数值时，虚部的数值与 i、j 之间可以不使用乘号，但如果是表达式，则必须使用乘号以识别虚部符号。

1.2.2 矩阵及其运算

矩阵是 MATLAB 数据存储的基本单元，而矩阵的运算是 MATLAB 语言的核心，在 MATLAB 语言系统中几乎一切运算均是以对矩阵的操作为基础的。下面重点介绍矩阵的生成、基本运算和数组运算。

1.2.2.1 矩阵的生成

1. 直接输入法

直接输入“**A**=[1, 2, 3; 4, 5, 6; 7, 8, 9]”或“**A**=[1 2 3; 4 5 6; 7 8 9]”，矩阵同行元素之间由空格或逗号分隔，行与行之间用分号或回车键分隔。矩阵元素可以是运算表达式。若“[ ]”中无元素，则表示空矩阵。

另外，在 MATLAB 语言中冒号的作用是最为丰富的。首先，可以用冒号来定义行向量。例如：

```
>> a=1:0.7:4
a =
    列 1 至 5
    1.0000    1.7000    2.4000    3.1000    3.8000
```

其次，通过使用冒号，可以截取指定矩阵中的部分。例如：

```
>> A=[1  2  3;4  5  6;7  8  9]
A=
    1    2    3
    4    5    6
    7    8    9
>>B=A (2:3, :)
B=
    4    5    6
    7    8    9
```

通过上例可以看到 **B** 是由矩阵 **A** 的 2 到 3 行和相应的所有列的元素构成的一个新的矩阵。在这里,冒号代替了矩阵 **A** 的所有列。也可以通过如下方式截取:

```
>>B=A ([3,1], :)
B=
    7    8    9
    1    2    3
```

2. 外部文件读入法

MATLAB 语言也允许用户调用在 MATLAB 环境之外定义的矩阵。可以利用任意的文本编辑器编辑所要使用的矩阵,矩阵元素之间以特定分断符分开,并按行列布置。利用 readmatrix 函数,其调用方法为:readmatrix+文件名[参数]。

例如:事先在记事本中建立文件(并以 basic_matrix. txt 保存),输入如下命令,显示 basic_matrix. txt 的内容。

```
>> type basic_matrix.txt
6,8,3,1
5,4,7,3
1,6,7,10
4,2,8,2
2,7,5,9
```

然后将数据导入矩阵。

```
>>M =readmatrix('basic_matrix.txt')
M = 5×4
    6    8    3    1
    5    4    7    3
    1    6    7   10
    4    2    8    2
    2    7    5    9
```

也可从电子表格文件中读取矩阵。将数值数据从 basic_matrix. xls 导入矩阵。

```
>>M =readmatrix('basic_matrix.xls')
```

3. 函数生成

MATLAB 提供了一些生成矩阵的函数。常用的有下面几个:

(1)zeros(m,n)：生成一个 m 行 n 列的零矩阵，$m=n$ 时可简写为 zeros(n)。

(2)eye(m,n)：生成一个主对角线全为 1 的 m 行 n 列矩阵，$m=n$ 时可简写为 eye(n)，即 n 维单位矩阵。

(3)ones(m,n)：生成一个主对角线全为 1 的 m 行 n 列矩阵，$m=n$ 时可简写为 eye(n)，即 n 维单位矩阵。

(4)rand(m,n)：产生 0～1 均匀分布的随机矩阵，$m=n$ 时简写为 rand(n)。

(5)randn(m)：产生均值为 0、方差为 1 的标准正态分布随机矩阵，$m=n$ 时简写为 randn(n)。

1.2.2.2　矩阵的基本数学运算

1. 四则运算

矩阵的加、减、乘运算符分别为"+，－，*"，用法要满足矩阵运算要求。矩阵左除"\"："x=A\B"，表示求解关于 x 的线性方程组 $\boldsymbol{A}x=\boldsymbol{B}$。

(1)如果 A 是标量，那么"A\B"等于"A.\B"。

(2)如果 $\boldsymbol{A}$ 是 $n\times n$ 方阵，$\boldsymbol{B}$ 是 n 行矩阵，那么"x=A\B"是方程 $\boldsymbol{A}x=\boldsymbol{B}$ 的解(如果存在解)。

(3)如果 $\boldsymbol{A}$ 是矩形 $m\times n$ 矩阵，且 m 不等于 n，$\boldsymbol{B}$ 是 m 行矩阵，那么"x=A\B"返回方程组 $\boldsymbol{A}x=\boldsymbol{B}$ 的最小二乘解。

矩阵右除"/"："x=A/B"表示求解关于 x 的线性方程组 $x\boldsymbol{A}=\boldsymbol{B}$。

(1)如果 A 是标量，那么"B/A"等于"B./A"。

(2)如果 $\boldsymbol{A}$ 是 $n\times n$ 方阵，$\boldsymbol{B}$ 是 n 列矩阵，那么"x=B/A"是方程 $x\boldsymbol{A}=\boldsymbol{B}$ 的解(如果存在解)。

(3)如果 $\boldsymbol{A}$ 是矩形 $m\times n$ 矩阵，且 m 不等于 n，$\boldsymbol{B}$ 是 n 列矩阵，那么"x=B/A"返回方程组 $x\boldsymbol{A}=\boldsymbol{B}$ 的最小二乘解。

2. 基本函数运算

矩阵的函数运算是矩阵运算中最实用的部分，常用的主要有以下几个：

(1)det(**A**)：求矩阵 **A** 的行列式。

(2)eig(**A**)：求矩阵 **A** 的特征值。

(3)inv(**A**)或 **A**^(－1)：求矩阵 **A** 的逆矩阵。

(4)rank(**A**)：求矩阵 **A** 的秩。

(5)trace(**A**)：求矩阵 **A** 的迹(对角线元素之和)。

(6)size(**A**)：列出矩阵 **A** 的行数和列数。

(7)size(**A**,1)：返回矩阵 **A** 的行数。

(8)size(**A**,2)：返回矩阵 **A** 的列数。

3. 矩阵的数组运算

数组运算就是矩阵的对应元素进行运算，包括点乘、点除、点幂，相应的数组运算符为".*"，"./""\.\"".^"，参与运算的对象必须具有相同的形状。

4. 逻辑关系运算

逻辑运算是 MATLAB 中数组运算所特有的一种运算形式，具体符号、功能及用法见表 1.2.2。

表 1.2.2　逻辑关系运算符

<table>
<tr><th>符号运算符</th><th>功能</th><th>函数名</th></tr>
<tr><td>==</td><td>等于</td><td>eq</td></tr>
<tr><td>~=</td><td>不等于</td><td>ne</td></tr>
<tr><td><</td><td>小于</td><td>lt</td></tr>
<tr><td>></td><td>大于</td><td>gt</td></tr>
<tr><td><=</td><td>小于等于</td><td>le</td></tr>
<tr><td>>=</td><td>大于等于</td><td>ge</td></tr>
<tr><td>&</td><td>逻辑与</td><td>and</td></tr>
<tr><td>|</td><td>逻辑或</td><td>or</td></tr>
<tr><td>~</td><td>逻辑非</td><td>not</td></tr>
</table>

说明：在关系比较中，若比较的双方为同维数组，则比较的结果也是同维数组。它的元素值由 0 和 1 组成。当比较双方对应位置上的元素值满足比较关系时，它的对应值为 1，否则为 0。

当比较的双方中一方为常数，另一方为一数组，则比较的结果与数组同维。

例如：

```
>> A = [1 12 18 7 9 11 2 15];
>> A <= 12
ans = 1×8 logical array
      1   1   0   1   1   1   1   0
>> A(A <= 12)
ans = 1×6
      1    12     7     9    11     2
```

结果是 ***A*** 中元素的子集。

```
>>A = magic(4)
A = 4×4
    16     2     3    13
     5    11    10     8
     9     7     6    12
     4    14    15     1
```

将所有小于等于 9 的值替换成 10。

```
>>A(A <= 9) = 10
A = 4×4
    16    10    10    13
    10    11    10    10
    10    10    10    12
    10    14    15    10
```

结果是一个最小元素为 10 的新矩阵。

1.3 MATLAB 图形功能

MATLAB 有很强的图形功能,可以方便地实现数据的视觉化。

1.3.1 二维图形的绘制

1.3.1.1 基本形式

plot 命令:

```
>> x=[0:0.1:4*pi];
>> y=sin(x);
>> plot(x,y)
```

生成的图形见图 1.3.1。

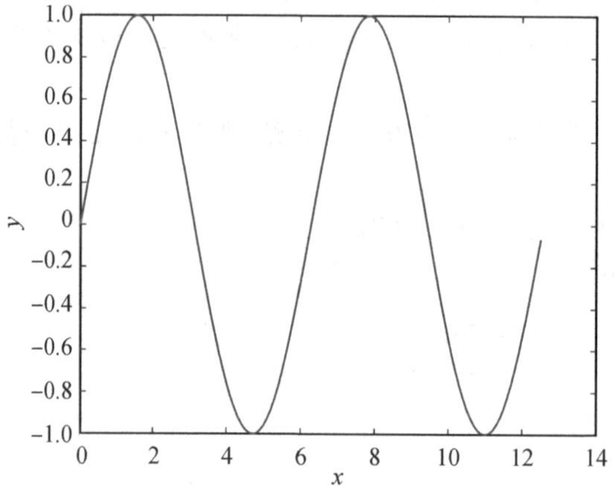

图 1.3.1　正弦函数

在同一个画面上可以画许多条曲线,利用 hold 命令。在已经画好的图形上,若设置 hold on,MATLAB 将把新的 plot 命令产生的图形画在原来的图形上。而命令 hold off 将结束这个过程。例如:

```
>> x= x=[0:0.1:4*pi]; y=sin(x); plot(x,y)
```

先画好图 1.3.1,然后用下述命令增加 cos(x)的图形,也可得到图 1.3.2。

```
>> hold on
>> z=cos(x);  plot(x,z)
>> hold off
```

曲线的线形和颜色、网格和标记、图形添加指定位置字符串、坐标系的控制可参考在线帮助系统。

1.3.1.2 多幅图形

可以在同一个画面上建立几个坐标系, 用 subplot(m,n,p)命令;把一个画面分成 $m\times n$ 个图形区域, p 代表当前的区域号,在每个区域中分别画一个图,例如:

```
>>x=-pi:pi/10:pi;
```

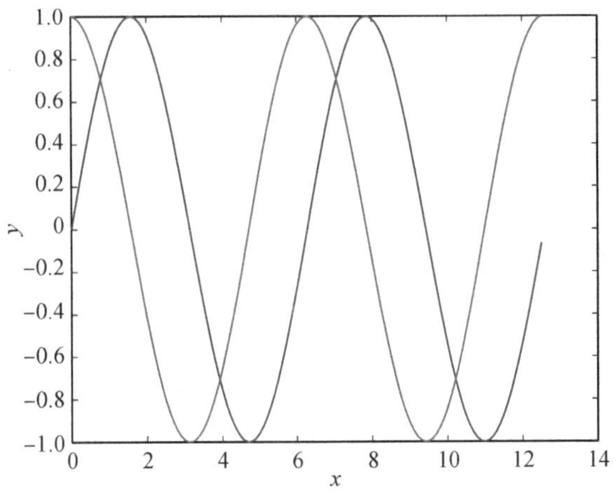

图 1.3.2　绘图叠加

```
>>subplot(2,2,1);plot(x,sin(x));
>>subplot(2,2,2);plot(x,cos(x));
>>subplot(2,2,3);plot(x,x.^2);
>>subplot(2,2,4);plot(x,exp(x));
```

共得到 4 幅图形,见图 1.3.3。

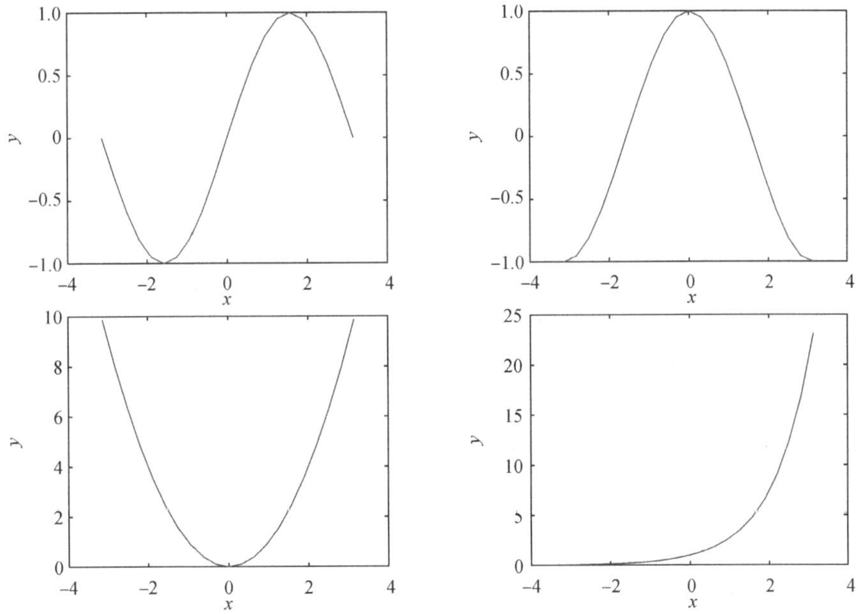

图 1.3.3　子图绘制

1.3.2　三维图形

限于篇幅,这里只对几种常用的命令通过例子作简单介绍。

1.3.2.1　带网格的曲面

例 1.3.1　作曲面 $z=f(x,y)$ 的图形:

$$z=\frac{\sin\sqrt{x^2+y^2}}{\sqrt{x^2+y^2}}\qquad -7.5\leqslant x\leqslant 7.5;-7.5\leqslant y\leqslant 7.5$$

用以下程序实现：

```
>>x=[-8:0.5:8]; y=[-8:0.5:8];
>>[X,Y]=meshgrid(x,y);        (3 维图形的 X,Y 数组)
>>r=sqrt(X.^2+Y.^2)+eps;      (加 eps 是防止出现 0/0)
>>Z=sin(r)./r;
>> mesh(X,Y,Z)                (3 维网格表面)
```

画出的图形如图 1.3.4 所示。和 mesh 命令相似的还有 meshc、meshz、surf，只是图形效果有所不同，读者可以上机查看结果。

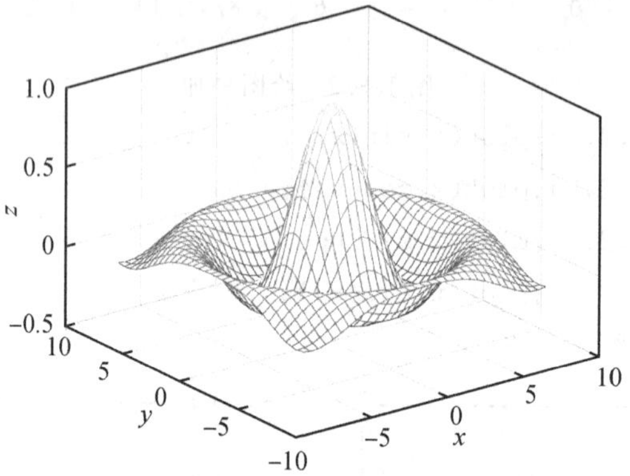

图 1.3.4　曲面绘图

1.3.2.2　空间曲线

例 1.3.2　作螺旋线 $x=\sin t$，$y=\cos t$，$z=t$。

用以下程序实现：

```
>> t=[0:0.1:10*pi];
>> x=2*t;
>> y=sin(t);
>>z=cos(t);
>> plot3(x,y,z);  (空间曲线作图函数，用法类似于 plot)
```

画出的图形如图 1.3.5 所示。

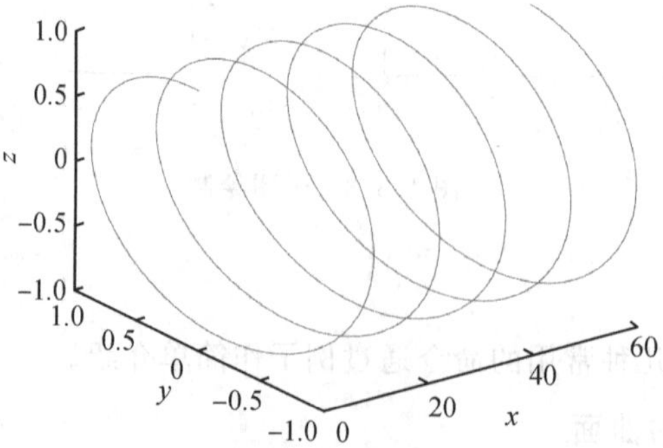

图 1.3.5　空间曲线

1.4　MATLAB 程序设计

1.4.1　M 文件

MATLAB 有两种工作方式，一种是交互式的命令行工作方式，一种是 M 文件的程序工作方式。

M 文件是后缀名为.m 的文件，M 文件有两类：命令文件和函数文件。命令文件没有输入参数，也不返回输出参数，它又称脚本文件(script file)，主要将多条需要运行的命令编辑保存到一个文件中。有以下几种方法可以执行 M 文件：

(1) 直接在 MATLAB 命令窗口中输入文件名(不包括扩展名)并按回车键。

(2) 在 M 文件编辑器中，点击右上角的绿色三角形“运行”按钮。

(3) 使用快捷键“F5”直接运行当前激活的 M 文件。MATLAB 将首先在当前工作目录下寻找此文件，如果它不在当前目录下，那么在该路径下的所有目录中搜索。搜索路径可以通过 File－＞set path…菜单指定。

相对于脚本文件，函数需要给定输入参数，实现特定的功能，最后给出一定的输出结果或图形等。MATLAB 语言的函数文件包含如下 5 个部分。

(1)函数题头：指函数的定义行，是函数语句的第一行，在该行中将定义函数名、输入变量列表及输出变量列表等。

(2)HI 行：指函数帮助文本的第一行，为该函数文件的帮助主题，当使用 lookfor 命令时，可以查看到该行信息。

(3)帮助信息：这部分提供了函数的完整的帮助信息，包括 HI 之后至第一个可执行行或空行为止的所有注释语句，通过 MATLAB 语言的帮助系统查看函数的帮助信息时，将显示该部分。

(4)函数体：指函数代码段，也是函数的主体部分。

(5)注释部分：指对函数体中各语句的解释和说明文本，注释语句是以%引导的。例如：

```
function y = myfliplr(x)                                                 %函数题头
   %This is function to columns flipped in the left/right direction     %HI 行
%    X = 1 2 3      becomes   3 2 1                                      %帮助信息
%        4 5 6                6 5 4                                      %帮助信息
num_col=size(x,2);                                                       %函数体
y = x(:,num_col:-1:1);                                                   %函数体
```

注意：存储 M 文件时文件名应与文件内函数名一致。

1.4.2　程序控制结构

程序控制结构有三种：顺序结构、选择结构和循环结构。任何复杂的程序都由这三种基本结构组成。

顺序结构是按排列顺序依次执行各条语句，直到程序的最后。

选择结构是根据给定的条件成立或不成立，分别执行不同的语句。MATLAB 用于实现

选择结构的语句有 if 语句和 switch 语句。

if 语句可分为：

(1)单分支结构：

```
if expression(条件)
    statements(语句组)
end
```

(2)双分支结构：

```
if expression(条件)
    statements 1(语句组 1)
else
    statements 2(语句组 2)
end
```

(3)多分支结构：

```
if expression 1(条件 1)
    statements 1(语句组 1)
elseif expression 2(条件 2)
    statements 2(语句组 2)
… …
elseif expression m (条件 m)
    statements m(语句组 m)
else
    statements(语句组)
end
```

switch 语句：

```
switch expression (表达式)
case value 1(表达式 1)
    statement 1(语句组 1)
case value 2(表达式 2)
     statement 2(语句组 2)
… …
     casevalue m (表达式 m)
statement m(语句组 m)
otherwise
     statement(语句组)
end
```

根据表达式的不同取值，分别执行不同的语句。

循环结构是按照给定的条件，重复执行指定的语句。MATLAB 用于实现循环结构的语句有 for 语句和 while 语句。

```
for variable=expression
```

```
        statement(循环体)
    end
```

例如:

```
    clear;
    y=0;
    for k=1:100
        y=y+1/(2*k-1);
    end
    while expression(条件)
        statement(循环体)
    end
```

其中,循环判断语句为某种形式的逻辑判断表达式,当该表达式的值为真时,就执行循环体内的语句;当表达式的逻辑值为假时,就退出当前的循环体。

例如:

```
    n=input('input   n=');    % 提示用户从键盘输入数值、字符串或表达式,并接受输入。
    while n~=1
        r=rem(n,2);           %求 n/2 的余数
        if r ==0
            n=n/2             %第一种操作
        else
            n=3*n+1           %第二种操作
        end
    end
```

以上是验证角谷猜想的代码。对任一自然数 n,按如下法则进行运算:若 n 为偶数,则将 n 除 2;若 n 为奇数,则将 n 乘 3 加 1。将运算结果按上面法则继续运算,重复若干次后计算结果最终是 1。

如果预先就知道循环的次数,则可以采用 for 循环;如果预先无法确定循环的次数,则可以使用 while 循环。

break 语句用于终止循环的执行,即跳出最内层循环;continue 语句用于结束本次循环,进行下一次循环;return 语句用于退出正在运行的脚本或函数。break、continue 和 return 一般与 if 语句配合使用。

大家可以通过分别测试如下代码发现其区别:

continue 命令:

```
    a=3;b=6;
    for i=1:3
        b=b+1
        if i<2
            continue          %当 if 条件满足时不再执行后面语句
        end
```

```
        a=a+2                %当 i<2 时不执行该语句
    end
break 命令：
    a=3;b=6;
    for i=1:3
        b=b+1
        if i<2
            break            %当 if 条件满足时不再执行循环
        end
        a=a+2
    end
return 命令：
    a=3;b=6;
    for j=1:2
        for i=1:3
            b=b+1
            if i<2
                break        %替换成 return 对比结果，注意两者区别
            end
            a=a+2
        end
    end
```

1.5 MATLAB 符号运算

1.5.1 符号工具箱及其应用

MATLAB 符号运算是通过符号数学工具箱(Symbolic Math Toolbox)来实现的。MATLAB 符号数学工具箱是建立在功能强大的 Maple 软件的基础上的，当 MATLAB 进行符号运算时，它就请求 Maple 软件去计算并将结果返回给 MATLAB。要使用 Maple 软件作为符号计算的引擎，首先需要作如下设置：

(1)确认设置环境变量：MATLAB_SYMBOLIC=maple。

(2) MapleToolbox2021.0WindowsX64Installer.exe。

(3)启动 MATLAB 并执行命令：toolbox_version，验证 Maple 工具箱是否安装成功。

MATLAB 的符号运算工具箱包含了微积分运算、化简和代换、解方程等几个方面的工具，其详细内容可通过 MATLAB 系统的联机帮助查阅，本节仅对它的常用功能作简单介绍。

1.5.2 符号变量与符号表达式

MATLAB 符号运算工具箱处理的对象主要是符号变量与符号表达式。要实现其符号运

算，首先需要将处理对象定义为符号变量或符号表达式，其定义格式如下：

格式 1：

sym（'变量名'）或 sym（'表达式'）

功能：定义一个符号变量或符号表达式。

例如：

```
>> sym ('x')              % 定义变量 x 为符号变量
>> sym('x+1')             % 定义表达式 x+1 为符号表达式
```

格式 2：

syms　变量名 1　变量名 2　…　变量名 n

功能：定义变量名 1、变量 2、…、变量名 n 为符号变量。

例如：

```
>>syms  a  b  x  t        % 定义 a,b, x,t 均为符号变量
```

1.5.3　微积分运算

导数格式：

$$diff(f, t, n)$$

功能：求函数 f 对变量 t 的 n 阶导数。当 n 省略时，默认 $n=1$；当 t 省略时，默认变量 x，若无 x 时则查找字母表上最接近字母 x 的字母。

例如，求函数 $f=ax^2+bx+c$ 对变量 x 的一阶导数，命令及结果为

```
>>syms a  b  c  x
>> f=a*x^2+b*x+c;
>> diff(f)
    ans=
        2*a*x+b
```

求函数 f 对变量 b 的一阶导数（可看作求偏导），命令及结果为

```
>> diff(f,b)  ans=x
```

求函数 f 对变量 x 的二阶导数，命令及结果为

```
>> diff(f,2)  ans=2*a
```

1.5.4　解方程

1.5.4.1　代数方程

格式：

$$solve(f, t)$$

功能：对变量 t 解方程 $f=0$，t 缺省时默认为 x 或最接近字母 x 的符号变量。

例如，求解一元二次方程 $f=ax^2+bx+c$ 的实根，有

```
>> syms a  b  c  x
>> f=a*x^2+b*x+c;
>> solve (f,x)
ans=
```

```
[1/2/a*(-b+(b^2-4*a*c)^(1/2))]
[1/2/a*(-b-(b^2-4*a*c)^(1/2))]
```

1.5.4.2　微分方程

格式：

dsolve('s', 's1', 's2',…, 'x')

其中，s 为方程；s_1，s_2，…为初始条件，缺省时给出含任意常数 c_1，c_2，…的通解；x 为自变量，缺省时默认为 t。

例如，求微分方程 $y'=1+y^2$ 的通解：

```
>> dsolve('Dy=1+y^2')
ans=
    tan(t+c1)
```

例 1.5.1　如求解微分方程组 $\begin{cases}\dfrac{dx}{dt}+5x+y=e^t\\ \dfrac{dy}{dt}-x-3y=0\end{cases}$ 在初值条件 $\begin{cases}x|_{t=0}=1\\ y|_{t=0}=0\end{cases}$ 下的特解，见图 1.5.1。

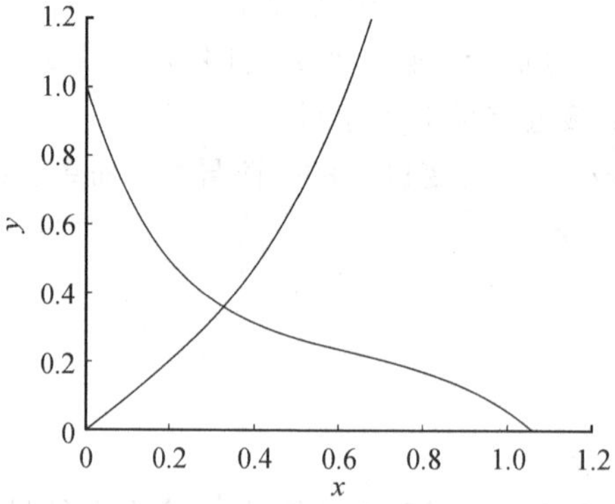

图 1.5.1　微分方程组解

```
[x,y]=dsolve('Dx+5*x+y=exp(t)','Dy-x-3*y=0','x(0)=1','y(0)=0','t')
ezplot(x,y,[0,1.3]);
```

并不是所有的微分方程都可以求出具体的解。在此简单介绍 MATLAB 中关于微分方程数值解法的相关命令。

例 1.5.2　如求初值问题 $\begin{cases}\dfrac{dy}{dx}=-2y+2x^2+2x\\ y(0)=1\end{cases}$ 的数值解，求解范围为[0,0.5]。

```
fun=inline('-2*y+2*x^2+2*x','x','y');
[x,y]=ode23(fun,[0,0.5],1);
```

注：也可以在 tspan 中指定对求解区间的分割，如

```
[x,y]=ode23(fun,[0:0.1:0.5],1); %此时 x=[0:0.1:0.5]
```

如果需求解的问题是高阶常微分方程，则需将其化为一阶常微分方程组，此时需用函数文件来定义该常微分方程组。

例 1.5.3　求解范德坡(Ver der Pol)初值问题 $\begin{cases}\dfrac{d^2y}{dt^2}-\mu(1-y^2)\dfrac{dy}{dt}+y=0\\ y(0)=1,y'(0)=0,\mu=7\end{cases}$。令 $x_1=y,x_2=\dfrac{dy}{dt}$，则原方程可化为

$$\begin{cases}dx_1/dt=x_2\\ dx_2/dt=\mu(1-x_1^2)x_2-x_1\\ x_1(0)=1,x_2(0)=0,\mu=7\end{cases}$$

先编写函数文件 verderpol. m：

```
functionxprime=verderpol(t,x)
global mu;
xprime=[x(2); mu*(1-x(1)^2)*x(2) - x(1)];
```

再编写脚本文件 vdpl. m，在命令窗口直接运行该文件：

```
clear;
globalmu;mu=7; %全局变量
y0=[1;0];
[t,x]=ode45('verderpol',[0,40],y0); plot(t,x(:,1),'r-o');
```

1.6　基于问题的单目标优化问题求解

要求解优化问题，请执行以下步骤。

(1)使用 optimproblem 创建一个优化问题对象。问题对象是一个容器，您可以在其中定义目标表达式和约束。优化问题对象将定义问题和问题变量中存在的任何边界。

例如，创建一个最大化问题：

```
prob =optimproblem('ObjectiveSense','maximize');
```

(2)使用 optimvar 创建命名变量。优化变量是符号变量，用于描述问题目标和约束。在变量定义中包含任何边界。

例如，创建一个名为 'x' 的 15×3 二元变量数组：

```
x = optimvar('x',15,3,'Type','integer','LowerBound',0,'UpperBound',1);
```

(3)将问题对象中的目标函数定义为命名变量中的表达式。

例如，假设您有一个与变量 $\boldsymbol{x}$ 的矩阵大小相同的实矩阵 $\boldsymbol{f}$，目标是 $\boldsymbol{f}$ 中条目乘以对应变量 $\boldsymbol{x}$ 的总和。

```
prob.Objective = sum(sum(f.*x));
```

(4)将优化问题的约束定义为命名变量的比较或定义为表达式的比较。

例如，假设 x 的每行中的变量之和必须为 1，每列中的变量之和不能超过 1。

```
onesum = sum(x,2) == 1;
vertsum = sum(x,1) <= 1;
prob.Constraints.onesum = onesum;
prob.Constraints.vertsum = vertsum;
```

(5)对于非线性问题，将初始点设置为结构体，其字段是优化变量名称。例如：

```
x0.x =randn(size(x));
x0.y = eye(4); % Assumes y is a 4-by-4 variable
```

(6)使用 solve 求解问题。

```
sol = solve(prob);
% Or, for nonlinear problems,
sol = solve(prob,x0)
```

除了这些基本步骤之外，还可以在求解问题之前使用 show 或 write 来回顾问题定义。

例 1.6.1　求解：

$$\max = 98x_1 + 277x_2 - x_1^2 - 0.3x_1x_2 - 2x_2^2$$

$$\begin{cases} x_1 + x_2 \leqslant 100 \\ x_1 \leqslant 2x_2 \end{cases} \quad x_1, x_2 \geqslant 0;\ x_1, x_2 \in \mathbf{Z}$$

```
clear;clc;
prob =optimproblem('ObjectiveSense','max');
x =optimvar('x',2,1,'LowerBound',0,'Type','integer');
prob.Objective = 98 * x(1) + 277 * x(2)-x(1)^2-0.3 * x(1) * x(2)-2 * x(2)^2;
cons1 = x(1) + x(2) <= 100;
cons2 = x(1) <=2 * x(2);
prob.Constraints.cons1 = cons1;
prob.Constraints.cons2 = cons2;
show(prob)
sol = solve(prob);
sol.x
OptimizationProblem :
Solve for:
      x
where:
      x integer
maximize :
      -x(1)^2 - 2 * x(2)^2 - 0.3 * x(1) * x(2) + 98 * x(1) + 277 * x(2)
subject to cons1:
      x(1) + x(2) <= 100
subject to cons2:
      x(1) - 2 * x(2) <= 0
variable bounds:
      0 <= x(1)
      0 <= x(2)
```

将使用 ga 求解问题。

Optimization terminated: average change in the penalty fitness value less than options. Function tolerance and constraint violation is less than options. ConstraintTolerance.

```
ans = 2×1
    35
    65
```

第 2 章 Lingo 软件基础

2.1 一个简单的 Lingo 程序

求解

$$\max 98x_1 + 277x_2 - x_1^2 - 0.3x_1x_2 - 2x_2^2$$

$$\begin{cases} x_1 + x_2 \leqslant 100 \\ x_1 \leqslant 2x_2 \end{cases} \quad x_1, x_2 \geqslant 0;\ x_1, x_2 \in \mathbf{Z}$$

在 Lingo 的编辑窗口输入如下，见图 2.1.1：

```
x1+x2<100;
x1<2*x2;
max=98*x1+277*x2-x1^2-0.3*x1*x2-2*x2^2;
@gin(x1);@gin(x2);
```

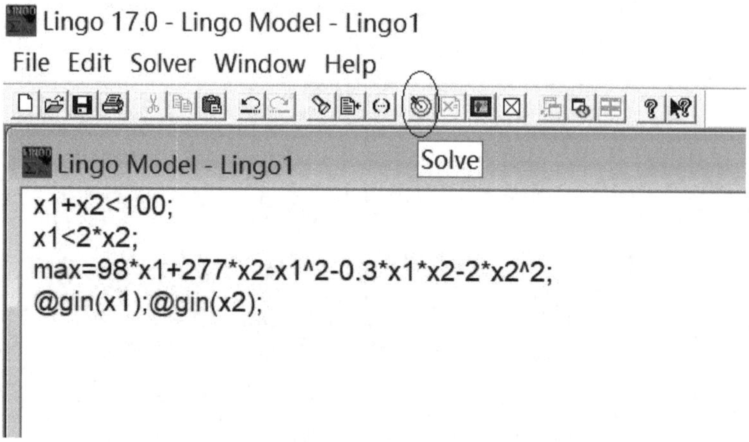

图 2.1.1 Lingo 的编辑窗口

根据上面的书写格式，归纳如下：

(1)Lingo 总是根据"max="或"min="语句寻找目标函数，其他语句都是约束条件(注释句除外)，即输入时不需要按顺序输入。

(2)Lingo 中不区分大小写字母，Lingo 中的变量名可以超过 8 个字符，但不能超过 32 个字符，且必须以字母开头，其中不能含有中文。

(3) Lingo 中已假设所有变量都是非负的，所以当 $x \geqslant 0$ 时，不必再输入计算机中，相反，如果有变量 x 可以取负数，则应规范@free(x)。

(4)Lingo 中的＞＝、＜＝可以用＞、＜替换，即不区分大于等于和大于，小于等于和小于。

(5)输入的多余的空格和回车都会被忽略，一个约束可以分两行或者多行书写。

(6)Lingo 模型是由一系列语句构成的，即语句是组成 Lingo 模型的基本单位，每个语句都以分号“;”结尾，但尽量一个语句用一行来书写。

(7) 以感叹号“!”开始的语句是说明语句(注释语句，以便读者更好地理解程序)，但计算机在读取模型时，会忽略这样的语句。

(8)在 Lingo 中，以“@”开头的都是调用函数，这在后面专门叙述。

同时也得到一个求解结果的窗口，见图 2.1.2。

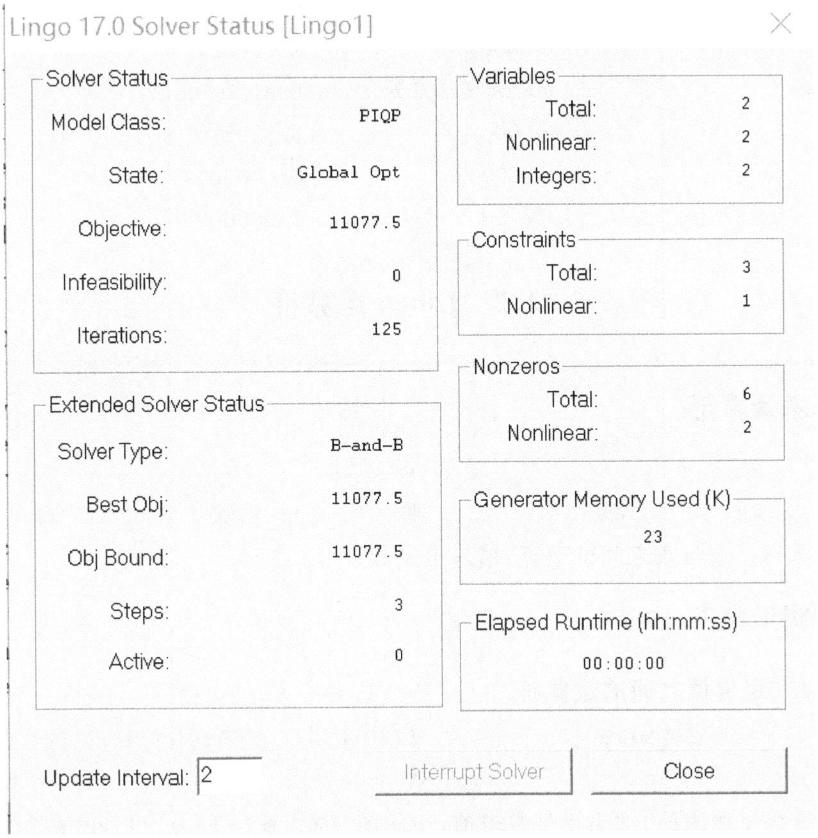

图 2.1.2　Lingo 求解界面

```
Global optimal solution found.
  Objective value:                          11077.50
  Objective bound:                          11077.50
  Infeasibilities:                          0.000000
  Extended solver steps:                    3
  Total solver iterations:                  125
  Elapsed runtime seconds:                  0.04
  Model is convex quadratic
  Model Class:                              PIQP
```

```
  Total variables:                        2
  Nonlinear variables:                    2
  Integer variables:                      2
  Total constraints:                      3
  Nonlinear constraints:                  1
  Totalnonzeros:                          6
  Nonlinearnonzeros:                      3
Variable         Value              Reduced Cost
X1               35.00000           0.4508842
X2               65.00000           2.450827
Row              Slack or Surplus   Dual Price
1                0.000000           8.950870
2                95.00000           0.000000
3                11077.50           1.000000
```

2.2 Lingo 运算符

2.2.1 算术运算符

+	—	*	/	^
加	减	乘	除	幂

算术运算符是数与数之间的运算，结果也是数。

2.2.2 逻辑运算符

2.2.2.1 逻辑值之间的运算符

＃AND＃	＃OR＃	＃NOT＃
与	或	非

参与运算的是逻辑值，结果也是逻辑值，逻辑值只有“真”(True＝1)和“假”(False＝0)两个值。

2.2.2.2 逻辑表达式的比较符

＃EQ＃	＃NE＃	＃GT＃	＃GE＃	＃LT＃	＃LE＃
等于	不等于	大于	大于等于	小于	小于等于

这六个操作符实际还是“数与数之间的”比较，而逻辑表达式计算的结果是逻辑值。

2.2.3 关系运算符

＜ (＜＝)	＞(＞＝)	＝
小于(小于等于)	大于(大于等于)	等于

这三个符号表示数与数之间的大小关系。

2.3　函数

2.3.1　基本函数

@abs(x):绝对值函数,返回 x 的绝对值。

@cos(x):x 的余弦值,x 是弧度值。

@sin(x):x 的正弦值,x 是弧度值。

@tan(x):x 的正切值,x 是弧度值。

@exp(x):e^x。

@log(x):ln(x)。

@lgm(x):返回 x 的伽玛函数的自然对数,当 x 为整数时,lgm(x)=ln[(x−1)!];如果 x 不是整数,采用线性插值的结果,例如,lgm(2.3)≈0.7lgm(2)+0.3lgm(3)。

@mod(x,y):模函数,即 x 除以 y 的余数,x、y 是整数。

@pow(x,y):x^y。

@sign(x):返回 x 的符号值,$x>0$,sign(x)=1;$x<0$,sign(x)=−1;$x=0$,sign(x)=0。

@floor(x):取整(返回 x 的整数部分)。

@sqr(x):$x \cdot x$。

@sqrt(x):x 的平方根。

@smin(list):返回数列 list 的最小值。

@smax(list):返回数列 list 的最大值。

@prod(list):返回连乘的积。

2.3.2　变量定界函数

@bnd(L,x,U):限制 $L<x<U$。

@bin(x):限制 x 为 0 或 1。

@gin(x):限制 x 只能取整数。

@free(x):取消对 x 的符号限制,可以取负数、0、正数。

2.3.3　集合循环函数

集合循环函数的一般用法:

```
@function(setname(set_index_list)|condition:expression_list);
```

其中:

@function 是@for、@sum、@max、@min、@prod 之一;

setname 为集合名;

set_index_list 为集合索引列表(不需要时可略去);

condition 为用逻辑表达式描述的过滤条件;

expression_list 为一个表达式或一组表达式。

@for(集合元素的循环函数):对集合 setname 的每个元素独立地生成表达式,表达式由

expression_list 描述。

@max(集合属性的最大值函数):返回集合 setname 上的表达式的最大值。

@min(集合属性的最小值函数):返回集合 setname 上的表达式的最小值。

@sum(集合属性的求和函数):返回集合 setname 上表达式的和。

@prod(集合属性的乘积函数):返回集合 setname 上表达式的积。

2.4 初始值部分

针对线性规划,该部分不需要。但针对非线性规划,该部分就有必要了,给出决策值的迭代始点,更容易找到局部最优解,同时,给出不同的初始值,可以尝试寻找不同的局部最优解,然后加以比较,找到较好的局部最优解,作为全局最优解使用。

例如,求解 $\min e^{-x_1-x_2}(2x_1^2+3x_2^2)$。

```
min=@exp(-x1-x2)*(2*x1^2+3*x2^2);
init:
    x1=2;
    x2=2;
endinit
```

2.5 在 Lingo 中使用集合模型

例 2.5.1 某部门有三个生产同一产品的工厂(产地),生产的产品运往四个销售点(销地)出售,各个工厂的产量、各销地的销量(t)、从各个工厂到各个销售点的单位运价(元/t)如表 2.5.1 所示,研究如何调运才能使得总运费最小。

表 2.5.1 产销数据表

项目		销地				
		1	2	3	4	产量
产地	1	4	12	4	11	16
	2	2	10	3	9	10
	3	8	5	11	6	22
销量		8	14	12	14	48

分析:一个完整的调运方案,要明确地给出从每个产地运往各个销地的具体运输量(总运输费用越小,方案越好)。

符号设置:

x_{ij}:表示从第 i 产地运往第 j 销地的运输量,见表 2.5.2;$i=1,2,3$;$j=1,2,3,4$。

c_{ij}:表示从第 i 产地运往第 j 销地的单位运价,见表 2.5.3;$i=1,2,3$;$j=1,2,3,4$。

a_i:表示第 i 产地的产量;$i=1,2,3$。

b_j:表示第 j 销地的销量;$j=1,2,3,4$。

表 2.5.2　调运量表格

项目	销地					
	1	2	3	4	产量	
产地	1	x_{11}	x_{12}	x_{13}	x_{14}	a_1
	2	x_{21}	x_{22}	x_{23}	x_{24}	a_2
	3	x_{31}	x_{32}	x_{33}	x_{34}	a_3
销量		b_1	b_2	b_3	b_4	

表 2.5.3　运价表格

项目	销地					
	1	2	3	4	产量	
产地	1	c_{11}	c_{12}	c_{13}	c_{14}	a_1
	2	c_{21}	c_{22}	c_{23}	c_{24}	a_2
	3	c_{31}	c_{32}	c_{33}	c_{34}	a_3
销量		b_1	b_2	b_3	b_4	

总的调运费用为

$$\sum_{i=1}^{3}\sum_{j=1}^{4} c_{ij}x_{ij} \qquad \text{（每条道路运费之和）}$$

对每个产地来说，调运量总和不超过该产地的产量：

$$\sum_{j=1}^{4} x_{ij} \leqslant a_i \qquad i=1,2,3$$

对每个销地来说，调运量总和必须满足销售需求：

$$\sum_{i=1}^{3} x_{ij} \geqslant b_j \qquad j=1,2,3,4$$

各种调运量非负：

$$x_{ij} \geqslant 0 \qquad i=1,2,3;j=1,2,3,4$$

数学模型为

$$\min\sum_{i=1}^{3}\sum_{j=1}^{4} c_{ij}x_{ij}$$

约束条件：

$$\sum_{j=1}^{4} x_{ij} \leqslant a_i \qquad i=1,2,3$$

$$\sum_{i=1}^{3} x_{ij} \geqslant b_j \qquad j=1,2,3,4$$

$$x_{ij} \geqslant 0 \qquad i=1,2,3;j=1,2,3,4$$

如果此模型扩展到 50 个产地和 100 个销地的规模，从理解问题的角度看，就是让 $i=1,2,\cdots,50$；$j=1,2,\cdots,100$。为了让计算机处理，如果还是按照前面的一行一个语句逐字逐句地输入,工作量就太大了。Lingo 有节约时间的输入方式,且计算机也能理解,那就是集合式输入法。

2.5.1 集合(下标)部分

这一部分定义集合和属性。规范格式:

```
sets:
    warehouses/1,2,3/:a;
endsets
```

这样就定义了集合 warehouses ={1,2,3},对应的属性(与这个下标有关的量)a,于是上述语句就定义了 $a(1)$、$a(2)$、$a(3)$这三个变量名(可能是决策变量,也可能是已知量),分别表示三个产地的产量。在计算过程中,只要出现 warehouses,就表示按顺序取值于 1、2、3。

按上面的集合定义,如果集合元素比较多,则采用下面的定义方式:

```
sets:
    warehouses/1..50/:a;
endsets
```

这样就定义了 50 个变量名 $a(1)$,$a(2)$,…,$a(50)$。

三个产地(及其产量),四个销地(相应的销量),还有形如 x_{12}、c_{12} 这样的变量既与产地有关,又与销地有关,于是就由集合 warehouses 与集合 vendors 联合生成一个笛卡儿集,称为派生集合,则有如下定义:

```
sets:
    warehouses /1..3/:a;
    vendors /1..4/:b;
    links(warehouses, vendors):x,c;
    endsets
```

这样就增加了一个新的集合 links,它由 warehouses 和 vendors 两个集合生成,从数学上看有

$$\text{links}=\{(i,j)\mid i\in \text{warehouses},j\in \text{vendors}\}$$

与之有关的属性为 x、c,就定义了如下变量名:

$x(1,1)$,$x(1,2)$,$x(1,3)$,$x(1,4)$,$x(2,1)$,$x(2,2)$,$x(2,3)$,$x(2,4)$,$x(3,1)$,$x(3,2)$,$x(3,3)$,$x(3,4)$

$c(1,1)$,$c(1,2)$,$c(1,3)$,$c(1,4)$,$c(2,1)$,$c(,2,2)$,$c(2,3)$,$c(2,4)$,$c(3,1)$,$c(3,2)$,$c(3,3)$,$c(3,4)$

2.5.2 数据部分

这部分格式为

```
data:
    a=16,10,22;
    b=8,14,12,14;
    c=4 12 4 11
```

```
    2 10 3 9
    8 5 11 6;
enddata
```

以“data:”开始，以“enddata”结束。不管变量是行还是列，都采用行写，行元素间可以逗号“,”隔开，也可以空格隔开。而矩阵输入时，先行后列，每行输入完毕，就回车，再输入一行，直到输入完毕，再输入分号“;”。每个变量的数据输入完毕，都用分号“;”结束。

2.5.3 模型部分

有如下约束：

$$\sum_{j=1}^{4} x_{ij} \leqslant a_i \qquad i=1,2,3$$

对每个产地 $i(i=1,2,3)$ 来说，从这里运往各个销地 $(j=1,j=2,j=3,j=4)$ 的运输量之和为

$$x(i,1)+x(i,2)+x(i,3)+x(i,4)$$

不超过产地 i 的产量 $a(i)$，即

$$x(i,1)+x(i,2)+x(i,3)+x(i,4) <= a(i) \qquad i=1,2,3$$

对所有销地 j 求和：

```
@sum(vendors (j):x(i,j))
```

对每个 i：

```
@for(warehouses (i):…)
```

按照这个逻辑，合并为

```
@for(warehouses (i): @sum(vendors (j): x(i,j)) <= a(i) );
```

按照上面的分析方法，对每个销售地来说，调运量总和必须满足销售需求

$$\sum_{i=1}^{3} x_{ij} \geqslant b_j \qquad j=1,2,3,4$$

```
@for(vendors (j): @sum(warehouses (i):x(i,j)) >= b(j) );
```

目标是将所有线路的运费求和，并使之最小化，即

$$\min \sum_{i=1}^{3} \sum_{j=1}^{4} c_{ij} x_{ij}$$

其中：

min=	@sum(	links(i,j):	c(i,j) * x(i,j));
目标标识	求和函数	求和范围	求和对象

注意：以上写法中，括号应匹配，以分号结束。

例 2.5.2　将如下数学模型翻译成 Lingo 模型。

$$\min -3x_1+4x_2-2x_3+5x_4$$

$$\begin{cases} 4x_1+x_2+2x_3-x_4=-2 \\ x_1+x_2-x_3+2x_4 \leqslant 14 \qquad x_1,x_2,x_3 \geqslant 0 \\ 2x_1-3x_2-x_3+x_4 \leqslant -2 \end{cases}$$

```
sets:
```

```
    variables/1..4/:x,c;
    equations/1..3/:b;
    links(equations,variables):a;
endsets
data:
    c=-3 4 -2 5;
    b=-2 14 -2;
    a=4 1 2 -1
      1 1 -1 2
      2 -3 -1 1;
enddata
min=@sum(variables (j):c(j) * x(j));
@for(equations (i)|i#eq#1:@sum(links(i,j):a(i,j) * x(j))=b(i));
@for(equations (i)|i#gt#1:@sum(links(i,j):a(i,j) * x(j))<b(i));
@free(x(4));
```

2.6 文件输入输出函数

当所给的参数的数据庞大时,再一个个录入 Lingo 编辑窗口的数据段,显得麻烦,可以把模型和外部数据如文本文件、数据库和电子表格等连接起来。在前面的例 2.5.1 中,假设数据录入在电子表格中,见表 2.6.1。

表 2.6.1 Excel 数据表格

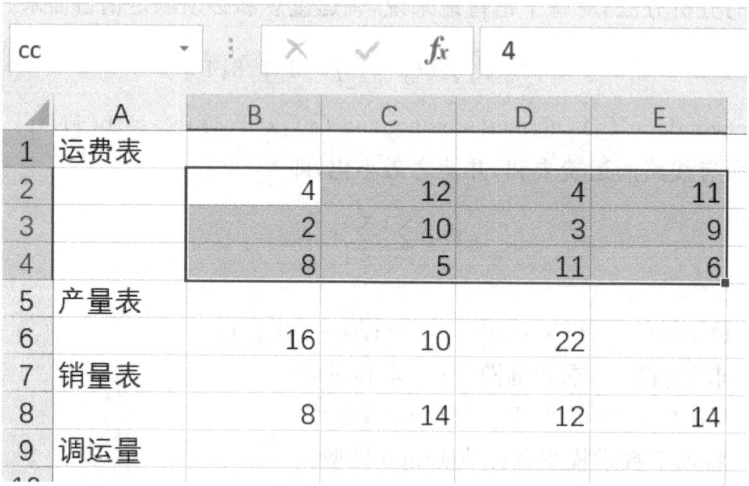

cc | 4

	A	B	C	D	E
1	运费表				
2		4	12	4	11
3		2	10	3	9
4		8	5	11	6
5	产量表				
6		16	10	22	
7	销量表				
8		8	14	12	14
9	调运量				

把三个数据块分别给定名称:运费数据“cc”,产量数据“aa”,销量数据“bb”。将 Lingo 计算的结果返回到 aql. xls 中的某个名称,这个名称必须先命名,这里命名为‘xx’。然后在 Lingo 模型的数据段加以调用即可,调用格式:

```
@ole('spreadsheet_file[,range_name_list]'
```

其中,spreadsheet_file 是电子表格的名称,应当包括扩展名. xls,还包括完整的路径名,只要不超过 64 字符数即可。Range_name_list 是指文件中包括的数据单元范围。以例 2.5.1 来说明，结果见表 2.6.2：

```
sets:
    warehouses /1..3/:a;
    vendors /1..4/:b;
    links(warehouses, vendors):c,x;
endsets
min=@sum(links (i,j):c(i,j) * x(i,j));
@for(warehouses (i):@sum(vendors (j):x(i,j))<=a(i));
@for(vendors (j):@sum(warehouses (i):x(i,j))>=b(j));
data:
    a=@ole('\aql.xls','aa');
    b=@ole('\aql.xls','bb');
    c=@ole('\aql.xls','cc');
    @ole('\aql.xls',‘xx’)=x;! 将计算结果返回数据文件中;
enddata
```

注意：Lingo 运行期间保证 Excel 文件处于打开状态。

表 2.6.2　Excel 数据表格(含结果)

xx　　fx　4

	A	B	C	D	E
1	运费表				
2		4	12	4	11
3		2	10	3	9
4		8	5	11	6
5	产量表				
6		16	10	22	
7	销量表				
8		8	14	12	14
9	调运量				
10		4	0	12	0
11		4	0	0	6
12		0	14	0	8

也可以：

```
sets:
    warehouses /1..3/:a;
    vendors /1..4/:b;
    links(warehouses, vendors):c,x;
endsets
min=@sum(links (i,j):c(i,j) * x(i,j));
@for(warehouses (i):@sum(vendors (j):x(i,j))<=a(i));
@for(vendors (j):@sum(warehouses (i):x(i,j))>=b(j));
```

```
data:
    c=@file('aql.txt');
    a=@file('aql.txt');
    b=@file('aql.txt');
@text('solution.txt')=x; ! 将计算结果返回数据文件中;
enddata
```

x 以列向量形式给出。

第 3 章　优化模型

如何来分配有限资源，从而达到人们期望目标的优化分配数学模型，这一过程在数学建模中处于中心的地位。这类问题一般可以归结为数学规划模型。规划模型的应用极其广泛，其作用已为越来越多的人所重视。

3.1　引言

将一个优化问题用数学式子来描述，即求函数 $u=f(x)$，$x=(x_1,x_2,x_3,\cdots,x_n)$，在约束条件 $h_i(x)=0(i=1,2,\cdots,m)$、$g_i(x)\leqslant 0(g_i(x)\geqslant 0,i=1,2,\cdots,p)$ 下的最大值或最小值。即

$$\min(\text{或}\ \max)u=f(x) \qquad x\in\Omega$$
$$\begin{cases} h_i(x)=0 & i=1,2,\cdots,m \\ g_i(x)\leqslant 0(g_i(x)\geqslant 0) & i=1,2,\cdots,p \end{cases}$$

其中，x 为决策变量(一般多个)，$f(x)$为目标函数。

规划模型的分类如下：

(1)根据是否存在约束条件分为约束问题和无约束问题。

(2)根据决策变量的性质分为静态问题和动态问题。

(3)根据目标函数和约束条件表达式的性质分为线性规划、非线性规划、二次规划、整数规划等。

下面介绍以下几种常用的线性规划形式：

(1)非线性规划：目标函数和约束条件中，至少有一个非线性函数。

$$\min u=f(x) \qquad x\in\Omega$$
$$\begin{cases} h_i(x)=0 & i=1,2,\cdots,m \\ g_i(x)\leqslant 0(g_i(x)\geqslant 0) & i=1,2,\cdots,p \end{cases}$$

(2)线性规划：目标函数和所有的约束条件都是线性函数。

$$\min u=\sum_{i=1}^{n}c_ix_i$$

$$\begin{cases} \sum_{k=1}^{n}a_{ik}x_k=b_i \\ x_i\geqslant 0 \end{cases} \quad i=1,2,\cdots,n$$

(3)二次规划问题：目标函数为二次函数，约束条件为线性约束变量的线性函数。

$$\min u=f(x)=\sum_{i=1}^{n}c_ix_i+\frac{1}{2}\sum_{i,j=1}^{n}b_{ij}x_ix_j$$

$$\begin{cases}\sum_{j=1}^{n} a_{ij}x_j \leqslant b_i \\ x_i \geqslant 0\end{cases} \quad i=1,2,\cdots,n$$

(4)整数规划:对数学规划加上变量取值必须为整数这一约束条件。其中有线性整数规划和非线性整数规划两种问题。对于非线性整数规划,没有特定的算法来求解,只能使用近似算法(蒙特卡罗模拟、智能算法等),本章主要讲述线性整数规划。

0—1 规划即在整数规划的基础上,变量取值只有 0 或 1。典型例子为 0—1 背包问题,求解方法也很简单,只需要对约束变量的上下界设置为[0,1]即可。

通常情况下建立规划模型的一般步骤如下:

(1)确定决策变量和目标变量。

(2)确定目标函数的表达式。

(3)寻找约束条件。

3.2 线性规划模型

例 3.2.1 设某工厂有甲、乙、丙、丁四个车间,生产 A、B、C、D、E、F 六种产品。根据机床性能和以前的生产情况,得知每单位产品所需车间的工作小时数、每个车间在一个季度工作小时的上限以及单位产品的利润,如表 3.2.1 所示(如生产一个单位的 A 产品,需要甲、乙、丙三个车间分别工作 1 h、2 h 和 4 h)问:每种产品各应该每季度生产多少,才能使这个工厂每季度生产利润达到最大。

表 3.2.1 生产单位产品需要车间的工作小时数及单位产品的利润

车间	生产单位产品需要车间的工作小时数						每个车间一个季度工作小时的上限
	A	B	C	D	E	F	
甲	1	1	1	3	2	3	500
乙	2		5	5			500
丙	4	2			5		500
丁		1	3			8	500
利润/百元	4.0	2.4	5.5	5.0	4.5	8.5	

这是一个典型的最优化问题,属线性规划。

假设:产品合格且能及时销售出去;工作无等待情况等。

变量说明:

x_j 为第 j 种产品的生产量($j=1,2,\cdots,6$);

a_{ij} 为第 i 车间生产一个单位第 j 种产品所需工作小时数($i=1,2,3,4;j=1,2,\cdots,6$);

b_i 为第 i 车间的最大工作上限;

c_j 为第 j 种产品的单位利润;

c_jx_j 为第 j 种产品的利润总额;

$a_{ij}x_j$ 为第 i 车间生产第 j 种产品所花时间总数。

建立如下数学模型：

$$\max z = \sum_{j=1}^{6} c_j x_j$$

$$\begin{cases} \sum_{j=1}^{6} a_{ij} x_j \leqslant b_i & i = 1,2,3,4 \\ 0 \leqslant x_j \leqslant \dfrac{b_i}{\max\limits_{1 \leqslant i \leqslant 4}\{a_{ij}\}} & x_j \text{ 为整数}; j = 1,2,3,4,5,6 \end{cases}$$

计算结果如表 3.2.2 所示：

表 3.2.2　引例计算结果

Z/百元	x_1	x_2	x_3	x_4	x_5	x_6
1320	0	0	60	40	100	40

例 3.2.2　某车间有甲、乙两台机床，可用于加工三种工件。假定这两台车床的可用台时数分别为 800 和 900，三种工件的数量分别为 400、600 和 500，且已知用两种不同车床加工单位数量不同工件所需的台时数和加工费用如表 3.2.3 所示。问怎样分配车床的加工任务，才能既满足加工工件的要求，又使加工费用最低？

表 3.2.3　单位工件所需加工台时数和加工费用

车床类型	单位工件所需加工台时数			单位工件的加工费用			可用台时数
	工件 1	工件 2	工件 3	工件 1	工件 2	工件 3	
甲	0.4	1.1	1.0	13	9	10	800
乙	0.5	1.2	1.3	11	12	8	900

解　设在甲车床上加工工件 1、2、3 的数量分别为 x_1、x_2、x_3，在乙车床上加工工件 1、2、3 的数量分别为 x_4、x_5、x_6。可建立以下线性规划模型：

$$\min z = 13x_1 + 9x_2 + 10x_3 + 11x_4 + 12x_5 + 8x_6$$

$$\begin{cases} x_1 + x_4 = 400 \\ x_2 + x_5 = 600 \\ x_3 + x_6 = 500 & x_i \geqslant 0; i = 1,2,\cdots,6 \\ 0.4x_1 + 1.1x_2 + x_3 \leqslant 800 \\ 0.5x_4 + 1.2x_5 + 1.3x_6 \leqslant 900 \end{cases}$$

例 3.2.3　某厂每日 8 h 的产量不低于 1800 件。为了进行质量控制，计划聘请两种不同水平的检验员。一级检验员的标准为：速度 25 件/h，正确率 98%，计时工资 4 元/h。二级检验员的标准为：速度 15 件/h，正确率 95%，计时工资 3 元/h。检验员每错检一次，工厂要损失 2 元。为使总检验费用最省，该工厂应聘一级、二级检验员各几名？

解　设需要一级和二级检验员的人数分别为 x_1、x_2 人，则应付检验员的工资为

$$8 \times 4 \times x_1 + 8 \times 4 \times x_2 = 32x_1 + 24x_2$$

因检验员错检而造成的损失为

$$(8\times25\times2\%\times x_1+8\times15\times5\%\times x_2)\times2=8x_1+12x_2$$

故目标函数为

$$\min z=(32x_1+24x_2)+(8x_1+12x_2)=40x_1+36x_2$$

$$\begin{cases}8\times25\times x_1+8\times15\times x_2\geqslant1800\\8\times25\times x_1\leqslant1800\\8\times15\times x_2\leqslant1800\end{cases}\qquad x_1\geqslant0,x_2\geqslant0$$

Lindo 与 Lingo 都是 Lindo 系统公司开发的专门用于求解最优化问题的软件包。与 Lindo 相比，Lingo 软件主要具有两大优点：

(1)除具有 Lindo 的全部功能外，还可用于求解非线性规划问题，包括非线性整数规划问题。

(2)Lingo 包含了内置的建模语言，允许以简练、直观的方式描述较大规模的优化问题，模型中所需的数据可以以一定格式保存在独立的文件中。

例 3.2.2 的 Lingo 求解：

```
model:
    min=13*x1+9*x2+10*x3+11*x4+12*x5+8*x6;
    x1+x4=400;
    x2+x5=600;
    x3+x6=500;
    0.4*x1+1.1*x2+x3<800;
    0.5*x1+1.2*x2+1.3*x3<900;
End
```

计算结果如图 3.2.1 所示。

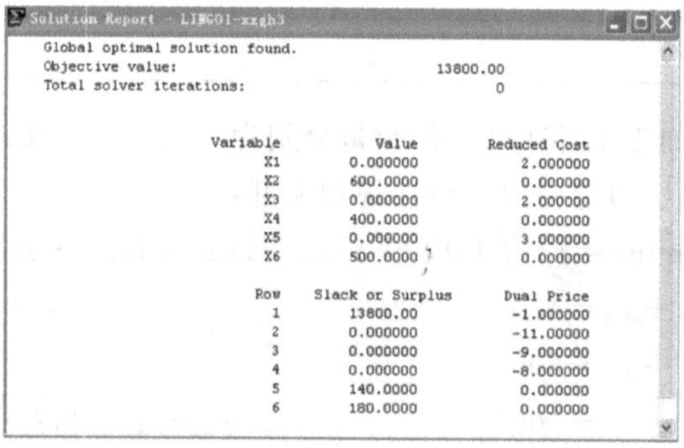

Solution Report - LINGO1-xxgh3

Global optimal solution found.
Objective value: 13800.00
Total solver iterations: 0

Variable	Value	Reduced Cost
X1	0.000000	2.000000
X2	600.0000	0.000000
X3	0.000000	2.000000
X4	400.0000	0.000000
X5	0.000000	3.000000
X6	500.0000	0.000000

Row	Slack or Surplus	Dual Price
1	13800.00	-1.000000
2	0.000000	-11.00000
3	0.000000	-9.000000
4	0.000000	-8.000000
5	140.0000	0.000000
6	180.0000	0.000000

图 3.2.1　例 3.2.2 计算结果

例 3.2.3 的 Lingo 求解：

```
model:
    min=40*x1+36*x2;
    5*x1+3*x2>=45;
    x1<=9;
    x2<=15;
End
```

计算结果如图 3.2.2 所示。

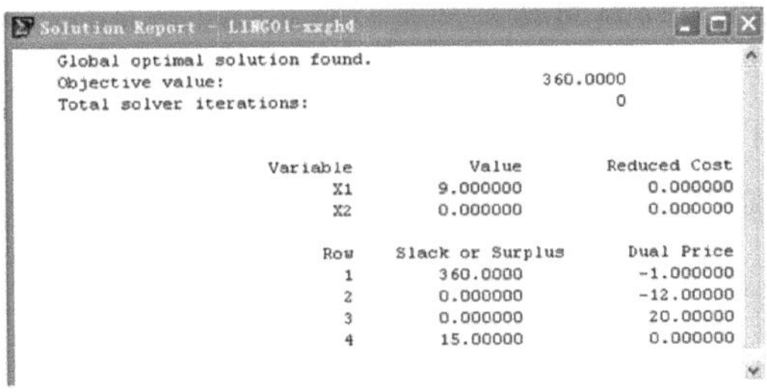

```
Solution Report - LINGO1-xxgh4
Global optimal solution found.
Objective value:                              360.0000
Total solver iterations:                             0

                    Variable           Value        Reduced Cost
                          X1        9.000000            0.000000
                          X2        0.000000            0.000000

                         Row    Slack or Surplus      Dual Price
                           1        360.0000           -1.000000
                           2        0.000000           -12.00000
                           3        0.000000            20.00000
                           4        15.00000            0.000000
```

图 3.2.2　例 3.2.3 计算结果

下面介绍几种常用的线性规划模型。

问题 3.2.1　运输问题。

设某种物资共有 m 个产地 $A_1,A_2,\cdots,A_m$，各产地的产量分别是 $a_1,a_2,\cdots,a_m$；有 n 个销地 $B_1,B_2,\cdots,B_n$，各销地的销量分别为 $b_1,b_2,\cdots,b_n$。假定从产地 $A_i(i=1,2,\cdots,m)$ 向销地 $B_j(j=1,2,\cdots,n)$ 运输单位物资的运价是 c_{ij}，问怎样调运才能使总运费最小？

解　设 x_{ij} 表示产地 A_i 运往销地 $B_j(i=1,2,\cdots,m;\ j=1,2,\cdots,n)$ 的运量。

(1)产销平衡问题，即 $\sum_{i=1}^{m}a_i=\sum_{j=1}^{n}b_j$ 时，模型为

$$\min z=\sum_{i=1}^{m}\sum_{j=1}^{n}c_{ij}x_{ij}$$

$$\begin{cases}\sum_{j=1}^{n}x_{ij}=a_i & i=1,2,\cdots,m\\ \sum_{i=1}^{m}x_{ij}=b_j & j=1,2,\cdots,n\end{cases}\quad x_{ij}\geqslant 0$$

(2)产销不平衡问题，即当 $\sum_{i=1}^{m}a_i>\sum_{j=1}^{n}b_j$ 时，模型为

$$\min z=\sum_{i=1}^{m}\sum_{j=1}^{n}c_{ij}x_{ij}$$

$$\begin{cases}\sum_{j=1}^{n}x_{ij}\leqslant a_i & i=1,2,\cdots,m\\ \sum_{i=1}^{m}x_{ij}=b_j & j=1,2,\cdots,n\end{cases}\quad x_{ij}\geqslant 0$$

当 $\sum_{i=1}^{m}a_i<\sum_{j=1}^{n}b_j$ 时，模型为

$$\min z=\sum_{i=1}^{m}\sum_{j=1}^{n}c_{ij}x_{ij}$$

$$\begin{cases}\sum_{j=1}^{n}x_{ij}=a_i & i=1,2,\cdots,m\\ \sum_{i=1}^{m}x_{ij}\leqslant b_j & j=1,2,\cdots,n\end{cases}\quad x_{ij}\geqslant 0$$

问题 3.2.2　生产组织与计划问题。

工厂用 m 种设备生产 n 种产品。在一个生产周期内，已知第 i 台设备只能工作 a_i 个机时。工厂必须完成产品 B_j 至少 b_j 件。设备 A_i 生产 B_j 所需要的机时和成本分别为 t_{ij} 和 c_{ij}，试建立相应的数学模型，使设备能在生产周期内完成计划但又使成本达到最低。

$$\min z = \sum_{i,j} c_{ij} x_{ij}$$

$$\begin{cases} \sum_{j=1}^{n} t_{ij} x_{ij} \leqslant a_i & i=1,2,\cdots,m \\ \sum_{i=1}^{m} x_{ij} \geqslant b_j & j=1,2,\cdots,n \end{cases} \quad x_{ij} \geqslant 0; x_{ij} \in \mathbf{I}$$

问题 3.2.3　工厂选址问题。

设有 n 个需求点(城市、仓库、商店等)，有 m 个可供选择的建厂地址，每个地址最多可建一个工厂。在 i 地址建立工厂的生产能力为 D_i，在 i 地址经营工厂，单位时间的固定成本为 a_i，需求点 j 的需求量为 b_j，从厂址 i 到需求点 j 的单位运费为 c_{ij}。问应如何选择厂址和安排运输计划，使相应的成本最小。

解　设第 i 个厂址到第 j 个需求点的运送量为 x_{ij}，y_i 表示在第 i 个地址建厂。

$$\min z = \sum_{i,j} c_{ij} x_{ij} + \sum_{i=1}^{m} a_i y_i$$

$$\begin{cases} \sum_{j=1}^{n} x_{ij} \leqslant D_i y_i & i=1,2,\cdots,m \\ \sum_{i=1}^{m} x_{ij} \geqslant b_j & i=1,2,\cdots,n \end{cases}$$

$$g_i(x) \leqslant 0 (g_i(x) \geqslant 0) \qquad i=1,2,\cdots,p$$

问题 3.2.4　设备购置和安装问题。

工厂需要 m 种设备，设备的单价为 p_i，工厂已有第 i 种设备 a_i 台，今有资金 M 元，可用于购置这些设备。该厂有 n 处可安装这些设备，B_j 处最多可安装 b_j 台，将一台设备 A_i 安装在 B_j 处，经济效益为 c_{ij} 元，问应如何购置和安装这些设备，才能使总的经济效益最高。

$$\max z = \sum_{i,j} c_{ij} x_{ij}$$

$$\begin{cases} \sum_{j=1}^{n} x_{ij} \leqslant y_i + a_i & i=1,2,\cdots,m \\ \sum_{i=1}^{m} x_{ij} \geqslant b_j & j=1,2,\cdots,n \\ \sum_{i=1}^{m} p_i y_i \leqslant M \end{cases}$$

问题 3.2.5　货郎问题。

货郎要到 n 个地方去卖货。已知两个地方 A_i 和 A_j 之间的距离为 d_{ij}，如何选择一条道路，使得货郎每个地方走一遍后回到起点，且所走的路径最短。

定义：

$$x_{ij}=\begin{cases}1 & \text{货郎选择的路线包含从 } A_i \text{ 到 } A_j \text{ 的路径}\\ 0 & \text{否则}\end{cases}$$

则相应的模型为

$$\min z=\sum_{i,j} d_{ij}x_{ij}$$

$$\begin{cases}\sum_{j=1}^{n} x_{ij}=1 & i=1,2,\cdots,n\\ \sum_{i=1}^{m} x_{ij}=1 & j=1,2,\cdots,n\\ \sum_{i,j\in S}^{m} x_{ij}\leqslant S-1 & 2\leqslant |S|\leqslant n-2,S\in\{1,2,\cdots,n\}\end{cases} \quad x_{ij}\in\{0,1\};i,j=1,2,\cdots,n;i\neq j$$

问题 3.2.6　系统可靠性问题。

选择 n 个元件，组成一个并联系统。设第 i 个位置所用的元件可从集合 S_i 中挑选。对元件 $j\in S_i$，用 C_{ij} 表示元件 j 在第 i 个位置上的花费，P_{ij} 表示其可靠性的概率，问应如何配置各位置上的元件，使得系统的可靠性不小于 α，且使总费用最小。

定义：

$$x_{ij}=\begin{cases}1 & \text{若元件 } j\in S_i\text{，且元件 } j \text{ 用在位置 } i \text{ 上}\\ 0 & \text{若元件 } j\in S_i\text{，且元件 } j \text{ 不用在位置 } i \text{ 上}\end{cases}$$

总费用为 z，其可靠性为

$$R=1-\prod_{i=1}^{n}\left[\prod_{j\in S_i}(1-p_{ij})^{x_{ij}}\right]\geqslant\alpha$$

若记 $a_{ij}=\ln(1-p_{ij})$，$M=\ln(1-\alpha)$，则上式可写成

$$\sum_{i=1}^{n}\sum_{j\in S_i} a_{ij}x_{ij}\leqslant M$$

则模型是

$$\min z=\sum_{i=1}^{n}\sum_{j\in S_i} c_{ij}x_{ij}$$

$$\begin{cases}\sum_{i=1}^{n}\sum_{j=1}^{n} a_{ij}x_{ij}\leqslant M\\ \sum_{j\in S_i} x_{ij}=1\end{cases} \quad x_{ij}\in\{0,1\};i=1,2,\cdots,n;j\in S_i$$

3.3　整数规划模型

3.3.1　整数线性规划模型

对于线性规划问题，如果要求其决策变量取整数值，则称该问题为整数线性规划问题。对

于整数线性规划问题的求解，其难度和运算量远大于同规模的线性规划问题。戈莫里(Gomory)割平面法和分支定界法是两种常用的求解整数线性规划问题的方法(参见相关文献)。此外，同线性规划模型一样，我们也可以运用 Lingo 和 Lindo 软件包来求解整数线性规划模型。

例 3.3.1　有七种规格的包装箱要装到两节铁路平板车上去。包装箱的宽和高是一样的，但厚度(t，以 cm 计)及重量(w，以 kg 计)是不同的。表 3.3.1 给出了每种包装箱的厚度、质量和数量。每节平板车有 10.2 m 长的地方可用来装包装箱(像面包片那样)，载重为 40 t。由于当地货运的限制，对于 C5、C6、C7 类包装箱的总数有一个特别的限制：这类箱子所占的空间(厚度)不能超过 302.7 cm。试把包装箱装到平板车上，使得浪费的空间最小。

表 3.3.1　包装箱厚度、质量和数量

参数	种类						
	C1	C2	C3	C4	C5	C6	C7
t/cm	48.7	53.0	61.3	72.0	48.7	52.0	64.0
w/kg	2000	3000	1000	500	4000	2000	1000
n/件	8	7	9	6	6	4	8

解　令 x_{ij} 为在第 j 节车上装载第 i 件包装箱的数量($i=1,2,\cdots 7;j=1,2$)；n_i 为第 i 种包装箱需要装的件数；w_j 为第 i 种包装箱的质量；t_i 为第 i 种包装箱的厚度；cl_j 为第 j 节车的长度($cl_j=1020$ cm)；cw_j 为第 j 节车的载重量；S 为特殊限制($S=302.7$)。

下面我们建立该问题的整数线性规划模型。

$$\max\sum_{i=1}^{7}t_i(x_{i1}+x_{i2})$$

$$\begin{cases}x_{i1}+x_{i2}\leqslant n_i\\ \sum\limits_{i=1}^{7}t_ix_{ij}\leqslant cl_j\\ \sum\limits_{i=1}^{7}w_ix_{ij}\leqslant cw_j\\ \sum\limits_{i=5}^{7}t_i(x_{i1}+x_{i2})\leqslant s\end{cases}\qquad x_{ij}\geqslant 0,\text{取整数};i=1,2,\cdots 7;j=1,2$$

运用 Lingo 软件求解得到：

$$x^*=\begin{bmatrix}4&1&9&1&2&1&0\\4&6&0&5&1&2&0\end{bmatrix},\quad f^*=2039.4$$

最优解的分析说明：

由上一步中的求解结果可以看出，x^* 即为最优的装车方案，此时装箱的总长度为 1019.7 cm，两节车共装箱的总长度为 2039.4 cm。但是，上述求解结果只是其中一种最优的装车方案，即此答案并不唯一。

3.3.2　0—1 整数规划模型

0—1 整数规划是整数规划的特殊情形，它要求线性规划模型中的决策变量 x_{ij} 只能取值为 0 或 1。0—1 整数规划模型的求解目前并没有非常好的算法，对于变量比较少的情形，我们可以采取简单隐枚举法，该方法是一种基于判断条件(过滤条件)的穷举法。

我们也可以利用 Lingo 和 Lindo 软件包来求解 0—1 整数规划模型。

例 3.3.2　有 n 个物品，编号为 1, 2, …, n，第 i 件物品重 a_i，价值为 c_i，现有一个载重量不超过 a 的背包，为了使装入背包的物品总价值最大，应如何装载这些物品？

解　用变量 x_i 表示物品 i 是否装包，$i=1, 2, \cdots, n$，并令：

$$x_i=\begin{cases}1 & \text{物品 } i \text{ 装包}\\ 0 & \text{物品 } i \text{ 不装包}\end{cases}$$

$$\max f=\sum_{i=1}^{n} c_i x_i$$

可得到背包问题的规划模型为

$$\sum_{i=1}^{n} a_i x_i \leqslant a \quad x_i=0 \text{ 或 } 1; i=1,2,\cdots,n$$

3.4　非线性规划模型

前面介绍了线性规划问题，即目标函数和约束条件都是线性函数的规划问题，但在实际问题建模过程中，还常常会遇到另一类更一般的规划问题，即目标函数和约束条件中至少有一个是非线性函数的规划问题，即非线性规划问题。非线性规划问题的标准形式为

$$\min f(\boldsymbol{x})$$

$$\begin{cases}g_i(\boldsymbol{x}) \leqslant 0 & i=1,2,\cdots,m\\ h_j(\boldsymbol{x})=0 & j=1,2,\cdots,r\end{cases}$$

其中，$\boldsymbol{x}$ 为 n 维欧式空间 $\mathbf{R}^n$ 中的向量，$f(\boldsymbol{x})$为目标函数，$g_i(\boldsymbol{x})$、$h_j(\boldsymbol{x})$为约束条件。且 $h_j(\boldsymbol{x})$、$g_i(\boldsymbol{x})$、$f(\boldsymbol{x})$中至少有一个是非线性函数。

非线性规划模型按约束条件可分为以下三类：

(1)无约束非线性规划模型。

(2)等式约束非线性规划模型。

(3)不等式约束非线性规划模型。

针对上述三类非线性规划模型，其常用求解的基本思路可归纳如下。

3.4.1　无约束的非线性规划问题

若目标函数的形式简单，可以通过求解方程(表示函数的梯度)求出最优解，但求解往往是很困难的。所以往往根据目标函数的特征采用搜索的方法(下降迭代法)寻找，该方法的基本步骤如下：

(1)适当选取初始点 x_0，令 $k=0$ 。

(2)检验 x_k 是否满足停止迭代的条件，如满足，则停止迭代，用 x_k 来近似问题的最优解，否则转至(3)。

(3)按某种规则确定 x_k 处的搜索方向。

(4)从 x_k 出发，沿方向 d_k，按某种方法确定步长 λ_k，使得：

$$f(x_k+\lambda_k d_k)<f(x_k)$$

(5)令 $x_{k+1}=x_k+\lambda_k d_k$，然后置 $k=k+1$，返回(2)。

在下降迭代算法中，搜索方向起着关键的作用，而当搜索方向确定后，步长又是决定算法好坏的重要因素。非线性规划只含一个变量，即一维非线性规划可以用一维搜索方法求得最优解，一维搜索方法主要有进退法和黄金分割法。二维的非线性规划也可以像解线性规划那样用图形求解。对于二维非线性规划，使用搜索方法要用到梯度的概念，最常用的搜索方法就是最速下降法。

只有等式约束的非线性规划问题通常可用消元法、拉格朗日乘子法或罚函数法，将其化为无约束问题求解。

具有不等式约束的非线性规划问题解起来很复杂，求解这一类问题，通常将不等式约束化为等式约束，再将约束问题化为无约束问题，用线性逼近的方法将非线性规划问题化为线性规划问题。

3.4.2 无约束优化问题的基本算法

3.4.2.1 最速下降法(共轭梯度法)

(1)给定初始点 $X^0\in E^n$，允许误差 $\varepsilon>0$，令 $k=0$。

(2)计算 $\nabla f(X^k)$。

(3)检验是否满足收敛性的判别准则：$\|\nabla f(X^k)\|\leqslant\varepsilon$。若满足，则停止迭代，得点 $X^*\approx X^k$，否则进行(4)。

(4)令 $S^k=-\nabla f(X^k)$，从 X^k 出发，沿 S^k 进行一维搜索，即求 λ_k，使得：

$$\min_{\lambda\geqslant 0} f(X^k+\lambda S^k)=f(X^k+\lambda_k S^k)$$

(5)令 $X^{k+1}=X^k+\lambda_k S^k$，$k=k+1$，返回(2)。

最速下降法是一种最基本的算法，它在最优化方法中占有重要地位。最速下降法的优点是工作量小、存储变量较少、初始点要求不高；缺点是收敛慢。最速下降法适用于寻优过程的前期迭代或作为间插步骤，当接近极值点时，宜选用其他收敛快的算法。

3.4.2.2 牛顿法算法

(1)选定初始点 $X^0\in E^n$，给定允许误差 $\varepsilon>0$，令 $k=0$。

(2)求 $\nabla f(X^k)$，$[\nabla^2 f(X^k)]^{-1}$，检验：若 $\|\nabla f(X^k)\|<\varepsilon$，则停止迭代，$X^*\approx X^k$；否则，转向(3)。

(3)令 $S^k=-[\nabla^2 f(X^k)]^{-1}\nabla f(X^k)$（牛顿方向）。

(4) $X^{k+1}=X^k+S^k$，$k=k+1$，转回(2)。

如果 f 是对称正定矩阵 $\boldsymbol{A}$ 的二次函数，则用牛顿法经过一次迭代就可达到最优点，如不是二次函数，则牛顿法不能一步达到极值点，但由于这种函数在极值点附近和二次函数很近似，因此牛顿法的收敛速度还是很快的。

牛顿法的收敛速度虽然较快，但要求海塞矩阵可逆，要计算二阶导数和逆矩阵，就加大了计算机计算量和存储量。

3.4.2.3 拟牛顿法

为克服牛顿法的缺点，同时保持较快收敛速度的优点，利用第 k 步和第 $k+1$ 步得到的 X^k、X^{k+1}、$\nabla f(X^k)$、$\nabla f(X^{k+1})$，构造一个正定矩阵 $\boldsymbol{G}^{k+1}$ 近似代替 $\nabla^2 f(X^k)$，或用 H^{k+1} 近似

代替 $[\nabla^2 f(X^k)]^{-1}$，将牛顿方向改为

$$G^{k+1} S^{k+1} = -\nabla f(X^{k+1}),\ S^{k+1} = -H^{k+1} \nabla f(X^{k+1})$$

从而得到下降方向。

3.4.3　有约束优化问题的基本算法

3.4.3.1　罚函数法

罚函数法基本思想是通过构造罚函数把约束问题转化为一系列无约束最优化问题，进而用无约束最优化方法去求解。这类方法称为序列无约束最小化方法(sequential unconstrained minimization technique，SUMT)。其迭代步骤：

(1)任意给定初始点 X^0，取 $M_1>1$，给定允许误差 $\varepsilon>0$，令 $k=1$。

(2)求无约束极值问题 $\min\limits_{X\in E^n} T(X,M)$ 的最优解，设为 $X^k=X(M_k)$，即

$$\min_{X\in E^n} T(X,M)=T(X^k,M_k)$$

(3)若存在 $i(1\leqslant i\leqslant m)$，使 $-g_i(X^k)>\varepsilon$，则 $M_k>M(M_{k+1}=\alpha M,\alpha=10)$，令 $k=k+1$，返回(2)；否则，停止迭代。得最优解 $X^*\approx X^k$。

计算时也可将收敛性判别准则 $-g_i(X^k)>\varepsilon$ 改为 $M\sum\limits_{i=1}^{m}\{\min[0,g_i(X)]\}^2\leqslant 0$。

罚函数法的缺点：每个近似最优解 X^k 往往不是容许解，而只能近似满足约束，在实际问题中这种结果可能不能使用；在解一系列无约束问题中，计算量太大，特别是随着 M_k 的增大，可能导致错误。

3.4.3.2　近似规划法

近似规划法的基本思想：将问题中的目标函数 $f(X)$ 和约束条件 $g_i(X)\geqslant 0(i=1,\cdots,m)$、$h_j(X)=0(j=1,\cdots,l)$ 近似为线性函数，并对变量的取值范围加以限制，从而得到一个近似线性规划问题，再用单纯形法求解，把其符合原始条件的最优解作为原问题的解的近似。每得到一个近似解后，都从该点出发，重复以上步骤。

这样，通过求解一系列线性规划问题，产生一个由线性规划最优解组成的序列，经验表明，这样的序列往往收敛于非线性规划问题的解。

3.5　智能优化

3.5.1　遗传算法

遗传算法(genetic algorithm，GA)是一类模拟达尔文生物进化论的自然选择和遗传学机理的计算模型，是一种通过模拟自然进化过程搜索最优解的方法。它最初由美国密歇根大学霍兰(Holland)教授于 1975 年提出，颇有影响的专著《自然系统和人工系统中的适应》(*Adaptation in Natural and Artificial Systems*)出版后，GA 这个名称逐渐为人所知，霍兰教授所提出的 GA 通常为标准遗传算法(standard genetic algorithm，SGA)。

3.5.1.1　遗传算法的特点

求解非线性方程 $f(x)=0$ 根的牛顿迭代法描述为：

(1)给定初始解(猜测) x_0。

(2)对于 $k=0,1,2,\cdots$,实施

$$x_{k+1}=x_k-\frac{f(x_k)}{f'(x_k)}$$

(3)直到 $|x_{k+p}-x_k|<\varepsilon$ 终止。

算法特点:初始解只有一个,有可能得不到需要的根;要求函数具有导函数且导函数值不能为0。

遗传算法与上述求解过程相同的是迭代部分,但不同之处在于:遗传算法的工作过程是模仿生物的进化过程。因此,首先需要确定一种编码方法,使得问题中的任何一个潜在的可行解都能表示为一个"数字"染色体。然后创建一个由随机的染色体组成的初始群体(不是一个单一的初始值,每个染色体代表一种不同的选择);在一段时间内,通过适应度函数给每个个体一个数值评价,淘汰适应度低的个体(该过程称为选择),经过复制、交叉、变异等遗传操作的个体集合形成一个新的种群,对这个种群进行下一轮进化,从而达到最优化的目的,这便是遗传算法的基本原理。

因此,遗传算法具有如下典型特征:

(1)与自然界相似,遗传算法对求解问题的本身一无所知,对搜索空间没有任何要求(如函数可导、光滑性、连通性等),只以决策编码变量作为运算对象并对算法所产生的染色体进行评价,可用于求解无数值概念或很难有数值概念的优化问题,应用范围广泛。

(2) 搜索过程不直接作用到变量上,直接对参数集进行编码操作,操作对象可以是集合、序列、矩阵、树、图、链和表等。

(3)搜索过程是一组解迭代到另一组解,采用同时处理群体中多个个体的方法,因此,算法具有并行特性。

(4)遗传算法利用概率转移规则,可以在一个具有不确定性的空间寻优,与一般的随机性优化方法相比,它不是从一点出发按照一条固定路线寻优,而是在整个可行解空间同时搜索,可以有效避免陷入局部极值点,具有全局最优特性。

(5)遗传算法有很强的容错能力。由于遗传算法初始解是一个种群,通过选择、交叉、变异等操作能够迅速排除与最优解相差较大的劣解。

3.5.1.2 遗传算法的应用

由于遗传算法的整体搜索策略和优化搜索方法在计算中不依赖于梯度信息或其他辅助知识,而只需要影响搜索方向的目标函数和相应的适应度函数,所以遗传算法提供了一种求解复杂系统问题的通用框架,它不依赖于问题的具体领域,对问题的种类有很强的鲁棒性,所以广泛应用于许多科学,下面将介绍遗传算法的一些主要应用领域。

1. 函数优化

函数优化是遗传算法的经典应用领域,也是遗传算法进行性能评价的常用算例,许多人构造出了各种各样复杂形式的测试函数:连续函数和离散函数、凸函数和凹函数、低维函数和高维函数、单峰函数和多峰函数等。对于一些非线性、多模型、多目标的函数优化问题,用其他优化方法较难求解,而遗传算法可以方便地得到较好的结果。

2. 组合优化

随着问题规模的增大,组合优化问题的搜索空间也急剧增大,有时在目前的计算上用枚举法很难求出最优解。对这类复杂的问题,人们已经意识到应把主要精力放在寻求满意解上,而遗传算法

是寻求这种满意解的最佳工具之一。实践证明，遗传算法对于组合优化中的 NP 问题非常有效。例如，遗传算法已经在求解旅行商问题、背包问题、装箱问题、图形划分问题等方面得到成功的应用。

此外，遗传算法也在生产调度问题、自动控制、机器人学、图像处理、人工生命、遗传编码和机器学习等方面获得了广泛的运用。

3.5.1.3　遗传算法基本原理

遗传算法工作过程：模仿生物的进化过程。

首先需要确定一种编码方法，使得所讨论的问题中的任何一个潜在的可行解都能表示为一个“数字”染色体。

然后创建一个由随机的染色体组成的初始群体（不是一个单一的初始值，每个染色体代表一种不同的选择）；在一段时间内，通过适应度函数给每个个体一个数值评价，淘汰适应度低的个体（该过程称为选择），经过复制、交叉、变异等遗传操作的个体集合形成一个新的种群，对这个种群进行下一轮进化，从而达到最优化的目的。实施步骤：

(1)通过随机方式产生问题的初始种群。

(2)将问题编码为染色体，即将优化变量 $\boldsymbol{X}=(x_1,x_2,\cdots,x_n)^{\mathrm{T}}$ 对应到生物中的个体，一般用字符串表示为 $\boldsymbol{A}=a_1a_2\cdots a_L$，该字符串称为编码（从生物学的角度来看，编码相当于遗传物质的选择，每一个字符串与一个染色体对应，为了便于在计算机上进行表示和处理，在遗传算法设计中，最为常见的方式为 0/1 二进制编码体制）。

以 8 座城市的旅行商问题为例，此时，旅行商问题中的两个路径与编码分别为

周游路线	二进制编码
3 4 0 7 2 5 1 6	011 100 000 111 010 101 001 110
2 5 0 3 6 1 4 7	010 101 000 011 110 001 100 111

(3)为了衡量每一个个体的优劣，通过定义适应度对其进行评价，对每一个个体计算适应度，实现个体的“优胜劣汰”。与生物一代一代进化类似，遗传算法的运算过程本质上为利用迭代产生种群的过程。例如，设第 t 代种群为 $\boldsymbol{X}(t)$，则通过遗传和进化操作后，得到第 $t+1$ 代种群 $\boldsymbol{X}(t+1)$，该种群由多个更优异的个体组成。该个体不断重复，按照选择、交叉与变异以及“优胜劣汰”规则产生新的个体。

遗传算法流程如下：

开始
1 初始种群（随机产生，记为 $\boldsymbol{X}(0)$，并对其编码）
2 个体评价与种群进化
　种群 $\boldsymbol{X}(t)$
　个体适应度检测与评价
　选择
　交叉
　变异
　新种群 $\boldsymbol{X}(t+1)$
3 停止检验（是否满足停止条件）
　若不满足停止条件，转移到第 2 步
　若满足停止条件，解码染色体，输出问题的解

下面介绍编码、遗传编码与解码、适应度、选择算子、交叉算子、变异算子的定义。

定义 3.5.1 （编码）把一个问题的可行解从其解空间转换到遗传算法所能处理的搜索空间的方法称为编码。

在基本的遗传算法中，采用固定的二进制符号串来表示群体中元素的个数，其等位基因由二值符号集{0,1}组成。

定义 3.5.2 （遗传编码与解码）将变量 $\boldsymbol{X}=(x_1,x_2,\cdots,x_n)^{\mathrm{T}}$ 转换成有限长字符串 $\boldsymbol{A}=a_1a_2\cdots a_L$，称 $\boldsymbol{A}$ 为 $\boldsymbol{X}$ 的一个遗传编码（或染色体编码），记为 $e(\boldsymbol{X})$，L 称为编码长度，而 $\boldsymbol{X}$ 称为 $\boldsymbol{A}$ 的解码，记为 $\boldsymbol{X}=e^{-1}(\boldsymbol{A})$。

定义 3.5.3 （适应值函数与适应度）考虑优化问题 $\max\limits_{X\in Q}f(X)$。若函数 $F(X)$ 与函数 $f(X)$ 有相同的全局极大值，且满足

$$f(X_1)\geqslant f(X_2)\Rightarrow F(X_1)\geqslant F(X_2)\geqslant 0$$

则称 $F(X)$ 是问题 $\max\limits_{X\in Q}f(X)$ 的适应值函数。

显然存在无穷多种适应度函数，例如，设 C、α 为满足

$$\min_{X\in Q}\alpha f(X)+C\geqslant 0$$

的常数，则 $F(X)=\alpha f(X)+C$ 是一种适应度函数。

对于每一个适应值函数 $F(X)$，定义 $J(A)=F[e^{-1}(A)]$，称个体的适应度。

在遗传算法中，适应度是描述个体性能的主要指标。根据适应度的大小，对个体实行优胜劣汰，遗传算法只依靠适应度指导搜索过程，因此它的好坏直接决定了遗传算法的性能。适应度作为驱动遗传算法的动力，在遗传过程中具有重要意义。遗传算法中目标函数的使用通过适应度来体现，因此，需要将目标函数以某种形式进行转换。

根据定义 3.5.3 将目标函数转换成适应度函数必须遵循下面几条原则：

(1)非负性：适应度非负。

(2)一致性：优化过程中目标函数的变化方向与群体进化过程中适应度函数变化方向一致。

(3)计算量小。

(4)通用性强。

对适应度进行转换。假设目标函数为最大值问题，否则，对于最小值问题可以进行如下转换：

$$F(X)=\begin{cases}C_{\max}-G(X) & C_{\max}>G(X)\\ 0 & \text{其他}\end{cases}$$

其中，$F(X)$ 为转换后的适应度，$C_{\max}$ 为充分大的常数，保证 $F(X)\geqslant 0$，$G(X)$ 为最小值问题的适应度。

为了保证适应度不出现负值，对于有可能产生负值的最大值问题，可采用下面的形式进行转换

$$F(X)=\begin{cases}C_{\min}+G(X) & C_{\min}+G(X)>0\\ 0 & \text{其他}\end{cases}$$

其中，$F(X)$ 为转换后的适应度，$C_{\min}$ 为充分小的常数，只要满足 $F(X)\geqslant 0$ 即可，$G(X)$ 为最大值问题的适应度。

现在再来讨论适应度函数的几种尺度变换方法。

1. 线性变换

假设原适应度函数为 F，变换后的适应度函数为 F'，则线性变换可以表示为

$$F'(X)=\alpha F(X)+\beta$$

其系数 α、β 的确定需要满足下列条件：

(1)原适应度平均值要等于定标后的适应度平均值，以保证适应度为平均值的个体在下一代的期望复制数为 1，即

$$F'(X)_{\text{avg}}=F(X)_{\text{avg}}$$

(2) 变换后适应度最大值应等于原适应度平均值的指定倍数，以控制适应度最大的个体在下一代的复制数。

2. 幂函数变换

$$F'(X)=F(X)^k$$

上式中幂指数 k 与所求的优化问题相关，需要具体问题具体分析。

3. 指数变换

$$F'(X)=F(X)^{-\alpha F(X)}$$

上述变换的思想来自模拟退火过程，其中系数 α 决定了复制的强制性，其值越小，复制的强制性越趋向于那些具有最大适应度的个体。

定义 3.5.4 (选择算子)根据每一个个体的适应度，按照一定的规则或方法，从 t 代种群 $\boldsymbol{X}(t)$ 中选择出优秀的个体。

选择算子是一种按照“优胜劣汰”的自然法则模拟自然选择的操作。

定义 3.5.5 (交叉算子)对从群体 $\boldsymbol{X}(t)$ 中选出的每一对母体，按照交叉概率交换它们之间的部分基因。

交叉算子是一种模仿有性繁殖的基因重组操作。

定义 3.5.6 (变异算子)对种群的每一个个体，按照变异概率改变某一个或某一些基因上的基因值为其他的等位基因。

变异算子是一种模拟基因突变的遗传操作。

在上述算法中，第一步初始化种群要求确定出种群规模 N、交叉概率 P_c、变异概率 P_m 以及终止进化的准则等，而初始种群 $\boldsymbol{X}(0)$ 一般采用服从均匀分布的随机数得到。在种群进化过程中，选择一个偶数 $M\geqslant N$ 以及 $M/2$ 对母体，对所选择的 $M/2$ 对母体，按照概率 P_c 进行交叉，形成 M 个中间体，然后对 M 个中间个体按照概率 P_m 进行变异，形成 M 个候选体。为了在候选体中选择出下一代新种群，从 M 个候选体中依照适应度选择出 N 个个体组成新一代种群 $\boldsymbol{X}(t+1)$，直到选择出来的新种群符合终止准则时停止。一般情况下，完成一个遗传算法大约需要迭代 50～500 次。

3.5.2　蚁群算法

蚁群优化算法(ant colony optimization, ACO)，又称蚂蚁算法，是一种用来在图中寻找优化路径的概率型算法。它是最早意大利学者马尔科 · 多里戈(Marco Dorigo)于 20 世纪 90 年代初期提出的一种源于大自然的新的仿生类算法，其灵感来源于上述蚂蚁在寻找食物过程中

发现路径的行为。蚁群算法主要是借鉴蚂蚁群体之间的信息传递方法达到寻优的目的，在计算机模拟仿真中由于采用了人工"蚂蚁"的概念，因此，也称蚂蚁系统(ant system，AS)。

3.5.2.1　基本原理

1. 从真实蚂蚁到人工蚂蚁

蚁群算法是一种受自然界生物的行为启发而产生的"自然"算法。它是从对蚁群行为的研究中产生的。其基本原理如图 3.5.1 所示。

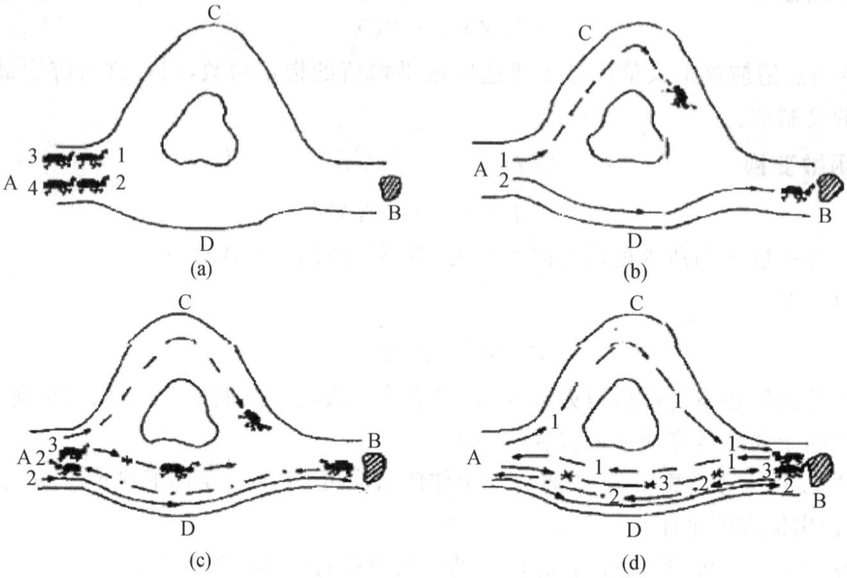

图 3.5.1　蚁群觅食路线

图中表示蚂蚁觅食的线路，A 为蚁穴 ，B 为食源，从 A 到 B 有两条线路可走，A—C—B 是长路径，A—D—B 是短路径。蚂蚁走过一条路线以后，在地面上会留下信息素气味，后来蚂蚁就根据留在地面上这种气味的强度选择移动的方向。图 3.1.1(a)表示起始情况，假定蚁穴中有 4 只蚂蚁，分别用 1、2、3、4 表示，B 为食源。开始时蚁穴中蚂蚁 1、2 向食源移动，由于路线 A—C—B 和 A—D—B 上均没有蚂蚁通过，在这两条路线上都没有信息素气味，因此蚂蚁 1、2 选择这两条线路的机会均等。令蚁 1 选择 A—C—B 线路，蚁 2 选择 A—D—B 线路，假定蚂蚁移动的速度相同，当蚁 2 到达食源 B 时，蚁 1 还在途中，如图 3.1.1(b)所示。蚁 2 到达食源以后就返回，这时从 B 返回也有两条线路选择，哪一条线路上信息素的气味重就选择哪一条。因为蚁 1 还在途中，没有到达终点，这时在 B—C—A 线路上靠近 B 端处，蚁 1 还没有留下信息素气味，所以蚁 2 返回蚁穴的线路只有一个选择，就是由原路返回。当蚁 2 返回 A 时，蚁 3 开始出发，蚁 3 的线路选择必定是 A—D—B，因为这时 A—D—B 上气味浓度比 A—C—B 上重（A—D—B 上已有蚂蚁两次通过 ），如图 3.1.1(c)所示。当蚁 1 到达食源 B 时，蚁 1 返回线路必然选择 B—D—A，如图 3.1.1(d)所示。如此继续下去，沿 A—D—B 线路上移动的蚂蚁越来越多，这就是蚁穴到食源的最短路线，蚂蚁根据线路上留下信息素浓度的大小，确定在路线上移动的方向，蚁群向信息素浓度重的线路集聚的现象称为正反馈。蚂蚁算法正是基于正反馈原理的启发式算法。

2. 蚁群觅食过程中的简单规则

每只蚂蚁并不像我们想象的那样需要知道整个世界的信息，它们其实只关心很小范围内的眼前信息，且根据这些局部信息利用几条简单的规则进行决策，这样，在蚁群这个集体里，复杂性的行为就会凸现出来。这就是人工生命、复杂性科学解释的规律！那么，这些简单规则是什么呢？下面详细说明：

(1)范围。蚂蚁观察到的范围是一个方格世界，蚂蚁有一个参数为速度半径(一般是 3)，那么它能观察到的范围就是 3×3 个方格世界，并且能移动的距离也在这个范围之内。

(2)环境。蚂蚁所在的环境是一个虚拟的世界，其中有障碍物，有别的蚂蚁，还有信息素。信息素有两种，一种是找到食物的蚂蚁撒下的食物信息素，另一种是找到蚂蚁撒下的信息素。每个蚂蚁都仅仅能感知它范围内的环境信息。环境中信息素以一定的速率消失。

(3)觅食规则。在每只蚂蚁能感知的范围内寻找是否有食物，如果有就直接过去。否则看是否有信息素，比较在能感知的范围内哪一点的信息素最多，这样，它就朝信息素多的地方走(每只蚂蚁多会以小概率犯错误，并不往信息素最多的点移动)。蚂蚁找窝的规则和上面一样，只不过它对窝的信息素作出反应，而对食物的信息素没反应。

(4)移动规则。每只蚂蚁都朝向信息素最多的方向移动，当周围没有信息素指引的时候，蚂蚁会按照自己原来运动的方向惯性地运动下去，并在运动的方向有一个随机的小的扰动。为了防止原地转圈，蚂蚁会记住最近刚走过了哪些点，如果发现要走的下一点已经在最近走过了，它就会尽量避开。

(5)避障规则。如果蚂蚁要移动的方向被障碍物挡住，它会随机地选择另一个方向，如有信息素指引，它会按照觅食的规则行动。

(6)播撒信息素规则。每只蚂蚁在刚找到食物或者窝的时候撒的信息素最多，随着它走的距离越远，播撒的信息素越少。

根据这几条规则，蚂蚁之间并没有直接的关系，但是每只蚂蚁都和环境发生交互，通过信息素这个纽带，实际上把各个蚂蚁之间关联起来了。例如，当一只蚂蚁找到了食物，它并没有直接告诉其他蚂蚁这儿有食物，而是向环境播撒信息素，当其他的蚂蚁经过它附近的时候，就会感觉到信息素的存在，进而根据信息素的指引找到食物。

3.5.2.2　基本蚁群算法模型的建立

为了说明蚂蚁系统模型，下面讨论基于蚁群算法的旅行商问题的解。

在模型建立与求解过程中，我们需要首先引入下列符号：$b_i(t)$ 表示 t 时刻位于城市 i 的蚂蚁数目，m 为蚁群中蚂蚁的总数目，n 为旅行商问题的规模，即城市的个数。显然 $m=\sum_{i=1}^{n}b_i(t)$，$\tau_{ij}(t)$ 表示 t 时刻路径 (i,j) 上的信息量，$\Gamma=\{\tau_{ij}(t)\mid c_i,c_j\in V\}$ 是 t 时刻 V 中元素(城市)两两连接 l_{ij} 上残留信息量的集合，在初始时刻各路径上的信息量都相等，即设 $\tau_{ij}(0)=C$ (常数)，基本蚁群算法的寻优是通过有向图 $g=(V,A,\Gamma)$ 来实现的。

蚂蚁 $k(k=1,2,3,\cdots,m)$ 在运动过程中，根据各条路径上留下的信息量决定其转移方向。此处采用禁忌表 $\mathrm{tabu}_k(k=1,2,3,\cdots,m)$ 来记录蚂蚁 k 当前所走过的城市。集合随着进化过程作动态调整，而 $\mathrm{allowed}_k$ 用来表示蚂蚁 k 下一步允许访问的城市位置，显然 $\mathrm{allowed}_k=V-\mathrm{tabu}_k$。若用 d_{ij} 表示城市 i 和城市 j 之间的距离，则 t 时刻，图中路径 (i,j) 反映由城市 i 转

移到城市 j 的启发程度,即能见度,可以取为 $\eta_{ij}(t)=1/d_{ij}$,是一个与时间无关的常数。在搜索过程中,蚂蚁根据各条路径上的信息量以及路径的启发信息(主要是路径长度)来计算状态转移概率,如用 $p_{ij}^k(t)$ 表示蚂蚁 k 在 t 时刻由城市 i 转移到城市 j 的状态转移概率,则可以定义为

$$p_{ij}^k(t)=\begin{cases}\dfrac{[\tau_{ij}(t)]^\alpha[\eta_{ij}(t)]^\beta}{\sum\limits_{s\in \text{allowed}_k}[\tau_{is}(t)]^\alpha[\eta_{sj}(t)]^\beta} & j\in \text{allowed}_k\\ 0 & \text{否则}\end{cases}$$

在上式中,α 与 β 分别反映了路径轨迹与路径能见度的相对重要性。α 作为信息启发式因子,反映了蚂蚁在运动过程中所积累的信息在蚂蚁运动时所起的作用,其值越大,则该蚂蚁越倾向于选择其他蚂蚁经过的路径,蚂蚁之间的协作性越强。β 作为启发式因子,反映了蚂蚁在运动过程中启发因素在选择路径时的受重视程度,其值越大,则该状态转移越接近贪心规则。在两种极端情形 $\alpha=0$ 与 $\beta=0$ 下,则分别退化为传统的贪心算法与纯粹的正反馈启发式方法。

上述状态转移概率的计算用到 t 时刻各条路径上信息量的计算,下面讨论 $\tau_{ij}(t)$ 的计算方法。在初始时刻 $t=0$,可以选择 $\tau_{ij}(0)=\text{const}$ (常数),蚂蚁完成一次循环后各路径上的信息量更新方程设为

$$\tau_{ij}(t+1)=\rho\tau_{ij}(t)+\Delta\tau_{ij}(t,t+1)$$

$$\Delta_{ij}\tau(t,t+1)=\sum_{k=1}^{m}\Delta\tau_{ij}^k(t,t+1)$$

其中,ρ 表示信息素的持久系数(即信息的挥发度),而 $1-\rho$ 则表示信息素的衰减系数,因此一般选择 $0<\rho<1$ 比较合适。从上式可以看出,在已知 $\tau_{ij}(0)$ 的情况下,为了计算 $\tau_{ij}(t)$,需要计算出全体蚂蚁在时刻 t 到时刻 $t+1$ 内留在路径 (i,j) 上信息素量的增量 $\Delta\tau_{ij}(t,t+1)$,因此,需要计算出每只蚂蚁 k 在时刻 t 到时刻 $t+1$ 内留在路径 (i,j) 上信息素量的增量 $\Delta\tau_{ij}^k(t,t+1)$。根据更新策略的不同,多里戈提出了三种计算 $\Delta\tau_{ij}^k(t,t+1)$ 的方法,从而得到三种不同的蚁群算法模型,分别称为 Ant-Quantity(蚁量)模型、Ant-Density(蚁密)模型以及 Ant-Cycle(蚁周)模型。

在蚁量模型中

$$\Delta\tau_{ij}^k(t,t+1)=\begin{cases}\dfrac{Q}{d_{ij}} & \text{若蚂蚁 } k \text{ 在时间 } t \text{ 到时间 } t+1 \text{ 内经过}(i,j)\\ 0 & \text{否则}\end{cases}$$

其中,Q 表示信息素强度,为蚂蚁循环一周释放的总信息量。

在蚁密模型中

$$\Delta\tau_{ij}^k(t,t+1)=\begin{cases}Q & \text{若蚂蚁 } k \text{ 在时间 } t \text{ 到时间 } t+1 \text{ 内经过}(i,j)\\ 0 & \text{否则}\end{cases}$$

从上面的定义不难看到,在蚁密模型中,一只蚂蚁从城市 i 转移到城市 j 的过程中路径 (i,j) 上信息素的增量与边的长度 d_{ij} 无关,而在蚁量模型中,它与 d_{ij} 成反比,就是说,蚁量模型终端路径对蚂蚁更具有吸引力,因此,进一步加强了状态转移概率方程中能见度因子 η_{ij} 的值。

在上述两种基本蚁群算法模型中,蚂蚁完成一步后立即更新路径上的信息素,即在建立方案的同时释放信息素,采用的是局部信息,为了充分利用整体信息从而得到全局最优算法,下

面介绍一种蚁周模型。

蚁周模型与上述两种模型的主要区别在于 $\Delta\tau_{ij}^{k}$ 不同，在蚁周模型中，$\Delta\tau_{ij}^{k}(t,t+n)$ 表示蚂蚁经过 n 步完成一次循环后更新蚂蚁 k 所走过的路径，具体更新值满足

$$\Delta\tau_{ij}^{k}(t,t+n)=\begin{cases}\dfrac{Q}{L_k} & \text{若蚂蚁 } k \text{ 在本次循环中经过}(i,j)\\ 0 & \text{否则}\end{cases}$$

其中，L_k 表示蚂蚁 k 在本次循环中所走路径的长度。

由于蚁周系统要求蚂蚁已经建立了完整的轨迹后再释放信息，信息素轨迹根据如下公式进行更新：

$$\tau_{ij}(t+n)=\rho_1\tau_{ij}(t)+\Delta\tau_{ij}(t,t+n)$$

$$\Delta_{ij}\tau(t,t+n)=\sum_{k=1}^{m}\Delta\tau_{ij}^{k}(t,t+n)$$

3.5.2.3　基本蚁群算法的实现

以旅行商问题为例，基本蚁群算法的具体实现步骤描述如下：

(1)参数初始化。令时间 $t=0$，循环次数计数器初值 $N_c=0$，轨迹强度增量的初值设为 0，即 $\Delta\tau_{ij}(0)=0$，初始阶段禁忌表设为空集，即 $tabu_k=\Phi$，$\eta_{ij}(t)$ 由某种启发式算法规则确定，在旅行商问题中一般取为 $1/d_{ij}$，将 m 只蚂蚁随机置于 n 个元素（城市）上，并令有向图上每条边 (i,j) 的初始信息量为常数，即 $\tau_{ij}(0)=\text{const}$。

(2)循环次数 $N_c\leftarrow N_c+1$；蚂蚁禁忌表索引号 $k=1$，蚂蚁数目 $k\leftarrow k+1$。

(3)蚂蚁个体向根据状态转移概率公式计算的概率原则元素（城市）j 前进，$j\in\{V-tabu_k\}$。

(4)修改禁忌指针表，即将选择好之后的蚂蚁移动到新的元素（城市），并将该元素（城市）移到该蚂蚁个体的禁忌表中。

(5)信息素更新的计算。

在蚁密模型中：

$$\Delta\tau_{ij}^{k}(t,t+1):=\Delta\tau_{ij}^{k}(t,t+1)+Q$$

在蚁量模型中：

$$\Delta\tau_{ij}^{k}(t,t+1):=\Delta\tau_{ij}^{k}(t,t+1)+\frac{Q}{d_{ij}}$$

对于每一个路径 (i,j)，设置持久因子 ρ，并按照上述模型计算 $\tau_{ij}(t+1)$。

在蚁周模型中，对于 $1\leqslant k\leqslant m$，根据禁忌表的记录计算 L_k；对于 $1\leqslant s\leqslant m-1$，设 $(h,l):=[tabu_k(s),tabu_k(s+1)]$，即 (h,l) 为蚂蚁 k 的禁忌表中连接城市 $(s,s+1)$ 的路径，$\Delta\tau_{hl}(t+n):=\Delta\tau_{hl}(t+n)+\dfrac{Q}{L_k}$，对于每一条路径 (i,j)，计算 $\tau_{ij}(t+n)$。

(6)记录到目前为止的最短路径，如果 $N_c\geqslant N_{max}$，则计算终止，循环结束并输出计算结果；否则，清空禁忌表并返回步骤(2)。

一系列仿真试验表明，在求解旅行商问题时，蚁群算法的性能优于其他算法，因此，人们更多地关注蚁群算法的研究。

第 4 章　微分方程模型

微分方程是包含连续变化的自变量、未知函数及其导数(或微分)的方程式,是与微积分学同时发展起来的研究自然现象的强有力的数学工具。其历史可以追溯到 17 世纪,这一时期是科学革命的关键时期。数学家们,特别是莱布尼茨和牛顿,在研究物理现象(如运动、引力等)时,发现需要用到未知函数及其导数的关系来描述这些现象。这种描述方式最终导致了微分方程的诞生。例如,1864 年勒韦里耶(Leverrier)根据建立的微分方程预见到当时尚未发现的海王星的存在及其位置,海王星故又被称为"笔尖上的星球"。莱布尼茨的符号主义和牛顿的流数法虽然在表述上有所不同,但都为微分方程的形成奠定了基础。进入 18 世纪,欧拉、拉格朗日等数学家对微分方程进行了更为系统的研究。欧拉不仅解决了大量具体的微分方程问题,还提出了许多新的方法和技巧,如欧拉法(一种早期的数值解法)。拉格朗日则对微分方程解的存在性、唯一性等问题进行了深入的探讨,为微分方程的理论体系构建作出了重要贡献。这一时期,变量分离法、积分因子法等经典解法逐渐形成,为求解初等微分方程提供了有力工具。

随着科学研究的深入,非线性现象逐渐受到重视。非线性微分方程因其复杂性而难以用传统的解析方法求解,这促使了非线性科学的发展。同时,计算机技术的飞速进步为数值解法的应用提供了可能。现代数值解法,如龙格-库塔法、有限差分法等,能够高效地求解复杂的微分方程,包括非线性方程,从而极大地扩展了微分方程的应用范围。

微分方程作为数学的一个重要分支,其应用领域极为广泛,主要的应用领域如下(但不限于以下领域)。物理学:几乎所有物理现象都可以用微分方程来描述,如力学中的牛顿第二定律、电磁学中的麦克斯韦方程组、量子力学中的薛定谔方程等。工程学:在控制理论、信号处理、电路分析、流体力学等领域,微分方程用于建模和预测系统的行为,如控制系统中的传递函数、流体力学中的纳维-斯托克斯方程等。生物学:在生态学、传染病学、神经科学等领域,微分方程用于模拟生物种群的动态变化、疾病的传播过程以及神经元的电信号传导等。经济学:在经济增长模型、金融市场分析等领域,微分方程用于描述经济系统的动态行为,如索洛增长模型就是一个基于微分方程的经济模型。社会科学:在人口统计学、交通流分析等领域,微分方程也发挥着重要作用,如人口增长模型即基于微分方程。由此可见,微分方程作为描述自然界和社会现象中动态变化规律的强有力工具,其重要性不言而喻,随着科学技术的不断发展,微分方程的研究和应用前景将更加广阔。

4.1　微分方程的基本概念

微分方程作为数学科学的中心学科,其解法和理论已日臻完善,可以为分析和求得方程的解(或数值解)提供足够的方法,使得微分方程模型具有极大的普遍性、有效性和非常丰富的数学内涵。微分方程建模对于许多实际问题的解决是一种极有效的数学手段,对于现实世界的变化，人们关注的往往是其变化速度、加速度以及所处位置随时间的发展规律，其规律一般可以用微分方程或方程组表示。

解决自然科学与工程技术中的问题，首先要找出与问题有关的变量之间的函数关系。对于一些简单的问题，可由几何、物理等知识直接建立，而在大多数情况下，需要通过对问题的分析、运用数学分析的方法建立数学模型，常会得到未知函数及其导数之间的关系式，这就是微分方程。求满足微分方程的未知函数，称为解微分方程。

下面通过一些具体的例题来介绍微分方程的基本概念。

例 4.1.1　一条曲线通过点 (1,2)，且在该曲线上任一点 $M(x,y)$ 处的切线的斜率为 $2x$，求这条曲线的方程。

解　设所求曲线方程为 $y=y(x)$，则由导数的几何意义得如下关系式：

$$\frac{\mathrm{d}y}{\mathrm{d}x}=2x \tag{4.1.1}$$

$$y|_{x=1}=2 \tag{4.1.2}$$

由式(4.1.1)得 $y=\int 2x\,\mathrm{d}x=x^2+C$，其中 C 为任意常数。代入式(4.1.2) 得 $C=1$，因此所求曲线方程为 $y=x^2+1$。

类似的问题不胜枚举。方程(4.1.1)称为微分方程，定义具体如下。

定义 4.1.1　包含一个或几个自变量、未知函数及未知函数的某些阶导数(或微分)的关系式，称为微分方程。

微分方程最关键的是该方程中含有未知函数的导数(或微分)，否则不能称为微分方程，例如：

$$y'-2x=0,\ y''+2y'+y=\mathrm{e}^x$$

$$\frac{\partial^2 z}{\partial x^2}+\frac{\partial^2 z}{\partial y^2}=0,\ (2x+1)y\,\mathrm{d}x+(x^2+x)\,\mathrm{d}y=0$$

微分方程分类有多种方法，常见的有按自变量的个数、方程的阶数、方程结构这三种分类方法进行分类。按微分方程自变量的个数进行分类，自变量的个数只有一个的微分方程叫作常微分方程，例如：

$$y'-2x=0,\ (2x+1)y\,\mathrm{d}x+(x^2+x)\,\mathrm{d}y=0$$

自变量的个数为两个或两个以上的微分方程叫作偏微分方程，例如：

$$\frac{\partial v}{\partial t}+\frac{\partial v}{\partial s}=v,\ \frac{\partial^2 u}{\partial x^2}+\frac{\partial^2 u}{\partial y^2}+\frac{\partial^2 u}{\partial z^2}=0$$

在本章中，不特别声明，称常微分方程为微分方程或方程。以上是按照自变量个数进行分类，也可按照方程的阶数进行分类。

定义 4.1.2　微分方程中，未知函数最高阶导数的阶数，称为微分方程的阶数。

如果未知函数最高阶导数的阶数都为 1，称为一阶微分方程，例如：

$$x'+ky=0,\ x'^2=\sin t$$

如果未知函数最高阶导数的阶数大于 1，则称为高阶微分方程，例如：

$$x''=\sin t,\ \frac{\partial^2 u}{\partial x^2}+\frac{\partial^2 u}{\partial y^2}+\frac{\partial^2 u}{\partial z^2}=0$$

此外，还可按照微分方程的结构进行分类。

定义 4.1.3 如果一个微分方程关于未知函数及其各阶导数都是线性的，则称它为线性微分方程，否则称为非线性微分方程，例如：

$$y' + 2xy = x^2 \text{ 为线性微分方程}$$

$$(y')^2 + xy'' - y = 0 \text{ 为非线性微分方程}$$

一般地，n 阶线性微分方程的形式为

$$a_0(x)y^{(n)} + a_1(x)y^{(n-1)} + \cdots + a_{n-1}(x)y' + a_n(x)y = f(x)$$

其中，$a_0(x)$不为零。

微分方程的解：使方程成为恒等式的函数。通解：解中含有任意常数的个数与微分方程的阶数相同。特解：按照问题所给的特定条件，确定了通解中的任意常数的解。例如，引例中 $y = x^2 + C$ 为通解；$y = x^2 + 1$ 为过已知点 (1,2) 的特解。

微分方程的定解问题：满足定解条件的微分方程。说明：

(1)微分方程的解不一定都是显函数，还可以是隐函数、参数方程和级数形式等表示的函数。

(2)微分方程的解的几何意义。解：表示一条曲线(积分曲线)。通解：表示积分曲线族。特解：表示一条特定的积分曲线。

常见微分方程的具体求解方法，在此不一一赘述。

4.2 人口模型

人口问题是当今世界上人们最关心的问题之一，一些发展中国家的出生率过高而导致的资源短缺已经威胁到人们的正常生活，而有些发达国家的出生率过低而导致的人口老龄化问题也十分严重。同时，对人口发展所采取的干预手段又有可能对人口发展的安全带来影响。因此，建立相对准确的人口预测模型，根据人口预测的结果制定合理的人口发展规划，对于维持人类社会的可持续发展是十分重要的事情。

要建立人口预测模型，首先要搞清影响人口增长的因素，但影响人口增长的因素很多，如人口的自然出生率、人口的自然死亡率、人口的迁移、自然灾害、战争等，如果一开始就把所有因素都考虑进去，则无从下手。因此，先把问题简化，建立比较粗糙的模型，再通过逐步修改，得到较完善的模型，这才是一种可行的方法。

4.2.1 马尔萨斯指数增长模型

英国人口统计学家马尔萨斯(1766—1834)在担任牧师期间，查看了教堂 100 多年人口出生统计资料，发现人口出生率是一个常数，于 1798 年在《人口原理》一书中提出了闻名于世的马尔萨斯人口模型。他的基本假设是：在人口自然增长过程中，净相对增长(出生率与死亡率之差)是常数，即单位时间内人口的增长量与人口成正比，比例系数设为 r。在此假设下，来推导并求解人口随时间变化的数学模型。

设时刻 t 的人口为 $N(t)$，把 $N(t)$ 当作连续、可微函数处理(因人口总数很大，可近似地这样处理，即离散变量连续化处理)，据马尔萨斯的假设，在 t 到 $t + \Delta t$ 时间段内，人口的增长量为

$$N(t + \Delta t) - N(t) = rN(t)\Delta t$$

设 $t = t_0$ 时刻的人口为 N_0，于是

$$\begin{cases} \dfrac{dN}{dt} = rN \\ N(t_0) = N_0 \end{cases} \tag{4.2.1}$$

上式即马尔萨斯人口模型。用分离变量法易求出其解为

$$N(t) = N_0 e^{r(t-t_0)} \tag{4.2.2}$$

上式表明人口以指数规律随时间无限增长。模型检验：

(1)据估计，1961 年地球上的人口总数为 3.06×10^9 人，而在以后 7 年中，人口总数以每年 2%的速度增长，这样 $t_0 = 1961$，$N_0 = 3.06 \times 10^9$，$r = 0.02$，于是

$$N(t) = 3.06 \times 10^9 e^{0.02(t-1961)} \tag{4.2.3}$$

上式非常准确地反映了在 1700—1961 年世界人口总数。因为，该期间地球上的人口大约每 35 年翻一番，而上式断定 34.6 年增加一倍。事实上，设人口增加一倍所需时间为 T，则由 $N(t) = N_0 e^{r(t-t_0)}$ 可知，当 $t - t_0 = T$ 时，$N(t) = 2N_0$，从而有 $2N_0 = N_0 e^{rT}$，故 $T = \dfrac{\ln 2}{r}$，由于 $r = 0.02$，所以 $T = 50\ln 2 \approx 34.6$。

(2)中国总人口的估计——马尔萨斯模型。通过查阅 2014 年中国统计年鉴，得到从 1970—2014 年中国总人口数量，具体见表 4.2.1。

表 4.2.1　中国总人口数量统计表　单位：万人

年份	1970	1971	1972	1973	1974	1975	1976	1977	1978
人数	82992	85229	87177	89211	90859	92420	93717	94974	96259
年份	1979	1980	1981	1982	1983	1984	1985	1986	1987
人数	97542	98705	100072	101654	103008	104357	105851	107507	109300
年份	1988	1989	1990	1991	1992	1993	1994	1995	1996
人数	111026	112704	114333	115823	117171	118517	119850	121121	122389
年份	1997	1998	1999	2000	2001	2002	2003	2004	2005
人数	123626	124761	125786	126743	127627	128453	129227	129988	130756
年份	2006	2007	2008	2009	2010	2011	2012	2013	2014
人数	131448	132129	132802	133450	134091	134735	135404	136072	136782

对表 4.2.1 中 1970—2014 年的数据进行分析处理，计算出这 45 年间总人口数的平均增长率为 $r(t) = 0.01216032$，设 $N(t) = n(t)$，其中 $n(t)$ 表示第 t 年总人口的数量，并以 1970 年的人口数据 $N(0) = n(0)$ 作为 $t = 0$ 年的数据，将这些数据代入公式(4.2.1)得到

$$N(t) = 82992 e^{0.01216032t} \tag{4.2.4}$$

验证预测结果的合理性，将 1970—2014 年的原始总人口数据与利用公式(4.2.4)中 $N(t)$ 的函数图形进行比较，利用 MATLAB 编写程序如下：

```
t1=1970:2014;
x1=[82992,85229,87177,89211,90859,92420,93717,94974,96259,97542,98705,
    100072, 101654, 103008, 104357, 105851, 107507, 109300, 111026, 112704,
```

```
    114333, 115823, 117171, 118517, 119850, 121121, 122389, 123626, 124761,
    125786, 126743, 127627, 128453, 129227, 129988, 130756, 131448, 132129,
    132802,133450,134091,134735,135404,136072,136782];
t=1970:0.1:2025;
x=82992*exp(0.01216032*(t-1970));
plot(t1,x1,'*',t,x,'-')
```

运行该程序,得到图 4.2.1 所示结果。

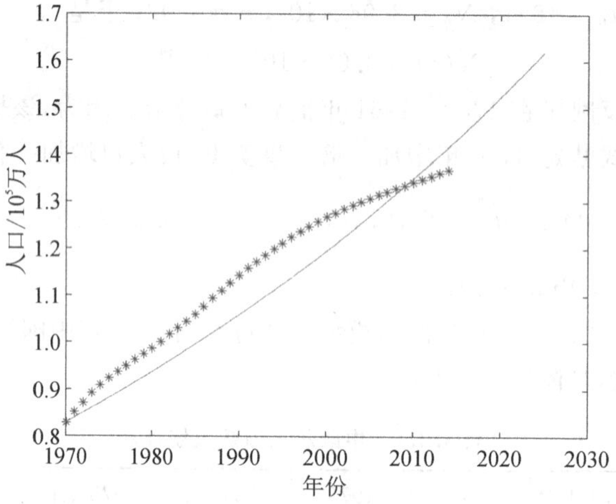

图 4.2.1　原始总人口数据与 $N(t)$ 的函数图形比较

图 4.2.1 中横坐标表示年份,纵坐标表示人口数单位为 10^5 万人,* 的离散曲线表示总人口的原始数据,实线表示 $N(t)$ 的函数图形。事实上,由 $N(t)=N_0\mathrm{e}^{r(t-t_0)}$ 可知, $\lim\limits_{t\to+\infty}N(t)=\lim\limits_{t\to+\infty}N_0\mathrm{e}^{r(t-t_0)}=+\infty$。这显然是荒谬的,同时也表明,在人口基数较大的情形下,马尔萨斯模型用于长期人口预测是不正确的。

马尔萨斯模型为什么只适用过去的人口变化规律而不符合将来的长期变化规律呢?从理论上讲,一定是在建立人口模型时忽略了一些因素,这些因素在过去并不重要,而当人口规模达到一定程度时,这些因素将会对人口的增长产生显著的阻碍作用。显然,资源是这些因素中最为重要的一个因素。

4.2.2　罗杰斯蒂克(Logistic)模型

马尔萨斯模型不能预测未来的人口主要是因为地球上的各种资源只能供一定数量的人生活,随着人口的增加,必然造成自然资源人均占有量的下降,从而导致人口之间对自然资源的竞争,这种竞争将会使人口的增加速度减小。因此,应对马尔萨斯模型进行如下的修改:

$$\begin{cases}\dfrac{\mathrm{d}N}{\mathrm{d}t}=rN-f(N)\\ N(t_0)=N_0\end{cases}\tag{4.2.5}$$

其中, $f(N)$ 与人口对自然资源竞争的激烈程度成正比,根据统计学的结果,可以设 $f(N)=bN^2$,为方便起见,记

$$b=\frac{r}{N_{\mathrm{m}}} \tag{4.2.6}$$

这样，马尔萨斯模型被修正为如下的罗杰斯蒂克模型：

$$\begin{cases}\dfrac{\mathrm{d}N}{\mathrm{d}t}=r\left(1-\dfrac{N}{N_{\mathrm{m}}}\right)N\\ N(t_0)=N_0\end{cases} \tag{4.2.7}$$

其中，模型中的参数 N_{m} 是由荷兰生物数学家韦尔侯斯特(Verhulst)在 1838 年引入的，用来表示自然环境条件所能容许的最大人口数，按照韦尔侯斯特的假设，人口增长率等于 $r\left(1-\dfrac{N(t)}{N_{\mathrm{m}}}\right)$，即净增长率随着 $N(t)$ 的增加而减小，当 $N(t)\rightarrow N_{\mathrm{m}}$ 时，净增长率趋于零。

罗杰斯蒂克模型为可分离变量微分方程，其解为

$$N(t)=\frac{N_{\mathrm{m}}}{1+\left(\dfrac{N_{\mathrm{m}}}{N_0}-1\right)\mathrm{e}^{-r(t-t_0)}} \tag{4.2.8}$$

下面对模型作简要分析：

(1)当 $t\rightarrow\infty$，$N(t)\rightarrow N_{\mathrm{m}}$，即无论人口的初值如何，人口总数趋向于极限值 N_{m}。

(2)当 $0<N<N_{\mathrm{m}}$ 时，$\dfrac{\mathrm{d}N}{\mathrm{d}t}=r\left(1-\dfrac{N}{N_{\mathrm{m}}}\right)N>0$，这说明 $N(t)$ 是时间 t 的单调递增函数。

(3)由于 $\dfrac{\mathrm{d}^2N}{\mathrm{d}t^2}=r^2\left(1-\dfrac{N}{N_{\mathrm{m}}}\right)\left(1-\dfrac{2N}{N_{\mathrm{m}}}\right)N$，所以当 $N<\dfrac{N_{\mathrm{m}}}{2}$ 时，$\dfrac{\mathrm{d}^2N}{\mathrm{d}t^2}>0$，$\dfrac{\mathrm{d}N}{\mathrm{d}t}$ 单增；当 $N>\dfrac{N_{\mathrm{m}}}{2}$ 时，$\dfrac{\mathrm{d}^2N}{\mathrm{d}t^2}<0$，$\dfrac{\mathrm{d}N}{\mathrm{d}t}$ 单减，即人口增长率 $\dfrac{\mathrm{d}N}{\mathrm{d}t}$ 由增变减，在 $\dfrac{N_{\mathrm{m}}}{2}$ 处最大，也就是说在人口总数达到极限值一半以前是加速生长期，过这一点后，生长的速率逐渐变小，并且迟早会达到零，这是减速生长期。

用罗杰斯蒂克模型来预测中国未来人口数量，设 $N(t)$ 分别表示第 t 年中国总人口的数量，必须估计出中国总人口的数量的上限。某生物学家估计 $r=0.0269$，2013 年中国人口总数为 136072 万，1970—2014 年我国人口的平均增长率为 0.01216032，代入式(4.2.7)得 $0.01216032=0.0269(1-136072/N_{\mathrm{m}})$，从而得 $N_{\mathrm{m}}=248332$ 万人，即我国人口总数极限值超过 24 亿。

将 $N_{\mathrm{m}}=248332$，$N_0=82992$，$r=0.0269$ 代入式(4.2.8)得 $N(t)=\dfrac{248332}{1.992\mathrm{e}^{-0.02699}}$。

为了验证预测结果的合理性，将 1970—2014 年的原始总人口数据与利用式(4.2.8)中 $N(t)$ 的函数图形进行比较，利用 MATLAB 编写程序如下：

```
x=248332./(1+1.992*exp(-0.02699*(t-1970)));plot(t1,x1,'*',t,x,'-'),
```

运行该程序，得到图 4.2.2 所示结果。

图 4.2.2 中横坐标表示年份，纵坐标表示人口数单位为 10^5 万人，* 的离散曲线表示中国总人口的原始数据，实线表示 $N(t)$ 的函数图形。通过比较图 4.2.1 和图 4.2.2，发现利用罗杰斯蒂克模型来预测效果更好。

进一步地，可用罗杰斯蒂克模型来预测世界未来人口总数，某生物学家估计，$r=0.029$，当人口总数为 3.06×10^9 时，人口每年以 2% 的速率增长，由罗杰斯蒂克模型得 $\dfrac{1}{N}\dfrac{\mathrm{d}N}{\mathrm{d}t}=$

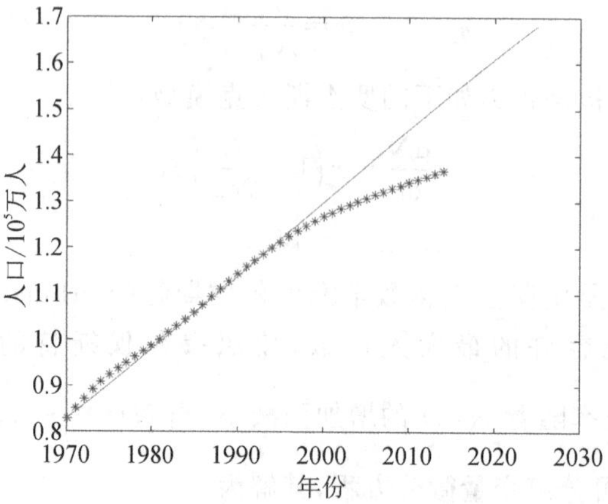

图 4.2.2　原始总人口数据与 $N(t)$ 的函数图形比较(罗杰斯蒂克模型)

$r\left(1-\dfrac{N}{N_m}\right)$，即 $0.02=0.029\left(1-\dfrac{3.06\times10^9}{N_m}\right)$，从而得 $N_m=9.86\times10^9$，即世界人口总数极限值近 100 亿。

人也是一种生物，因此，上面关于人口模型的讨论，原则上也可以用于在自然环境下生存着的其他生物，如森林中的树木、池塘中的鱼等。因此，罗杰斯蒂克模型有着广泛的应用。

4.3　多种群模型

人口模型实际上用于研究一个生物群体的数量或密度的变化规律，称为单种群模型。如果在同一环境中有两种或两种以上的生物种群，要研究在种群间相互作用下各种群数量或密度的变化规律，就必须建立多种群模型。限于篇幅，在这里只讨论两个种群相互作用的沃尔泰拉(Volterra)模型。

用 $x(t)$、$y(t)$ 分别表示两个种群在时刻 t 的数量或密度，借用建立单种群模型的基本思想，可以从考察两个种群各自的相对增长率 $\dfrac{1}{x}\dfrac{dx}{dt}$ 和 $\dfrac{1}{y}\dfrac{dy}{dt}$ 入手，既考虑种群内部自身的发展规律，又考虑种群间相互作用的影响。因此，两种群模型的一般形式为

$$\begin{cases}\dfrac{1}{x}\dfrac{dx}{dt}=f_1(x)+g_1(y)\\[2ex]\dfrac{1}{y}\dfrac{dy}{dt}=f_2(x)+g_2(y)\end{cases}\tag{4.3.1}$$

其中，右端的函数 $f_1(x)$、$g_2(y)$ 分别表示两种群各自的发展规律所确定的相对增长率；而函数 $g_1(y)$、$f_2(x)$ 分别表示另一种群对各自种群的影响。这四个函数要根据具体对象和环境来确定，为简单起见，可以假定它们均为线性函数，即有

$$\begin{cases}\dfrac{dx}{dt}=x(a_1+b_1x+c_1y)\\[2ex]\dfrac{dy}{dt}=y(a_2+b_2x+c_2y)\end{cases}\tag{4.3.2}$$

上式即沃尔泰拉模型。在这个模型中，a_1、a_2 分别是种群 x、y 的内禀增长率，其正负由

它们的食物来源决定。例如，当 x 种群的食物是 y 种群以外的自然资源时，$a_1 \geqslant 0$；而当 x 种群的食物仅是 y 种群生物时，$a_1 \leqslant 0$；b_1x^2、c_2y^2 分别表示种群 x、y 的内部密度制约因素，也就是种内竞争，故 $b_1 \leqslant 0, c_2 \leqslant 0$；$c_1xy$、$b_2xy$ 分别表示种群 x、y 的相互制约因素，即种间竞争，c_1、b_2 的符号由这两个种群之间相互作用的形式决定，一般分为以下三种情形：

(1)互惠互利型。即两个种群的存在都对对方的数量增长有利，此时 $c_1 \geqslant 0, b_2 \geqslant 0$。

(2)捕食与被捕食型。一个种群以另一个种群为食物来源，例如，种群 y 以种群 x 为食物来源时，种群 y 成为捕食者，种群 x 成为被捕食者。此时，种群 y 的存在对种群 x 的存在不利，而种群 x 的存在对种群 y 的存在有利。相应地，有 $c_1 \leqslant 0, b_2 \geqslant 0$。

(3)相互竞争型。两个种群或者相互残杀，或者竞争同一种食物资源，此时，两个种群的存在都对对方的数量增长不利，故有 $c_1 \leqslant 0, b_2 \leqslant 0$。

沃尔泰拉模型实际上是一个特殊的平面二次定常系统，由于它的解析解 $\begin{cases} x = x(t) \\ y = y(t) \end{cases}$ 一般难以求得，通常采用定性分析的方法研究各种群数量的变化趋势，当模型中的各参数具体给定时，也可以用数值计算的方法来求得近似解。以下以捕食者与被捕食者模型为例，介绍如何用定性分析的方法来研究沃尔泰拉模型，其余的两种情形可仿照此法推导。

捕食者与被捕食者模型来源于一个实际问题。19 世纪 20 年代中期，意大利生物学家丹科纳(D'Ancona)在研究地中海内各种鱼类数量的变化时，搜集了大量地中海一带港口记录的捕鱼数据，他从中发现第一次世界大战开始后，渔民捕获的掠肉鱼(如鲨鱼等)的比例有一个明显的上升过程，随着第一次世界大战结束后，又有一个明显的下降过程，而食用鱼的比例则刚好与此相反。他认为，渔民捕获各种鱼类的比例反映了地中海内各种鱼类的比例，而造成掠肉鱼比例的上升只能是战争期间对掠肉鱼捕捞量的减少所致。但是，战争期间对其他食用鱼的捕捞量也减少了，为什么捕捞量的减少对掠肉鱼有利而对食用鱼不利呢？丹科纳无法解释这个问题，就去请教意大利著名的数学家沃尔泰拉。沃尔泰拉分析掠肉鱼和食用鱼之间存在着捕食者与被捕食者的关系。掠肉鱼主要以食用鱼为生，而食用鱼是靠大海中的其他资源为生的，同时，大海中的生存空间和资源都比较充分，可以忽略种群内部的密度制约因素。沃尔泰拉用 $x(t)$、$y(t)$ 分别表示在时刻 t 的食用鱼和掠肉鱼数量，根据本节开始时介绍的方法，建立了如下的数学模型：

$$\begin{cases} \dfrac{\mathrm{d}x}{\mathrm{d}t} = x(a - by) \\ \dfrac{\mathrm{d}y}{\mathrm{d}t} = y(-c + hx) \end{cases} \tag{4.3.3}$$

其中，参数 a、b、c、h 均为正数。

上述方程组有两个平衡点(常数解) $O(0,0)$ 及 $P\left(\dfrac{c}{h}, \dfrac{a}{b}\right)$。另外，从方程中消去 $\mathrm{d}t$ 后可知它的轨线满足方程 $\dfrac{\mathrm{d}y}{\mathrm{d}x} = \dfrac{y(-c + hx)}{x(a - by)}$，该方程可分离变量，容易求得轨线方程为

$$(x^c \mathrm{e}^{-hx})(y^a \mathrm{e}^{-by}) = K \tag{4.3.4}$$

其中，积分常数 K 由初始条件确定。

下面讨论轨线 $(x^c \mathrm{e}^{-hx})(y^a \mathrm{e}^{-by}) = K$ 的形状。

设 $f(x)=x^c e^{-hx}$，$g(y)=y^a e^{-by}$，容易证明 $f(x)$、$g(y)$ 为单峰函数且分别在 $x=\frac{c}{h}$、$y=\frac{a}{b}$ 处取得最大值 f_m、g_m，同时 $f(0)=f(+\infty)=g(0)=g(+\infty)=0$。由此可知，$0<K\leqslant f_m g_m$。

(1)如果 $K=f_m g_m$，轨线退化为平衡点 $P\left(\frac{c}{h},\frac{a}{b}\right)$。

(2)如果 $0<K<f_m g_m$，作从平衡点 $P\left(\frac{c}{h},\frac{a}{b}\right)$ 出发的射线 l 为

$$l:\begin{cases}x=x_0+r\cos\theta\\ y=y_0+r\sin\theta\end{cases}\qquad(0\leqslant r<+\infty)$$

此处 $x_0=\frac{c}{h}$，$y_0=\frac{a}{b}$，再令

$$\varphi(r)=f(x_0+r\cos\theta)g(y_0+r\sin\theta)$$

则

$$\varphi'(r)=-f(x_0+r\cos\theta)g(y_0+r\sin\theta)\left[\frac{r\cos^2\theta}{l(x_0+r\cos\theta)}+\frac{r\sin^2\theta}{b(y_0+r\sin\theta)}\right]$$

$$\varphi(0)=f_m g_m>K$$

当射线 l 与 x 轴有交点时，存在 $r_1>0$，使得 $x_0+r_1\cos\theta=0$，即有 $\varphi(r_1)=0<K$，而当 $r\in(0,r_1)$ 时，$x_0+r\cos\theta>0$，$y_0+r\sin\theta>0$，所以，$\varphi'(r)<0$，故存在唯一的 $r=\xi$，使得 $\varphi(\xi)=0$，这意味着射线 l 与轨线 $(x^c e^{-hx})(y^a e^{-by})=K$ 有唯一交点。

当射线 l 与 y 轴有交点时，存在 $r_2>0$，使得 $y_0+r_2\sin\theta=0$，即有 $\varphi(r_2)=0<K$，而当 $r\in(0,r_2)$ 时，$x_0+r\cos\theta>0$，$y_0+r\sin\theta>0$，所以，$\varphi'(r)<0$，故存在唯一的 $r=\xi$，使得 $\varphi(\xi)=0$，这意味着射线 l 与轨线 $(x^c e^{-hx})(y^a e^{-by})=K$ 有唯一交点。

当射线 l 与 x 轴和 y 轴均无交点时，则当 $r\in(0,+\infty)$ 时，$x_0+r\cos\theta>0$，$y_0+r\sin\theta>0$，所以，$\varphi'(r)<0$，又 $\varphi(+\infty)=0<K$，故存在唯一的 $r=\xi$，使得 $\varphi(\xi)=0$，这意味着射线 l 与轨线 $(x^c e^{-hx})(y^a e^{-by})=K$ 有唯一交点。

综上所述，当 $0<K<f_m g_m$ 时，从平衡点 $P(x_0,y_0)$ 出发的射线 l 与轨线 $(x^c e^{-hx})(y^a e^{-by})=K$ 总有唯一交点，即轨线为包含平衡点 $P(x_0,y_0)$ 在内部的简单闭曲线。也就是说，当 K 从 $f_m g_m$ 逐步减小至零时，轨线是一族从平衡点 $P(x_0,y_0)$ 向外扩展的闭曲线。根据轨线上各点处 $\frac{dx}{dt}$、$\frac{dy}{dt}$ 的符号，易知轨线的方向为逆时针。

对于式(4.3.3)不妨取 $a=0.1$，$b=0.04$，$c=0.25$，$h=0.02$，$x(0)=60$，$y(0)=35$ 进行数值模拟。

利用 MATLAB 编写程序如下：

```
clc, clear, close all, L=100;                %求解时间长度
x=10:10:100; y=10:10:180; [x,y]=meshgrid(x,y);
u=0.25*x-0.004*x.*y; v=-0.4*y+0.012*x.*y;
quiver(x,y,u,v), hold on
dxy=@(t,z)[0.25*z(1)-0.004*z(1)*z(2)
```

```
-0.4*z(2)+0.012*z(1)*z(2)];          %定义微分方程组的右端项
sol=ode45(dxy,[0,100],[60;30]);
xt=@(t)deval(sol,t,1); yt=@(t)deval(sol,t,2);
fplot(xt,yt,[0,L]), xlabel('$x$','Interpreter','latex')
ylabel('$y$','Interpreter','latex','Rotation',0)
figure(2), hold on
fplot(xt,[0,100],'—','LineWidth',1.5)   %画 x(t)的解曲线
fplot(yt,[0,100],'LineWidth',1.5)       %画 y(t)的解曲线
xlabel('$t$','Interpreter','Latex')
legend({'$x(t)$','$y(t)$'},'Interpreter','latex')
```

运行该程序,具体结果见图 4.3.1 和图 4.3.2。图 4.3.1 表明相轨线 $y(x)$ 是封闭曲线,相应地,从图 4.3.2 也可知 $x(t)$、$y(t)$ 是周期函数。

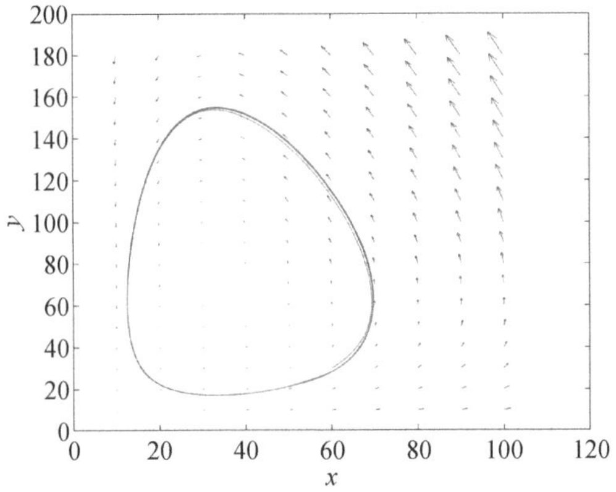

图 4.3.1　相轨线与方向场

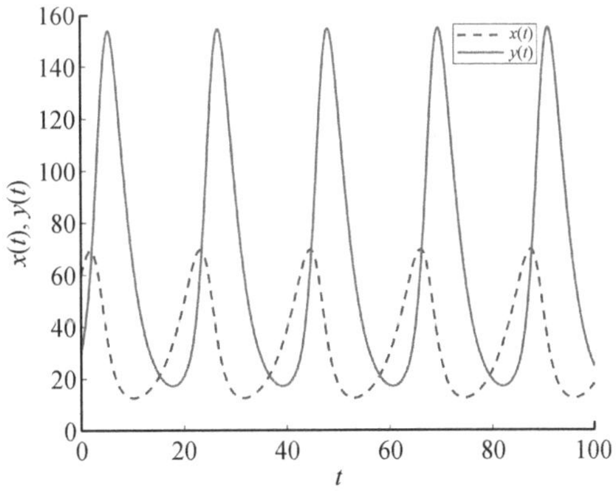

图 4.3.2　式(4.3.3)捕食者、被捕食者的周期变化

进一步地,对式(4.3.3)进行理论推导。由于数值模拟显示相轨线为闭曲线,所以,式(4.3.3)中 $x(t)$、$y(t)$ 具有公共的最小正周期 T,用 $x(t)$、$y(t)$ 在一个周期内的平均值 $\overline{x}=\frac{1}{T}\int_0^T x(t)\mathrm{d}t$、$\overline{y}=\frac{1}{T}\int_0^T y(t)\mathrm{d}t$ 来表示两个种群数量的大小。

记$\begin{cases}\dot{x}=\dfrac{\mathrm{d}x(t)}{\mathrm{d}t}\\ \dot{y}=\dfrac{\mathrm{d}y(t)}{\mathrm{d}t}\end{cases}$，所以，式(4.3.3)可写为

$$\begin{cases}\dot{x}=x(a-by)\\ \dot{y}=y(-c+hx)\end{cases} \tag{4.3.5}$$

则由式(4.3.5)中第二个方程可知

$$x=\frac{1}{h}\left(\frac{\dot{y}}{y}+c\right) \tag{4.3.6}$$

对式(4.3.6)两边在 $[0,T]$ 上积分，得

$$\int_0^T x(t)\,\mathrm{d}t=\int_0^T \frac{1}{h}\left[\frac{\dot{y}(t)}{y(t)}+c\right]\mathrm{d}t=\left\{\frac{1}{h}\left[\ln y(t)+ct\right]\right\}_0^T=\frac{1}{h}\left[\ln y(T)-\ln y(0)+cT\right]$$

因为 $y(T)=y(0)$，所以 $\int_0^T x(t)\mathrm{d}t=\frac{cT}{h}$，可得 $x(t)$ 在一个周期内的平均值为

$$\bar{x}=\frac{1}{T}\int_0^T x(t)\mathrm{d}t=\frac{c}{h} \tag{4.3.7}$$

由式(4.3.5)中第一个方程可知

$$y=\frac{1}{-b}\left(\frac{\dot{x}}{x}-a\right) \tag{4.3.8}$$

对式(4.3.8)两边在 $[0,T]$ 上积分，得

$$\int_0^T y(t)\,\mathrm{d}t=\int_0^T \frac{1}{-b}\left[\frac{\dot{x}(t)}{x(t)}-a\right]\mathrm{d}t=\left\{\frac{1}{-b}\left[\ln x(t)-at\right]\right\}_0^T=\frac{1}{-b}\left[\ln x(T)-\ln x(0)-aT\right]$$

因为 $x(T)=x(0)$，所以 $\int_0^T y(t)\mathrm{d}t=T\,\frac{a}{b}$，可得 $y(t)$ 在一个周期内的平均值为

$$\bar{y}=\frac{1}{T}\int_0^T y(t)\mathrm{d}t=\frac{a}{b} \tag{4.3.9}$$

由式(4.3.7)、式(4.3.9)可知：$\bar{x}$、$\bar{y}$ 实际上就是平衡点 $P(x_0,y_0)$ 的坐标。

下面，考虑人为捕捞对生态系统的影响。所谓捕捞，实际上相当于人为地增加了两个种群的死亡率。这里，假定捕捞对两个种群都是均匀的，即有

$$\begin{cases}\dfrac{\mathrm{d}x}{\mathrm{d}t}=x(a-by)-px\\ \dfrac{\mathrm{d}y}{\mathrm{d}t}=y(-c+hx)-py\end{cases} \tag{4.3.10}$$

其中，p 为捕捞强度。显然，该模型与前述的沃尔泰拉模型形式完全相同，只是参数发生了变化，所以在捕捞因素影响下，两个种群的平均数量为 $\bar{x}=\frac{c+p}{h}$，$\bar{y}=\frac{a-p}{b}$。

该模型的结果可以很好地解释本节开始时提到的意大利生物学家丹科纳的困惑。由于战争导致了渔民捕捞作业的减少，相当于捕捞强度 p 减小，从而 $\bar{x}=\frac{c+p}{h}$ 减小，而 $\bar{y}=\frac{a-p}{b}$ 增加；战争结束后，渔民捕捞作业增加，相当于捕捞强度 p 增加，从而 $\bar{x}=\frac{c+p}{h}$ 增加，而 $\bar{y}=$

$\frac{a-p}{b}$减小。

上述结果的一般表达方式就是著名的沃尔泰拉原理：减少捕捞对捕食者有利而对被捕食者不利；增加捕捞对捕食者不利而对被捕食者有利。这也可以用来解释长期使用对害虫、害虫的天敌（益虫）均有杀伤力的杀虫剂会使害虫增加，而益虫减少这一现象。

此外，沃尔泰拉模型也有它的局限性。尽管它可以解释一些问题，但作为一个近似反映现实对象的数学模型必然存在其局限性。例如，按沃尔泰拉模型的结果，在一个捕食者与被捕食者系统中，两个种群的数量将呈现出周期振荡的变化规律，但在自然界中几乎观察不到这种现象；同时，按沃尔泰拉模型的结果，在一个捕食者与被捕食者系统中，一旦两个种群的数量发生一个微小的意外扰动，系统将永远不可能回到原来的状态，但自然界中的生态系统却大都具备自我修复能力，也就是说在一个微小的意外扰动之后，系统会逐步回复到原来的平衡状态。沃尔泰拉模型的这些局限性显然与模型建立时所作的假设有关，如增加考虑两个种群的内部制约等因素，就可以得到具有稳定的平衡点或具有周期变化的稳定结构。

4.4　传染病模型

传染病给人们的生活和经济发展带来了严重的影响，对传染病的发病机理、传播规律、发展趋势、预防和控制策略的研究日趋重要。随着现代医疗技术和卫生水平的不断提高和人类文明的不断发展，人类已经能够有效地预防和控制诸如霍乱、天花等一些曾经肆虐全球的传染性疾病。但是，一些新的、不断变异着的传染病毒却悄悄向人类袭来。20 世纪 80 年代，艾滋病毒开始肆虐全球，至今仍在蔓延；2002 年，来历不明的 SARS 突袭人间；2009 年，甲型 H1N1 流感病毒席卷北美，波及全球；2019 年，COVID－19 病毒席卷全球。因此，建立传染病的数学模型来描述传染病的传播过程，分析受感染人数的变化规律，探索预防和控制传染病蔓延的手段等，将是人类必须长期关注的一个重要课题。

由于现实生活中传染病的广泛存在，并且在人群中进行传染病实验是不道德和不切实际的，这就使得利用模型通过理论分析和计算机模拟来进行所需的实验显得格外重要，通过建立适当的数学模型来研究传染病的传播过程和预测传染病发展的最终趋势等，已是数学应用的一个重要领域。随着现代社会的发展，国家对传染病的控制投入了大量的人力和物力，得到了大量的统计资料和医学临床上的观察数据，使得模型的数据仿真成为可能，从而能将传染病动力学与生物统计学以及计算机仿真等方法相互结合，令人们对传染病流行规律的认识更加深入全面，进而使所建立的理论与防治策略更加可靠和符合实际。传染病动力学是对传染病进行理论性定性分析和定量研究的一种重要方法，根据疾病发生、发展及环境变化等情况，建立能反映其变化规律的数学模型，通过对模型动力学性态的研究来显示疾病的发展过程，预测其流行规律和发展趋势，分析疾病流行的原因和关键因素，寻求对其进行控制、预防和治疗的最优策略，为人们的防治决策提供理论基础和数量依据。现在，借助数学模型研究传染病的传播机理，预测传染病的流行趋势已成为共识：与传统的统计方法相比，传染病动力学更着重于疾病的内在传播规律的描述和研究，能使人们了解流行过程中的一些全局性态；传染病动力学与生物统计学以及计算机仿真等方法的结合使用，能更有效、准确、全面、迅速和经济地给出某些地区疾病流行的数量规律及各种防治策略的实际效果分析；在传染病动力学研究中，数学模型起着极其重要的作用，它把传染病的主要特征通过假设、参数、变量及它们之间的联系清晰地揭示出来，从而基于传染病动力学的数学模型的分析结果能提供许多强有力的理论分析和结论。

在传染病动力学中，长期以来主要使用的数学模型一般具有“仓室”结构，即根据传染病的传播特点，将总种群分为若干个子种群，每个子种群在传染病传播过程中担当的角色或所处的位置相当，每个这样的子种群被称为一个仓室。常用的仓室有：易感者仓室(susceptible，S)，即由未染病但有可能被传染的个体所组成的仓室；潜伏者仓室(exposed，E)，即由已染病但不具有传染力的个体所组成的仓室；传染者仓室(infectious，I)，即由已染病且具有传染力的个体所组成的仓室；移出者仓室(recovered，R)，即由未染病并具有免疫力的个体所组成的仓室。

早在 1927 年克马克(Kermack)和麦肯德里克(Mckendrick)为了研究 1665—1666 年黑死病在伦敦的流行规律以及 1906 年瘟疫在孟买的流行规律，构造了著名的 SIR 模型。随后，他们又在 1932 年提出了 SIS 模型。根据传染病传播过程的不同，常见的传染病模型有 SI、SIS、SIR、SEI、SEIR、SEIRS 等类型。

一般而言，传染病的传播过程是十分复杂的。不同类型传染病的传播方式和传播过程各有其特点，而且还受到社会、文化、风俗等因素的影响，因此，如果要从纯粹的医学角度来建立模型并分析各种传染病的传播过程将是一项极其复杂的任务，以下，仅按照一般的传播机理来建立两个传染病模型并对其进行简单的定性分析。

4.4.1 传染病 SI 模型

该模型的基本假设是感染通过群体内各成员的相互接触而传播，感染者不因隔离、死亡或病愈等因素而被移除，并且群体是封闭的，群体内各成员之间的接触是均匀的。每个已感染者每天的有效接触人数为常数 λ，λ 称为有效接触率。当已感染者与易感染者有效接触时，使得易感染者受感染成为已感染者。

设群体在时刻 t 的易感染者人数和已感染者人数分别为 $S(t)$ 和 $I(t)$，群体的总人数为 N，初始时刻 $t=0$ 时有 I_0 个已感染者，由于群体内各成员之间的接触是均匀的，所以每个已感染者每天有效接触的易感染者人数为 $\frac{\lambda S}{N}$，因此每天共有 $\frac{\lambda SI}{N}$ 个易感染者转化为已感染者，所以，已感染者人数的变化率 $\frac{\mathrm{d}I}{\mathrm{d}t}$ 就是 $\frac{\lambda SI}{N}$，即与当时的易感染者人数和已感染者人数的乘积成正比。注意到 $I(t)+S(t)=N$，可以建立如下的数学模型：

$$\begin{cases}\frac{\mathrm{d}I}{\mathrm{d}t}=\frac{\lambda}{N}SI\\ I(t)+S(t)=N\\ I(0)=I_0\\ S(0)=S_0=N-I_0\end{cases}\tag{4.4.1}$$

显然，只要确定了 $S=S(t)$，就可以得到 $I=I(t)$，为方便计算，令 $\beta=\frac{\lambda}{N}$，称 $\beta(>0)$ 为感染率，实际上 β 就是每天每个已感染者所传染人数占易感染者人数的比率。由此，易感染者人数 $S(t)$ 所满足的微分方程模型为

$$\begin{cases}\dfrac{\mathrm{d}S}{\mathrm{d}t}=-\beta S(N-S)\\ S(0)=S_0\end{cases}\tag{4.4.2}$$

这是一个可分离变量的微分方程，容易求得其解为

$$S(t)=\frac{NS_0}{S_0+I_0\mathrm{e}^{\beta Nt}}\tag{4.4.3}$$

利用 $I(t)+S(t)=N$，也可得

$$I(t)=N-S(t)=N-\frac{NS_0}{S_0+I_0\mathrm{e}^{\beta Nt}}=\frac{NI_0}{I_0+S_0\mathrm{e}^{-\beta Nt}}\tag{4.4.4}$$

现实中人们更关心的是传染病流行曲线，即已感染者人数增加的速率 $\frac{\mathrm{d}I}{\mathrm{d}t}$ 随时间 t 的变化关系。由 $\frac{\mathrm{d}I}{\mathrm{d}t}=\frac{\lambda}{N}SI=\beta SI$ 易知：

$$\frac{\mathrm{d}I}{\mathrm{d}t}=\frac{\beta S_0I_0N^2\mathrm{e}^{\beta Nt}}{(S_0+I_0\mathrm{e}^{\beta Nt})^2}\tag{4.4.5}$$

此式描述了已感染者人数增加的速率 $\frac{\mathrm{d}I}{\mathrm{d}t}$ 随时间 t 变化的动态关系。以下对模型作两点分析：

(1)由 $\frac{\mathrm{d}S}{\mathrm{d}t}=-\beta S(N-S)$ 知，恒有 $\frac{\mathrm{d}S}{\mathrm{d}t}<0$，即易感染者人数始终在减少。且由 $S(t)=\frac{NS_0}{S_0+I_0\mathrm{e}^{\beta Nt}}$ 可知 $\lim\limits_{t\to+\infty}S(t)=0$，即在无移出(对传染病不采取任何措施)的情况下，所有的易感染者最终都将转化为已感染者，这是不合实际的，这是因为在该模型中假定了人得病后虽然经久不愈但不会死亡。

(2)关于流行病曲线的峰值和出现峰值的时刻。由 $\frac{\mathrm{d}I}{\mathrm{d}t}=\beta SI=\beta(N-I)I$ 可知，当 $I=\frac{N}{2}$(亦即 $S=\frac{N}{2}$)时，$\frac{\mathrm{d}I}{\mathrm{d}t}$ 达到峰值，由 $S(t)=\frac{NS_0}{S_0+I_0\mathrm{e}^{\beta Nt}}$ 可知，$\frac{\mathrm{d}I}{\mathrm{d}t}$ 出现峰值的时间为

$$t=t_{\mathrm{m}}=\frac{1}{\beta N}\ln\frac{S_0}{I_0}\tag{4.4.6}$$

其峰值(与 I_0、S_0 无关)为

$$\left(\frac{\mathrm{d}I}{\mathrm{d}t}\right)_{\max}=\frac{1}{4}\beta N^2\tag{4.4.7}$$

即当已感染者人数和易感染者人数相等(各为总人数的一半)时，传染病的蔓延达到最高峰(单位时间内的新发病例最多)时刻。由于峰值时刻 t_{m} 与感染率 β 成反比，所以，β 的减小会使 t_{m} 增大，又因 β 与日接触率 λ 成正比，所以降低已感染者每天的有效接触人数(即提高卫生水平)可以推迟传染病高峰时刻的到来。

4.4.2　传染病 SIR 模型

如前 SI 模型所述，如果对传染病不采取任何措施，那么最终所有的易感染者都将转化为

已感染者,但这显然是不符合实际的。以下考虑进入已感染者类的成员还可以进入所谓的移出者类,其方式是感染死亡、病愈而获得永久免疫力或隔离直到病愈而获得永久免疫力等。

设群体在时刻 t 的易感染者人数、已感染者人数和移出者人数分别为 $S(t)$、$I(t)$ 和 $R(t)$,群体的总人数为 N,初始时刻 $t=0$ 时有 S_0 个易感染者,I_0 个已感染者,没有移出者。假定从已感染者类中移出个体的速率与当时的已感染者人数成正比,则按与 SI 模型中相同的分析方法可知,易感染者人数的变化率应与易感染人数和已感染人数的乘积成正比。由此可得数学模型为

$$\begin{cases}\dfrac{dS}{dt}=-\beta SI\\ \dfrac{dI}{dt}=\beta SI-\gamma I\\ \dfrac{dR}{dt}=\gamma I\\ S(t)+I(t)+R(t)=N\end{cases}\quad S(0)=S_0,I(0)=I_0,R(0)=0 \tag{4.4.8}$$

其中,β 为感染率,γ 为移出率,通常称 $\rho=\dfrac{\gamma}{\beta}$ 为相对移出率。

由于式(4.4.8)的解析解难以得到,所以对此进行定性分析:

(1)由 $\dfrac{dS}{dt}=-\beta SI$ 知恒有 $\dfrac{dS}{dt}<0$,从而在任何时刻均有 $S(t)\leqslant S_0$。

(2)由 $\dfrac{dI}{dt}=\beta SI-\gamma I$ 知 $\dfrac{dI}{dt}=\beta[S(t)-\rho]I(t)$,如果 $S_0\leqslant\rho$,那么 $\dfrac{dI}{dt}=\beta[S(t)-\rho]I(t)\leqslant\beta(S_0-\rho)I(t)\leqslant 0$,这表明已感染者人数始终不会增加,这种情况下,疾病不会流行。因此,只有在 $S_0>\rho$ 时,才可能出现流行。所以,相对移出率就是决定疾病能否流行的一个临界值(或称为阈值)。更进一步地,如果存在某个时刻 t_0,使得 $S(t_0)=\rho$,那么由 $S(t)$ 的单调性可知

$$\frac{dI}{dt}=\beta[S(t)-\rho]I(t)\begin{cases}>0 & t<t_0\\ =0 & t=t_0\\ <0 & t>t_0\end{cases} \tag{4.4.9}$$

这表明:t_0 之前,已感染者人数在增加;而 t_0 之后,已感染者人数在减少,即疾病传播基本得到控制。

(3)由 SIR 模型中的微分方程可知,当 $I(t)=0$ 时,恒有

$$\frac{dS}{dt}=\frac{dI}{dt}=\frac{dR}{dt}=0 \tag{4.4.10}$$

即疾病流行完全终止,此时所有的已感染者全部被移出。所以疾病流行的最终结果为

$$I(+\infty)=0,S(+\infty)+R(+\infty)=N$$

(4)由 SIR 模型中的微分方程可知:

$$\frac{dS}{dR}=-\frac{S}{\rho} \tag{4.4.11}$$

注意到 $S(0)=S_0,R(0)=0$,通过分离变量法可解得

$$S(t)=S_0e^{-\frac{R(t)}{\rho}} \tag{4.4.12}$$

令 $t \to +\infty$，得 $S(+\infty)=S_0 e^{-\frac{R(+\infty)}{\rho}} \geqslant S_0 e^{-\frac{N}{\rho}} > 0$，这表明在有移出的情形下，疾病传播终止后并非所有的易感染者都成为已感染者和移出者，这比无移出的情形要好得多。

(5)通常用最终的移出者人数与总人数的比值 $\dfrac{R(+\infty)}{N}=1-\dfrac{S(+\infty)}{N}$ 来衡量疾病流行的强度，该比值越大，疾病流行的强度越大。

(6)关于 S 与 I 的关系。由 SIR 模型中的微分方程可知：

$$\frac{\mathrm{d}I}{\mathrm{d}S}=-1+\frac{\rho}{S} \tag{4.4.13}$$

两边对 S 积分，有 $S+I=\rho\ln S+C$，代入初始条件 $S_0+I_0=N$，得 $C=N-\rho\ln S_0$，所以

$$S+I=\rho\ln\frac{S}{S_0}+N \tag{4.4.14}$$

同时，由式(4.4.13)可知，$S=\rho$ 时 I 达到最大值

$$I_{\max}=N-\rho+\rho\ln\frac{\rho}{S_0}=N+\rho\ln\frac{\rho}{eS_0} \tag{4.4.15}$$

(7) $S(+\infty)$ 与 $R(+\infty)$ 的确定。分析(3)中已指出 $I(+\infty)=0, S(+\infty)+R(+\infty)=N$，现再对式(4.4.14)两边取极限，可得

$$S(+\infty)+I(+\infty)=\rho\ln\frac{S(+\infty)}{S_0}+N \tag{4.4.16}$$

即 $S(+\infty)$ 是方程 $x=S_0 e^{\frac{x-N}{\rho}}$ 的解，而 $R(+\infty)=N-S(+\infty)$。

任何疾病的流行与传播及其在人群中的分布，会受到很多不确定因素的影响，因此从本质上讲，任何疾病的流行过程都是一个随机过程，要对它作出精确的数学描述，必然应该建立随机性模型(概率模型)才有可能。然而在实际中，采用确定性模型(微分方程模型)也能很好地反映实际的流行过程。

习　题

1. 列车在平直线路上以 20 m/s 的速度行驶，当制动时列车获得加速度 $-0.4\ \mathrm{m/s^2}$。问开始制动后多长时间列车才能停住，以及列车在这段时间里行驶了多少路程？

2. 已知曲线上点 $P(x,y)$ 处的法线与 x 轴交点为 Q，且线段 PQ 被 y 轴平分，求所满足的微分方程。

3. 质量为 m 的子弹进入沙箱时的速度为 v_0，所受阻力与速度成正比(比例常数为 p)，问子弹能打多深？

4. 网上查找美国人口数据，估计美国人口 1950 年后的年平均增长率。

5. 分别用马尔萨斯指数增长模型、罗杰斯蒂克模型拟合和预测美国人口。

6. 利用罗杰斯蒂克模型预测美国人口时，人口增长曲线的拐点出现在哪一年？

7. 若只在沃尔泰拉模型中的被捕食方程中增加自身阻滞作用的罗杰斯蒂克项，讨论平衡点及稳定性并解释其意义。

8. 若只在沃尔泰拉模型中的捕食方程中增加自身阻滞作用的罗杰斯蒂克项，讨论平衡点

及稳定性并解释其意义。

9.若在沃尔泰拉模型中的被捕食方程、捕食方程中均增加自身阻滞作用的罗杰斯蒂克项，讨论平衡点及稳定性并解释其意义。

10.在网上查询一种传染病的数据，尝试对其建立传染病模型，进行理论或数值分析，讨论如何有针对性地控制该种传染病的传播。

11.某种疾病每年新发生1000例，患者中有一半当年可治愈。若2000年底时有1200个病人，到2005年将会出现什么结果？有人说，无论多少年过去，患者人数只是趋向2000人，但不会达到2000人，试判断这个说法的正确性。

12.在凌晨1时警察发现一具尸体，测得尸体温度是29 ℃，当时环境温度是21 ℃。1 h后尸体温度下降到27 ℃，若人的正常体温是37 ℃，估计死者的死亡时间。

13.建立铅球掷远模型，不考虑阻力，设铅球初速度为v，出手高度为h，出手角度为α（与地面夹角），建立投掷距离与v、h、α的关系式，并在v、h一定的条件下求最佳出手角度。

14. 设渔场鱼量的自然增长服从冈珀茨(Gompertz)模型：$\dot{x}(t)=rx\ln\dfrac{N}{x}$，其中$r$和$N$的意义与罗杰斯蒂克模型中的相同。如果捕捞强度为$h$，求最大持续产量$Q_m$及获得最大产量的捕捞强度$h_m$和渔场鱼量水平$x_0^*$。

15.设一容器内原有100 L盐，内含有盐10 kg，现以3 L/min的速度注入质量浓度为0.01 kg/L的淡盐水，同时以2 L/min的速度抽出混合均匀的盐水，求容器内盐量变化的数学模型。

16.某游泳馆即将开业，为使池水达到卫生要求且不影响正常开业，需人工清洁池水，即排放一些浑浊的池水，同时注入等量的净水。假设泳池长50 m、宽30 m、平均水深1.2 m、在池水浑浊度为0.0012 kg/m^{3}时开始以速度v(单位为m^3/min)排水。

(1)试建立池水净化的数学模型；

(2)如果要在2 h内使浑浊度降到0.0006 kg/m^3，求排水速度v。

17.一条长为l(单位为m)的均匀链条悬挂在一个光滑的钉子上，一端为a，另一端为b，这里$a+b=l$，$a>b$。

(1)试建立链条下滑的数学模型；

(2)对$l=18$、$a=10$、$b=8$的情形研究链条滑过钉子长度与时间、速度与加速度的关系，并计算滑脱钉子所用时间。

18.设一容积为V(单位为m^3)的湖泊受到某种物质的污染，污染物均匀地分布在湖中。若从某时刻起污染源被切断，设湖水更新的速率是r(单位为m^3/d)，试建立污染浓度变化的数学模型，并计算浓度下降至原来的5%需要多长时间。

19.现有一只兔子、一匹狼，兔子位于狼的正西方向100 m处。假设兔子与狼同时发现对方并同时起跑，兔子往正北60 m处的巢穴跑，而狼则追兔子。已知兔子和狼都是匀速跑的且狼的速度是兔子速度的两倍。

(1)求狼的追赶足迹；

(2)问兔子能否安全回到巢穴？

20.法国著名的拉斯科(Lascaux)洞穴中保留着古代人的壁画。1950年对从洞中取出的木炭作过检测，测得碳-14衰减数为0.97个/(g·min)，已知新砍伐烧成的木炭中碳-14的衰减数为0.68个/(g·min)，碳-14的半衰期为5730年，试推算这幅壁画绘制的年代(精确到百年)。

第 5 章　差分方程与代数方程模型

差分是现实世界中随时间连续变化的动态过程的近似。差分方程是在离散的时间点上描述对象动态变化规律的数学表达式。其与代数方程都是离散模型的数学表述，二者有着类似的向量一矩阵表达形式，求解过程也存在相互联系。

5.1　差分方程的基本概念

差分方程是描述离散时间系统的数学模型，求解差分方程是分析离散时间系统的重要内容。

5.1.1　差分的相关定义

定义 5.1.1　设函数 $y_t = f(t), t = 0, \pm 1, \pm 2, \cdots, \pm n, \cdots$。称 $\Delta y_t = y_{t+1} - y_t = f(t+1) - f(t)$ 为函数 y_t 的一阶差分；称 $\Delta^2 y_t = \Delta(\Delta y_t) = \Delta y_{t+1} - \Delta y_t = y_{t+2} - 2y_{t+1} + y_t$ 为函数 y_t 的二阶差分。

依此类推，函数的 n 阶差分定义为 $\Delta^n y_t = \Delta(\Delta^{n-1} y_t)$。

例 5.1.1　求 $\Delta(t^2), \Delta^2(t^2), \Delta^3(t^2)$。

解　设 $y_t = t^2$，则

$$\Delta y_t = \Delta(t^2) = (t+1)^2 - t^2 = 2t + 1$$

$$\Delta^2(y_t) = \Delta^2(t^2) = \Delta(\Delta y_t) = \Delta(2t+1) = 2$$

$$\Delta^3(y_t) = \Delta(\Delta^2 y_t) = \Delta(2) = 2 - 2 = 0$$

例 5.1.2　设 $y_t = a^t (0 < a \neq 1)$，求 $\Delta(y_t)$。

解　$\Delta(y_t) = a^{t+1} - a^t = a^t(a-1)$。

5.1.2　差分方程的有关定义

定义 5.1.2　含有未知函数差分或未知函数几个时期值的方程称为差分方程。

例如：

$$F(x, y_t, y_{t+1}, \cdots, y_{t+n}) = 0$$

$$G(x, y_t, \Delta y_t, \cdots, \Delta^n y_t) = 0$$

定义 5.1.3　差分方程中含有未知函数下标的最大值与最小值的差数就称为差分方程的阶。

差分方程的不同形式之间可以相互转化，例如：

$$y_t - 2y_{t-1} + y_{t-2} = 3^{t-2}$$

是一个二阶差分方程,可以化为

$$y_{t+2}-2y_{t+1}+y_t=3^t$$

如果将原方程的左边写为

$$(y_{t+2}-y_{t+1})-(y_{t+1}-y_t)=\Delta y_{t+1}-\Delta y_t=\Delta^2 y_t$$

则原方程还可化为

$$\Delta^2 y_t=3^t$$

定义 5.1.4 如果一个函数代入差分方程后,方程两边恒等,则称此函数为差分方程的解。

例如,$y=2t+A$ 是差分方程 $y_{t+1}-y_t=2$ 的解,其中 A 为任意常数。

一般地,往往要根据系统在初始时刻所处的状态,对差分方程附加一定的条件,这种附加条件称为初始条件,满足初始条件的解称为特解。如果差分方程中含有相互独立的任意常数的个数恰好等于差分方程的阶数,则称它为差分方程的通解。

5.1.3 常系数线性差分方程及解的性质

定义 5.1.5 形如

$$y_{t+n}+a_1y_{t+n-1}+\cdots+a_{n-1}y_{t+1}+a_ny_t=f(t) \tag{5.1.1}$$

的差分方程称为 n 阶常系数线性差分方程,其中 $a_1,a_2,\cdots,a_n$ 为常数,且 $a_n\neq 0$,$f(t)$ 为已知函数。

当 $f(t)\equiv 0$ 时,差分方程(5.1.1)称为齐次的,否则称为非齐次的。

当 $f(t)\neq 0$ 时,与差分方程(5.1.1)对应的齐次差分方程为

$$y_{t+n}+a_1y_{t+n-1}+\cdots+a_{n-1}y_{t+1}+a_ny_t=0 \tag{5.1.2}$$

定理 5.1.1 设 $y_1(t),y_2(t),\cdots,y_k(t)$ 是 n 阶常系数齐次线性差分方程(5.1.2)的 k 个特解,则线性组合 $y(t)=C_1y_1(t)+C_2y_2(t)+\cdots+C_ky_k(t)$ 也是该差分方程的解,其中 C_1,$C_2,\cdots,C_k$ 为任意常数。

定理 5.1.2 n 阶常系数齐次线性差分方程一定存在 n 个线性无关的特解。若 $y_1(t)$,$y_2(t),\cdots,y_n(t)$ 是方程(5.1.2)的 n 个线性无关的解,则方程的通解为 $Y=C_1y_1(t)+C_2y_2(t)+\cdots+C_ny_n(t)$,其中 $C_1,C_2,\cdots,C_n$ 为任意常数。

定理 5.1.3 n 阶非齐次线性差分方程 $y_{t+n}+a_1y_{t+n-1}+\cdots+a_{n-1}y_{t+1}+a_ny_t=f(t)$,它对应的齐次方程 $y_{t+n}+a_1y_{t+n-1}+\cdots+a_{n-1}y_{t+1}+a_ny_t=0$ 的通解与它自己本身的一个特解之和即 $Y=C_1y_1(t)+C_2y_2(t)+\cdots+C_ny_n(t)+y^*(t)$ 为其通解,其中 $y^*(t)$ 是它自己本身的一个特解。

一阶常系数线性差分方程的一般形式为

$$y_{t+1}-ay_t=f(t) \tag{5.1.3}$$

其中,$a\neq 0$ 为常数,$f(t)$ 为已知函数。

当 $f(t)\equiv 0$ 时,称方程

$$y_{t+1}-ay_t=0 \qquad a\neq 0 \tag{5.1.4}$$

为一阶常系数齐次线性差分方程。若 $f(t)\neq 0$,称方程(5.1.3)为一阶常系数非齐次线性差分方程。

5.1.4　常系数齐次线性差分方程的通解

对于一阶常系数齐次线性差分方程(5.1.4)，通常有如下两种解法。

方法一　迭代法求解：设 y_0 已知，则

$$y_n = ay_{n-1} = a(ay_{n-2}) = a^2 y_{n-2} = \cdots = a^{n-1} y_1 = a^n y_0$$

一般地，有

$$y_t = a^t y_0 \qquad t = 0,1,2,\cdots$$

方法二　特征方程法求解：设 $Y = \lambda^t(\lambda \neq 0)$ 是方程(5.1.4)的解，代入方程(5.1.4)，得

$$\lambda^{t+1} - a\lambda^t = 0 \qquad \lambda \neq 0$$

化简得 $\lambda - a = 0$，即

$$\lambda = a$$

$\lambda^{t+1} - a\lambda^t = 0$ 和 $\lambda = a$ 分别称为方程(5.1.4)的特征方程和特征根，故 $y_t = a^t$ 是方程(5.1.4)的解。

同时，由解的结构及通解的定义知 $y_t = Ca^t$(C 为任意常数)为对应的齐次方程的通解。

例 5.1.3　求 $2y_{t+1} + y_t = 0$ 的通解。

解　方程对应的特征方程为 $2\lambda + 1 = 0$，从而特征根为 $\lambda = -\frac{1}{2}$。于是原方程的通解为 $y_t = C\left(-\frac{1}{2}\right)^t$，其中 C 为任意常数。

考虑差分方程 $y_{t+1} - ay_t = f(t)$ 的右端项为某些特殊形式函数时的特解。

$f(t) = c$ (c 为任意常数)情形：差分方程为

$$y_{t+1} - ay_t = c \tag{5.1.5}$$

方法一　采用迭代法求解：给定初值 y_0，有迭代公式

$$\begin{aligned} y_t &= ay_{t-1} + c = a(ay_{t-2} + c) + c = a^2 y_{t-2} + c(1+a) = a^2(ay_{t-3} + c) + c(1+a) \\ &= a^3 y_{t-3} + c(1 + a + a^2) = \cdots = a^t y_0 + c(1 + a + a^2 + \cdots + a^{t-1}) \end{aligned}$$

所以

$$y_t = \begin{cases} y_0 + ct & a = 1 \\ y_0 a^t + c\dfrac{1-a^t}{1-a} & a \neq 1 \end{cases}$$

方法二　一般法求解：设差分方程(5.1.5)具有形如 $y_t^* = kt^s$ ($a \neq 1$ 时取 $s = 0$；$a = 1$ 时取 $s = 1$)的特解。故

(1) 当 $a \neq 1$ 时，令 $y_t^* = k$ 代入方程(5.1.5)，得 $k - ak = c$，即 $y_t^* = k = \frac{c}{1-a}$。

(2) 当 $a = 1$ 时，令 $y_t^* = kt$ 代入方程(5.1.5)，得 $k(t+1) - akt = c$，即 $k = c$。

例 5.1.4　求差分方程 $y_{t+1} - 3y_t = -2$ 的通解。

解　差分方程 $y_{t+1} - 3y_t = -2$ 对应的齐次差分方程为 $y_{t+1} - 3y_t = 0$，其特征方程为 $\lambda - 3 = 0$，即 $\lambda = 3$。$Y = A3^t$ 为齐次差分方程 $y_{t+1} - 3y_t = 0$ 的通解。

由于 $a = 3 \neq 1$，故可设其特解为 $y_t^* = k$，代入方程 $y_{t+1} - 3y_t = -2$，解得 $k = 1$。

故 $y_{t+1} - 3y_t = -2$ 差分方程通解为 $y_t = Y + y_t^* = A3^t + 1$。

$f(t)=ct^n$（c 为常数）情形：差分方程为

$$y_{t+1}-ay_t=ct^n \tag{5.1.6}$$

设差分方程(5.1.6)具有形如 $y_t^*=t^s(B_0+B_1t+\cdots+B_nt^n)$（$a\neq1$ 时取 $s=0$；$a=1$ 时取 $s=1$）的特解。将特解代入差分方程(5.1.6)后比较两端同次项系数，确定系数 $B_0,B_1,\cdots,B_n$。

例 5.1.5 求差分方程 $y_{t+1}-2y_t=3t^2$ 的通解。

解 对应齐次差分方程的通解为 $Y=A2^t$。由于 $a=2\neq1$，故可设其特解为 $y_t^*=B+Ct+Dt^2$，代入差分方程 $y_{t+1}-2y_t=3t^2$，得

$$B+C(t+1)+D(t+1)^2-2B-2Ct-2Dt^2=3t^2$$

比较系数有

$$\begin{cases}B+C+D-2B=0\\C+2D-2C=0\\D-2D=3\end{cases}$$

解得

$$B=-9,C=-6,D=-3$$

故差分方程 $y_{t+1}-2y_t=3t^2$ 的特解为 $y_t^*=-9-6t-3t^2$。

因此，其通解为 $y_t=Y+y_t^*=A2^t-9-6t-3t^2$。

类似地，当 $f(t)=P_m(t)$ 为 m 次多项式时，情形 2 中的方法也是适用的。

5.2 莱斯利模型

动物种群不同年龄的繁殖率和死亡率有着明显的不同，莱斯利(Leslie)在 20 世纪 40 年代给出了一个考虑按年龄分组的种群增长模型——莱斯利模型：具有年龄结构的种群数量离散模型。

5.2.1 莱斯利模型概述

一般地，由于动物种群是依靠雌性的生育而增长的，所以用雌性数量的变化作为研究对象较为方便，以下不作说明的种群数量均指该种群的雌性数量，如需总种群数量则可按该种群雌雄比进行推算即得。

将所考虑的动物种群按年龄等间隔地划分成 n 个年龄组，即 $1,2,\cdots,n$ 组。此处还隐含假定该种群所有动物的年龄不能超过第 n 组的年龄。同时，将时间也对应地离散为时段 $t(t=0,1,2,\cdots)$，并且时段的间隔与年龄区间的大小相同。记 t 时段第 i 年龄组的种群数量为 $x_i(t)$，则 t 时段各年龄组种群数量的分布向量为 $\boldsymbol{X}(t)=[x_1(t),x_2(t),\cdots,x_n(t)]^{\mathrm{T}}$，$t=0,1,2,\cdots$。习惯上，将 $t=0$ 的时段称为基年，可知 $\boldsymbol{X}(0)=[x_1(0),x_2(0),\cdots,x_n(0)]^{\mathrm{T}}$ 即为初始时刻 $t=0$ 基年时段该种群各年龄组种群数量的分布向量。

该种群随着时间的变化，由于出生、死亡以及年龄的增长，种群中每一个年龄组的数量都将发生变化。若记第 i 年龄组的生育率为 $b_i(i=1,2,\cdots,n)$，且生育率的统计中已扣除虽出生但没活过一个时间段的幼年动物；死亡率为 $d_i(i=1,2,\cdots,n)$，则存活率为 $s_i=1-$

$d_i(i=1,2,\cdots,n)$，注意到，这里需假定最高年龄组最终必然死亡，即 $d_n=1$，相应地，存活率 $s_n=0$。综上所述可知：根据 b_i 和 s_i 的定义，$0<s_i<1, i=1,2,\cdots,n-1$；$b_i\geqslant 0, i=1,2,\cdots,n$，且至少有一个 $b_i>0$。

由以上假设可计算得到，包含出生的年龄组，即第 1 年龄组在第 $t+1$ 时段的繁殖数量是第 t 时段各年龄组的繁殖数量总和：

$$x_1(t+1)=\sum_{i=1}^{n}b_ix_i(t) \qquad t=0,1,2,\cdots \tag{5.2.1}$$

同时，其他第 $i+1$ 年龄组在第 $t+1$ 时段的数量是第 t 时段第 i 年龄组动物的数量乘以对应的存活率 s_i，即

$$x_{i+1}(t+1)=s_ix_i(t) \qquad i=1,2,\cdots,n-1 \tag{5.2.2}$$

由包含 n 个变量的差分方程组(5.2.1)和(5.2.2)可计算出任意时段各年龄组种群的数量分布。

记 $\boldsymbol{L}=\begin{bmatrix} b_1 & b_2 & \cdots & b_{n-1} & b_n \\ s_1 & 0 & \cdots & 0 & 0 \\ 0 & s_2 & \cdots & 0 & 0 \\ \vdots & \vdots & & \vdots & \vdots \\ 0 & 0 & \cdots & s_{n-1} & 0 \end{bmatrix}$，$\boldsymbol{X}(t)=[x_1(t),x_2(t),\cdots,x_n(t)]^{\mathrm{T}}$，则可建立按年龄分组的种群增长模型：

$$\boldsymbol{X}(t+1)=\boldsymbol{L}\boldsymbol{X}(t) \qquad t=0,1,\cdots \tag{5.2.3}$$

其中，矩阵 $\boldsymbol{L}$ 是由莱斯利提出的，故称为莱斯利矩阵。

给定各年龄组的初始数量 $\boldsymbol{X}(0)$ 时，可以求得 t 时段的种群数量按年龄组的分布向量 $\boldsymbol{X}(t)$ 为

$$\boldsymbol{X}(t)=\boldsymbol{L}^t\boldsymbol{X}(0) \qquad t=1,2,3,\cdots \tag{5.2.4}$$

莱斯利矩阵 $\boldsymbol{L}$ 完全决定了按年龄分组的种群增长模型的变化规律，因而该模型又称为莱斯利模型。

例 5.2.1　设某饲养动物种群的最大生存年龄为 12 岁，以 4 年为一间隔，将该动物种群分为 3 个年龄组。由已有统计数据知：各组按年龄组从小到大的繁殖率依次为 0、4、3；存活率为 1/2、1/4、0。现考虑若开始时 3 组各有动物 2000 只，其雌雄比例为 1∶1，3 年后该种群各年龄组各有多少只？

解　将该种群以 4 年为一间隔对应地分为三个年龄组：[0,4)，[4,8)，[8,12]。这三个年龄组所对应的繁殖率依次为 $b_1=0, b_2=4, b_3=3$；存活率依次为 $s_1=1/2, s_2=1/4, s_3=0$。从而该种群对应的莱斯利矩阵为 $\boldsymbol{L}=\begin{bmatrix} 0 & 4 & 3 \\ 1/2 & 0 & 0 \\ 0 & 1/4 & 0 \end{bmatrix}$。

在初始时刻，三个年龄组的雌性动物各有 1000 只，即 $\boldsymbol{X}(0)=[1000,1000,1000]^{\mathrm{T}}$。

于是可知 $\boldsymbol{X}(3)=\boldsymbol{L}^3\boldsymbol{X}(0)=\begin{bmatrix} 0 & 4 & 3 \\ 1/2 & 0 & 0 \\ 0 & 1/4 & 0 \end{bmatrix}^3\begin{bmatrix} 1000 \\ 1000 \\ 1000 \end{bmatrix}=\begin{bmatrix} 14375 \\ 1375 \\ 875 \end{bmatrix}$。

进一步地，由其雌雄比例为 1∶1，知 3 年后该种群各年龄组各有 2(14375,1375,875) 只

动物。

利用 MATLAB 程序：

```
clc, clear
X0 = [1000; 1000; 1000];        %初始时刻三个年龄组的雌性动物数量
L = [0,4,3;1/2,0,0;0,1/4,0];    %莱斯利矩阵 L
X3=L^3 * X0                     %3 年后该种群各年龄组雌性动物数量
XZ3=2 * X3                      %3 年后该种群各年龄组动物数量
```

在例 5.2.1 中可见不论是否区分雌性和雄性，3 年后种群各年龄组的分布律是一样的。故为方便起见，将 $\boldsymbol{X}(t)$ 归一化，即 $\boldsymbol{X}^*(t)=\left[\dfrac{x_1(t)}{\sum\limits_{i=1}^{n}x_i(t)},\dfrac{x_2(t)}{\sum\limits_{i=1}^{n}x_i(t)},\cdots,\dfrac{x_n(t)}{\sum\limits_{i=1}^{n}x_i(t)}\right]^{\mathrm{T}}$，称 $\boldsymbol{X}^*(t)$ 为种群在第 t 年按年龄组的分布向量。

下边来讨论例 5.2.1 时间充分长以后，即 $t\to+\infty$ 时，该种群的增长率和按年龄组的分布向量。

为求 $t\to+\infty$ 时该种群的增长率和按年龄组的分布，先求莱斯利矩阵 $\boldsymbol{L}$ 的特征值与特征向量。

利用 MATLAB 程序：

```
L =sym(L);            %莱斯利矩阵 L 转换为符号矩阵
p =charpoly(L)        %计算莱斯利矩阵 L 的特征多项式
r = roots(p)          %计算莱斯利矩阵 L 的符号特征值
[P,D] = eig(L)        %计算莱斯利矩阵 L 相互对应的符号特征向量和特征值
```

可知，矩阵 $\boldsymbol{L}$ 有 3 个互不相同的特征值 $\lambda_1=3/2,\lambda_2=(-\sqrt{5}-3)/4,\lambda_3=(\sqrt{5}-3)/4$，对应的特征向量为 $\boldsymbol{\alpha}_1=[18,6,1]^{\mathrm{T}}$，$\boldsymbol{\alpha}_2=[3\sqrt{5}+7,-\sqrt{5}-3,1]^{\mathrm{T}}$，$\boldsymbol{\alpha}_3=[-3\sqrt{5}+7,\sqrt{5}-3,1]^{\mathrm{T}}$。因此，矩阵 $\boldsymbol{L}$ 可相似对角化。记

$$\boldsymbol{D}=\begin{bmatrix}\lambda_1&0&0\\0&\lambda_2&0\\0&0&\lambda_3\end{bmatrix}=\begin{bmatrix}\dfrac{3}{2}&0&0\\0&\dfrac{-\sqrt{5}-3}{4}&0\\0&0&\dfrac{\sqrt{5}-3}{4}\end{bmatrix}$$

$$\boldsymbol{P}=[\boldsymbol{\alpha}_1,\boldsymbol{\alpha}_2,\boldsymbol{\alpha}_3]=\begin{bmatrix}18&3\sqrt{5}+7&-3\sqrt{5}+7\\6&-\sqrt{5}-3&\sqrt{5}-3\\1&1&1\end{bmatrix}$$

即

$$\boldsymbol{P}^{-1}\boldsymbol{L}\boldsymbol{P}=\boldsymbol{D}$$

则

$$\boldsymbol{L}=\boldsymbol{P}\boldsymbol{D}\boldsymbol{P}^{-1},\boldsymbol{L}^2=\boldsymbol{P}\boldsymbol{D}^2\boldsymbol{P}^{-1},\cdots,\boldsymbol{L}^t=\boldsymbol{P}\boldsymbol{D}^t\boldsymbol{P}^{-1}$$

这里 $\lambda_1=\max\{\lambda_1,\lambda_2,\lambda_3\}>1$ 即为该种群的增长率。

由 $\boldsymbol{X}(t)=\boldsymbol{L}^t\boldsymbol{X}(0)=\boldsymbol{P}\boldsymbol{D}^t\boldsymbol{P}^{-1}\boldsymbol{X}(0)=\lambda_1^t\boldsymbol{P}\begin{bmatrix}1 & 0 & 0\\ 0 & (\lambda_2/\lambda_1)^t & 0\\ 0 & 0 & (\lambda_3/\lambda_1)^t\end{bmatrix}^t\boldsymbol{P}^{-1}\boldsymbol{X}(0)$，得

$$\frac{\boldsymbol{X}(t)}{\lambda_1^t}=\boldsymbol{P}\begin{bmatrix}1 & 0 & 0\\ 0 & (\lambda_2/\lambda_1)^t & 0\\ 0 & 0 & (\lambda_3/\lambda_1)^t\end{bmatrix}^t\boldsymbol{P}^{-1}\boldsymbol{X}(0)$$

因为 $\lambda_2/\lambda_1<1,\lambda_3/\lambda_1<1$，所以

$$\lim_{t\to+\infty}\frac{\boldsymbol{X}(t)}{\lambda_1^t}=\boldsymbol{P}\begin{bmatrix}1 & 0 & 0\\ 0 & 0 & 0\\ 0 & 0 & 0\end{bmatrix}^t\boldsymbol{P}^{-1}\boldsymbol{X}(0)$$

$$=[\boldsymbol{\alpha}_1,\boldsymbol{\alpha}_2,\boldsymbol{\alpha}_3]\begin{bmatrix}1 & 0 & 0\\ 0 & 0 & 0\\ 0 & 0 & 0\end{bmatrix}^t[\boldsymbol{\alpha}_1,\boldsymbol{\alpha}_2,\boldsymbol{\alpha}_3]^{-1}\begin{bmatrix}x_1(0)\\ x_2(0)\\ x_3(0)\end{bmatrix}$$

$$=\boldsymbol{\alpha}_1[\boldsymbol{\alpha}_1,\boldsymbol{\alpha}_2,\boldsymbol{\alpha}_3]^{-1}\begin{bmatrix}x_1(0)\\ x_2(0)\\ x_3(0)\end{bmatrix}$$

记

$$\boldsymbol{c}_1=[\boldsymbol{\alpha}_1,\boldsymbol{\alpha}_2,\boldsymbol{\alpha}_3]^{-1}\begin{bmatrix}x_1(0)\\ x_2(0)\\ x_3(0)\end{bmatrix}$$

则

$$\lim_{t\to+\infty}\frac{\boldsymbol{X}(t)}{\lambda_1^t}=\boldsymbol{c}_1\boldsymbol{\alpha}_1 \tag{5.2.5}$$

于是当 $t\to+\infty$ 时，有 $\lim\limits_{t\to+\infty}\boldsymbol{X}(t)=\lambda_1^t\boldsymbol{c}_1\boldsymbol{\alpha}_1$。

利用 MATLAB 程序：

```
XL =P * diag([1,0,0]) * inv(P) * X0   %计算时间趋于无穷大时种群数量按年龄组的数量分布
tc = inv(P) * X0; c1 = tc(1)          %计算 C1
XLP= XL/norm(XL)                      %计算时间趋于无穷大时种群按年龄组的分布向量
```

计算可得，$t\to+\infty$ 时，该种群按年龄组的分布向量为 $\boldsymbol{\beta}=[18/19,6/19,1]^{\mathrm{T}}$，即为 $\boldsymbol{\beta}^0=\boldsymbol{\beta}/\|\boldsymbol{\beta}\|=[0.9474\ 0.3158\ 0.0526]^{\mathrm{T}}$。我们注意到，年龄组的分布向量实际上与 $\boldsymbol{\alpha}_1=[18,6,1]^{\mathrm{T}}$ 是一致的，$\boldsymbol{\alpha}_1$ 归一化后的分布向量即为 $\boldsymbol{\alpha}_1^0=\boldsymbol{\alpha}_1/\|\boldsymbol{\alpha}_1\|=[0.9474\ 0.3158\ 0.0526]^{\mathrm{T}}$。(以后为了方便起见，就不再将分布向量限定为模为 1 的向量，只要单位化后都相同的非负向量，统一称为分布向量。)

由以上讨论可知：在例 5.2.1 中，时间充分长以后，即 $t\to+\infty$ 时，种群的年龄结构及数量的变化，注意到该例中 $\lambda_1=\max\{\lambda_1,\lambda_2,\lambda_3\}>1$，$\lim\limits_{t\to+\infty}\boldsymbol{X}(t)=\lambda_1^t\boldsymbol{c}_1\boldsymbol{\alpha}_1$，故此时种群总数量趋于无穷大。

由实矩阵可对角化的条件,用以上矩阵的相似对角化的方法,以及特征值与特征向量的定义,关于莱斯利矩阵 $\boldsymbol{L}$,可证明以下定理。

定理 5.2.1　若 n 阶莱斯利矩阵 $\boldsymbol{L}$ 的所有特征值中,具有最大模的特征值(不妨记为 λ_1),是一个单重的正特征值且唯一。

(1)若矩阵 $\boldsymbol{L}$ 有 n 个线性无关的特征向量,则矩阵 $\boldsymbol{L}$ 可相似对角化;

(2) λ_1 对应的特征向量记为 α_1,则 $\lim\limits_{t\to+\infty}\boldsymbol{X}(t)=\lambda_1^t\boldsymbol{c}_1\boldsymbol{\alpha}_1$。

定理 5.2.2　记定理 5.2.1 中 λ_1 对应的特征向量为 $\boldsymbol{\alpha}_1$,则可取为 $\boldsymbol{\alpha}_1=\left[1,\frac{s_1}{\lambda_1},\frac{s_1s_2}{\lambda_1^2},\cdots,\frac{s_1s_2\cdots s_{n-1}}{\lambda_1^{n-1}}\right]^{\mathrm{T}}$。

证明　因为 λ_1、$\boldsymbol{\alpha}_1$ 是矩阵 $\boldsymbol{L}$ 对应的特征值和特征向量,故 $\boldsymbol{L\alpha}_1=\lambda_1\boldsymbol{\alpha}_1$,记 $\boldsymbol{\alpha}_1=[a_{11},a_{12},\cdots,a_{1n-1},a_{1n}]^{\mathrm{T}}$,则有

$$\begin{bmatrix} b_1 & b_2 & b_3 & \cdots & b_{n-1} & b_n \\ s_1 & 0 & 0 & \cdots & 0 & 0 \\ 0 & s_2 & 0 & \cdots & 0 & 0 \\ 0 & 0 & s_3 & \cdots & 0 & 0 \\ \vdots & \vdots & \vdots & & \vdots & \vdots \\ 0 & 0 & 0 & \cdots & s_{n-1} & 0 \end{bmatrix}\begin{bmatrix} a_{11} \\ a_{12} \\ a_{13} \\ \vdots \\ a_{1n-1} \\ a_{1n} \end{bmatrix}=\lambda_1\begin{bmatrix} a_{11} \\ a_{12} \\ a_{13} \\ \vdots \\ a_{1n-1} \\ a_{1n} \end{bmatrix}$$

所以可知:

$$\begin{cases} b_1a_{11}+b_2a_{12}+b_3a_{13}+\cdots+b_{n-1}a_{1n-1}+b_na_{1n}=\lambda_1a_{11} \\ s_1a_{11}=\lambda_1a_{12} \\ s_2a_{12}=\lambda_1a_{13} \\ \vdots \\ s_{n-1}a_{1n-1}=\lambda_1a_{1n} \end{cases} \tag{5.2.6}$$

由方程组(5.2.6)后 $n-1$ 个方程可知:

$$a_{12}=\frac{s_1}{\lambda_1}a_{11},a_{13}=\frac{s_2}{\lambda_1}a_{12}=\frac{s_2}{\lambda_1}\frac{s_1}{\lambda_1}a_{11},\cdots,a_{1n}=\frac{s_{n-1}}{\lambda_1}\frac{s_{n-2}}{\lambda_1}\cdots\frac{s_2}{\lambda_1}\frac{s_1}{\lambda_1}a_{11}=\frac{s_{n-1}s_{n-2}\cdots s_2s_1}{\lambda_1^{n-1}}a_{11}$$

上式的特征向量为 $a_{11}\left[1,\frac{s_1}{\lambda_1},\frac{s_1s_2}{\lambda_1^2},\cdots,\frac{s_1s_2\cdots s_{n-1}}{\lambda_1^{n-1}}\right]^{\mathrm{T}}$。

当取 $a_{11}=1$ 时,对应的特征向量为 $\boldsymbol{\alpha}_1=\left[1,\frac{s_1}{\lambda_1},\frac{s_1s_2}{\lambda_1^2},\cdots,\frac{s_1s_2\cdots s_{n-1}}{\lambda_1^{n-1}}\right]^{\mathrm{T}}$。

由定理 5.2.1 可知,此时,当 $t\to+\infty$ 时,有如下结论:

$$\boldsymbol{X}(t)\approx\lambda_1^t\boldsymbol{c}_1\boldsymbol{\alpha}_1 \tag{5.2.7}$$

这表明,当 t 充分大时,种群按年龄组的分布向量 $\boldsymbol{X}^*(t)$ 趋于稳定,即各年龄组的动物数量占总数量的比例与特征向量 $\boldsymbol{\alpha}_1$ 中对应分量占总量的比例是一样的,所以 $\boldsymbol{\alpha}_1$ 归一化后记为分布向量 $\boldsymbol{X}^*$。此外,可知 $\boldsymbol{X}^*$ 与初始分布 $\boldsymbol{X}(0)$ 无关。

$$\boldsymbol{X}(t+1)\approx\lambda_1\boldsymbol{X}(t) \tag{5.2.8}$$

可得对应的各年龄组的数量关系式:$x_i(t+1)\approx\lambda_1x_i(t),i=1,2,\cdots,n$。这表明,当 t 充分大时,种群中数量按年龄组的增长也趋于稳定,其各年龄组的动物数量都是上一时段同一年

龄组动物数量的 λ_1 倍，即动物数量的增长完全由 λ_1 决定，所以 λ_1 常称为该种群的固有增长率。

由式(5.2.8)可知，当 $\lambda_1>1$ 时，种群的动物数量递增；当 $\lambda_1<1$ 时，种群的动物数量递减。特别地，$\lambda_1=1$ 时，种群的动物总数不变，故此结论可用来考虑如何使所饲养的动物种群保持持续稳定的收获。

5.2.2 持续稳定收获模型

在定理 5.2.1 中，由 $\boldsymbol{L\alpha}_1=\lambda_1\boldsymbol{\alpha}_1$，可求得对应的特征向量可取为 $\boldsymbol{\alpha}_1=\left[1,\frac{s_1}{\lambda_1},\frac{s_1s_2}{\lambda_1^2},\cdots,\frac{s_1s_2\cdots s_{n-1}}{\lambda_1^{n-1}}\right]^{\mathrm{T}}$。

此时还有 $b_1\cdot 1+b_2\cdot\frac{s_1}{\lambda_1}+b_3\cdot\frac{s_1s_2}{\lambda_1^2}+\cdots+b_n\cdot\frac{s_1s_2\cdots s_{n-1}}{\lambda_1^{n-1}}=\lambda_1$ 成立。

故当 $\lambda_1=1$ 时，得

$$b_1+b_2s_1+\cdots+b_ns_1s_2\cdots s_{n-1}=1 \tag{5.2.9}$$

这时

$$\boldsymbol{\alpha}_1=[1,s_1,s_1s_2,\cdots,s_1s_2\cdots s_{n-1}]^{\mathrm{T}} \tag{5.2.10}$$

记式(5.2.10)左端为 $R=b_1+b_2s_1+\cdots+b_ns_1s_2\cdots s_{n-1}$，它表示一个雌性动物一生中生育的雌性动物总数，在生物种群研究中常称为总和生育率。可见，当 $R=1$ 时，该种群动物总数量保持不变，此时该种群的稳定分布 $\boldsymbol{X}^*$ 为归一化后的 $\boldsymbol{\alpha}_1$。

此时，还可以知道 $R=1$ 时，当 t 充分大时有 $x_{i+1}(t)\approx s_ix_i(t),i=1,2,\cdots,n-1$。即存活率 s_i 等于相邻两个时段对应的年龄组的人口数量 $x_{i+1}(t)$ 与 $x_i(t)$ 之比。

针对例 5.2.1，下面通过具体的数值计算过程来展现如何实现持续稳定的收获。

记例 5.2.1 中种群各年龄组 i 的收获系数为 $h_i(0\leqslant h_i\leqslant 1),i=1,2,3$。可得考虑了收获系数的莱斯利矩阵对应地为

$$\boldsymbol{L}=\begin{bmatrix} b_1(1-h_1) & b_2(1-h_1) & b_3(1-h_1)\\ s_1(1-h_2) & 0 & 0\\ 0 & s_2(1-h_3) & 0\end{bmatrix}$$

由式(5.2.9)知，考虑了收获系数的种群持续稳定收获条件为

$$(1-h_1)\,[b_1+b_2s_1(1-h_2)+b_3s_1s_2(1-h_2)(1-h_3)]=1 \tag{5.2.11}$$

由式(5.2.10)可得考虑了收获系数的种群按年龄组的稳定分布为

$$\boldsymbol{\alpha}=[1,s_1(1-h_2),s_1s_2(1-h_2)(1-h_3)]^{\mathrm{T}} \tag{5.2.12}$$

例 5.2.1 中三个年龄组所对应的繁殖率依次为 $b_1=0,b_2=4,b_3=3$；存活率依次为 $s_1=1/2,s_2=1/4,s_3=0$。将上述代入式(5.2.11)可得该种群持续稳定收获条件为

$$(1-h_1)\,[2(1-h_2)+3(1-h_2)(1-h_3)/8]=1 \tag{5.2.13}$$

此时该种群按年龄组的稳定分布由式(5.2.12)可知

$$\boldsymbol{\alpha}=[1,(1-h_2)/2,(1-h_2)(1-h_3)/4]^{\mathrm{T}} \tag{5.2.14}$$

满足式(5.2.13)的收获系数为 $h_i(0\leqslant h_i\leqslant 1),i=1,2,3$，并不唯一，可以按照饲养者的捕获条件或个人意愿去选择。假设例 5.2.1 中三个年龄组所对应的种群依次为幼崽、成年、老年牲畜。若选择不出售幼崽，且出售所有的老年牲畜，则为维持种群持续稳定的收获，需选取

出售50%的成年牲畜,即 $(h_1,h_2,h_3)=(0,1/2,1)$,此时种群稳定分布为 $\boldsymbol{\alpha}=[1,1/4,0]^{\mathrm{T}}$。若选择出售所有的老年牲畜,且出售一半幼崽,则为维持种群持续稳定的收获,需选取不出售成年牲畜,即 $(h_1,h_2,h_3)=(1/2,0,1)$,此时种群稳定分布为 $\boldsymbol{\alpha}=[1,1/2,0]^{\mathrm{T}}$。

5.3 基因遗传

为了揭示生命的奥妙,人们越来越重视遗传特征的逐代传播问题。无论是人,还是动物、植物,都会将本身的特征遗传给后代,这主要是因为后代继承了双亲的基因,形成了自己的基因对,基因对就确定了后代所表现的特征。

例 5.3.1 植物基因的分布:设一农业研究所植物园中某植物的基因型为 AA、Aa 和 aa。研究所计划采用 AA 型的植物与每一种基因型植物相结合的方案培育植物后代。问经过若干年后,这种植物的任意一代的三种基因型分布如何?

分析与求解:

在染色体的遗传中,后代从每个亲本的基因对中各继承一个基因,形成自己的基因对(基因型)。在所研究的问题中,植物的基因对为 AA、Aa、aa 这三种。记 $x_1(n)$、$x_2(n)$、$x_3(n)$ 分别表示第 n 代植物中基因型 AA、Aa、aa 的植物所占植物总数的百分比,$x(n)$ 为第 n 代植物的基因型分布向量:

$$\boldsymbol{x}(n)=[x_1(n),x_2(n),x_3(n)]^{\mathrm{T}} \qquad n=0,1,2,\cdots$$

从记号的定义知 $x_1(n)+x_2(n)+x_3(n)=1$ 对所有 n 成立。

由于后代是各从父体或母体的基因对中等可能地得到一个基因而形成自己的基因对,故父母代的基因对和子代各基因对之间的转移概率如表 5.3.1 所示。

表 5.3.1 基因转移概率

子代基因型	父体-母体的基因型					
	AA - AA	AA - Aa	AA - aa	Aa - Aa	Aa - aa	aa - aa
AA	1		0	$\frac{1}{4}$	0	0
Aa	0	$\frac{1}{2}$	1	$\frac{1}{2}$	$\frac{1}{2}$	0
aa	0	0	0	$\frac{1}{4}$	$\frac{1}{2}$	1

由于研究采用 AA 型植物与每一种基因型植物相结合的方案培育后代,从表 5.3.1 可知:第 n 代中 AA 型植物是由第 $n-1$ 代中 AA - AA 型、AA - Aa 型父母代的基因对型产生的;第 n 代的 Aa 型植物是由 $n-1$ 代中 AA - Aa 型、AA - aa 型父母代的基因对型产生的;第 $n-1$ 代中没有 aa 型植物。

进一步地,由表 5.3.1 中子代基因型概率可得:

$$x_1(n)=x_1(n-1)+\frac{1}{2}x_2(n-1)$$

$$x_2(n)=\frac{1}{2}x_2(n-1)+x_3(n-1)$$

$$x_3(n)=0 \qquad n=1,2,\cdots$$

记 $\boldsymbol{L}=\begin{bmatrix}1 & \frac{1}{2} & 0\\ 0 & \frac{1}{2} & 1\\ 0 & 0 & 0\end{bmatrix}$，则第 n 代与第 $n-1$ 代植物的基因型分布的关系为

$$\boldsymbol{x}(n+1)=\boldsymbol{L}\boldsymbol{x}(n) \qquad n=1,2,\cdots \tag{5.3.1}$$

利用式(5.3.1)进行递推得

$$\boldsymbol{x}(n)=\boldsymbol{L}^n\boldsymbol{x}(0) \qquad n=1,2,\cdots \tag{5.3.2}$$

为了得到 $\boldsymbol{x}(n)$ 的具体表达式，利用线性代数中对角化的方法将 $\boldsymbol{L}$ 对角化，即求出可逆矩阵 $\boldsymbol{P}$ 和对角矩阵 $\boldsymbol{D}$，使得 $\boldsymbol{L}=\boldsymbol{P}\boldsymbol{D}\boldsymbol{P}^{-1}$，而有 $\boldsymbol{L}^n=\boldsymbol{P}\boldsymbol{D}^n\boldsymbol{P}^{-1}$。利用特征值和特征向量的方法计算得

$$\boldsymbol{D}=\begin{bmatrix}1 & 0 & 0\\ 0 & \frac{1}{2} & 0\\ 0 & 0 & 0\end{bmatrix}$$

$$\boldsymbol{P}=\boldsymbol{P}^{-1}=\begin{bmatrix}1 & 1 & 1\\ 0 & -1 & -2\\ 0 & 0 & 1\end{bmatrix}$$

$$\boldsymbol{L}^n=\boldsymbol{P}\boldsymbol{D}^n\boldsymbol{P}^{-1}=\begin{bmatrix}1 & 1-\left(\frac{1}{2}\right)^n & 1-\left(\frac{1}{2}\right)^{n-1}\\ 0 & \left(\frac{1}{2}\right)^n & \left(\frac{1}{2}\right)^{n-1}\\ 0 & 0 & 0\end{bmatrix}$$

将 $\boldsymbol{L}^n$ 的表达式代入式(5.3.2)得

$$x_1(n)=x_1(0)+\left[1-\left(\frac{1}{2}\right)^n\right]x_2(0)+\left[1-\left(\frac{1}{2}\right)^{n-1}\right]x_3(0)$$

$$x_2(n)=\left(\frac{1}{2}\right)^n x_2(0)+\left(\frac{1}{2}\right)^{n-1}x_3(0)$$

$$x_3(n)=0 \qquad n=1,2,\cdots$$

所以当 $n\to\infty$ 时，$x_1(n)\to 1$，$x_2(n)\to 0$，$x_3(n)\to 0$。

即培育的 AA 型植物所占的比例在不断增加，在极限状态下所有植物的基因型都会是 AA 型的。

例 5.3.2　遗传性疾病是常染色体的基因缺陷由父母代传给子代的疾病。常染色体遗传的正常基因记为 A，不正常的基因记为 a，并以 AA、Aa、aa 分别表示正常人、隐性患者、显性患者的基因型。若在初始一代中 AA、Aa、aa 型基因的人口所占百分比分别为 a_0、b_0、c_0，讨论在下列两种情况下第 n 代中三类基因型人口所占的比例。考虑并解决以下问题：

(1)控制结合：显性患者不能生育后代，且为了使每个儿童至少有一个正常的父亲或母亲，正常人、隐性患者必须与一个正常人结合生育后代；

(2)自由结合：这三种基因的人任意结合生育后代。

分析与求解：

有些疾病是先天性疾病，这是基因遗传的结果。现在世界上发现的遗传病有几千种，都是由于父母或家族的遗传基因所造成的。根据某一种遗传病对应的基因型将人口分为三类，记 AA 型基因对的正常人、Aa 型基因对的隐性患者、aa 型基因对的显性患者在第 n 代人口中所占的比例分别为 $x_1(n)$、$x_2(n)$、$x_3(n)$。记 $x_1(0)=a_0$，$x_2(0)=b_0$，$x_3(0)=c_0$，则由题目中所给已知条件知：

$$0\leqslant a_0\leqslant 1,0\leqslant b_0\leqslant 1,0\leqslant c_0\leqslant 1,\ a_0+b_0+c_0=1 \tag{5.3.3}$$

在问题(1)控制结合的情况下，从 $n=1$ 开始有 $x_3(n)=0$，即不再有显性患者，且从第 $n-1$ 代到第 n 代的基因型分布的转移规律为

$$x_1(n)=x_1(n-1)+\frac{1}{2}x_2(n-1)$$

$$x_2(n)=\frac{1}{2}x_2(n-1)$$

$$x_3(n)=0 \qquad n=1,2,\cdots$$

因为 $x_3(n)=0$，说明 aa 型基因对不再出现，所以只需考虑 AA、Aa 型基因对，即只需考虑 $x_1(n)$、$x_2(n)$。

将它们用向量和矩阵表示为

$$\begin{bmatrix}x_1(n)\\x_2(n)\end{bmatrix}=\begin{bmatrix}1 & \frac{1}{2}\\0 & \frac{1}{2}\end{bmatrix}\begin{bmatrix}x_1(n-1)\\x_2(n-1)\end{bmatrix}$$

递推得

$$\begin{bmatrix}x_1(n)\\x_2(n)\end{bmatrix}=\begin{bmatrix}1 & \frac{1}{2}\\0 & \frac{1}{2}\end{bmatrix}^n\begin{bmatrix}a_0\\b_0\end{bmatrix}$$

利用线性代数的知识得

$$\begin{bmatrix}1 & \frac{1}{2}\\0 & \frac{1}{2}\end{bmatrix}^n=\begin{bmatrix}1 & 1-\left(\frac{1}{2}\right)^n\\0 & \left(\frac{1}{2}\right)^n\end{bmatrix}$$

所以

$$x_1(n)=a_0+\left[1-\left(\frac{1}{2}\right)^n\right]b_0$$

$$x_2(n)=\left(\frac{1}{2}\right)^n b_0 \qquad n=1,2,\cdots \tag{5.3.4}$$

由式(5.3.4)可以看出，在控制结合的方案下，隐性患者将逐渐消失，这正是所希望的结果。

在问题(2)自由结合的情况下，三种基因型的人口随机结合而生育后代，这也是自然界中生物群体的一种常见的也是最简单的结合方式。假设三种基因型的两性人口总是相等的，则

随机结合是指每一个属于 AA、Aa、aa 基因型的第 n 代全体，都以 $x_1(n):x_2(n):x_3(n)$ 的数量比例为概率，与一个属于 AA、Aa 或 aa 基因型的异性结合生育后代。它们的后代则可能地继承其父母的各一个基因形成自己的基因对，在各种情况下从父母基因型到子女基因型的转移概率由表 5.3.1 给出。

由已知条件得三种基因型的初始分布，AA、Aa、aa 基因型分布的概率依次记为 a_0、b_0、c_0，并记 $p=a_0+\frac{b_0}{2}$，$q=c_0+\frac{b_0}{2}$，则 p、q 分别是人口中"产生"基因 A 和基因 a 的基因数量，且 $p+q=1$。

为了得到从父母代到子代的基因转移概率，将事件进行分解，例如，子代具有基因型 AA 这一事件可以分解为母亲具有 AA、Aa、aa 型基因对时与父亲结合时产生的 AA 型基因对后代基因之和。利用概率论的知识得

$$
\begin{aligned}
x_1(n) &= P\{\text{子代为 AA 型基因对}\} \\
&= P\{\text{子代为 AA 型基因对}\mid\text{母亲为 AA 型基因对}\}+P\{\text{子代为 AA 型基因对}\mid\text{母亲为 Aa 型基因对}\}+P\{\text{子代为 AA 型基因对}\mid\text{母亲为 aa 型基因对}\} \\
&= \left[x_1(n-1)+\frac{1}{2}x_2(n-1)\right]x_1(n-1)+\frac{1}{2}\left[x_1(n-1)+\frac{1}{2}x_2(n-1)\right]x_2(n-1)+0 \\
&= x_1^2(n-1)+x_1(n-1)x_2(n-1)+\frac{1}{4}x_2^2(n-1)
\end{aligned}
$$

同理可得

$$
\begin{aligned}
x_2(n) &= \left[\frac{1}{2}x_2(n-1)+x_3(n-1)\right]x_1(n-1)+\frac{1}{2}\left[x_1(n-1)+x_2(n-1)+x_3(n-1)\right]x_2(n-1)+\left[x_1(n-1)+\frac{1}{2}x_2(n-1)\right]x_3(n-1) \\
&= x_1(n-1)x_2(n-1)+2x_1(n-1)x_3(n-1)+x_2(n-1)x_3(n-1)+\frac{1}{2}x_2^2(n-1)
\end{aligned}
$$

$$
\begin{aligned}
x_3(n) &= \frac{1}{2}\left[\frac{1}{2}x_2(n-1)+x_3(n-1)\right]x_2(n-1)+\left[x_3(n-1)+\frac{1}{2}x_2(n-1)\right]x_3(n-1) \\
&= x_3^2(n-1)+x_2(n-1)x_3(n-1)+\frac{1}{4}x_2^2(n-1)
\end{aligned}
$$

从 $n=1$ 开始递推得

$$x_1(1)=a_0^2+a_0b_0+\frac{1}{4}b_0^2=\left(a_0+\frac{1}{2}b_0\right)^2=p^2$$

$$x_2(1)=a_0b_0+2a_0c_0+b_0c_0+\frac{1}{2}b_0^2=2\left(a_0+\frac{1}{2}b_0\right)\left(c_0+\frac{1}{2}b_0\right)=2pq$$

$$x_3(1)=c_0^2+b_0c_0+\frac{1}{4}b_0^2=\left(c_0+\frac{1}{2}b_0\right)^2=q^2$$

因为 $p^2+2pq+q^2=(p+q)^2=(a_0+b_0+c_0)^2$，故由式(5.3.3)知 $p^2+2pq+q^2=1$。进一步地有

$$x_1(2)=x_1^2(1)+x_1(1)x_2(1)+\frac{1}{4}x_2^2(1)$$

$$=(p^2)^2+p^2\cdot 2pq+\frac{1}{4}\cdot(2pq)^2=p^2(p^2+2pq+q^2)=p^2$$

$$x_2(2)=x_1(1)x_2(1)+2x_1(1)x_3(1)+x_2(1)x_3(1)+\frac{1}{2}x_2^2(1)$$

$$=p^2\cdot 2pq+2p^2q^2+2pq\cdot q^2+\frac{1}{2}\cdot(2pq)^2=2pq(p^2+2pq+q^2)=2pq$$

$$x_3(2)=x_3^2(1)+x_2(1)x_3(1)+\frac{1}{4}x_2^2(1)$$

$$=(q^2)^2+2pq\cdot q^2+\frac{1}{4}(2pq)^2=q^2(p^2+2pq+q^2)=q^2$$

可见，这个分布将保持下去，这表明不管初始一代基因类型分布如何，只要是从群体中随机选择的，那么以后各代的子女中基因的分布永远为 p^2、$2pq$、q^2，即正常人、隐性患者、显性患者在人口中所占的比例不变。

比较问题(1)与问题(2)，可知为了避免一些遗传病的发生，最好采用一些控制手段。

习 题

1. 求差分方程 $y_{t+1}-3y_t=2t$ 的通解。

2. 若银行定期 5 年存款的年利率为 2.5%，分别考虑单利、复利两种情况下 1 万元存 5 年后的本息。

3. 某学院的教育基金最初投资为 M，以后按年利率 r 连续复利增长。另外，每年在基金开息的周年日都要加新的资本，其速率为 A（单位为元/年），求 t 年后的累积金额。

4. 某种动物的最大生存年龄为 18 年，雌雄比为 1∶1，以 6 年为一间隔，把该动物分为三个年龄组，根据统计数据已知三个年龄组的繁殖率分别为 $b_1=0,b_2=4,b_3=3$；存活率分别为 $s_1=0.5,s_2=0.25,s_3=0$。现有三个年龄组的动物个数分别为 1000，2000，1000，求该动物在三年后的分布数量。

5. 求习题 4 中 $t\to+\infty$ 时，该动物种群按年龄组的分布向量。

6. 考虑习题 4 中该动物种群如何保持其持续稳定的收获？进一步地，若对该种群进行随机捕获，即各年龄组收获系数均相同，求此时收获系数以及相应的该种群及收获量按年龄组的稳定分布。

7. 一种植物的基因型为 AA、Aa 和 aa。研究人员采用将同种基因型的植物相结合的方法培育后代，开始时这三种基因型的植物所占的比例分别为 20%、30%、50%。问经过若干代培育后这三种基因型的植物所占的比例是多少？

8. 13 世纪初，意大利著名数学家斐波那契(Fibonacci)提出一个问题：有一对兔子，从出生后第 3 个月起每个月都生一对小兔子；小兔子长到第 3 个月后每个月又生一对小兔子。按此规律，假设兔子只繁殖且无死亡，第一个月有一对刚出生的小兔子，问第 n 个月有多少对兔子？

9. 设 $f(t)=t^2+2t-3$，$g(t)=3^t$，$h(t)=3^t-5\times 2^t+t^2-1$。计算 $\Delta f(t)$，$\Delta^2 f(t)$，$\Delta g(t)$，$\Delta^2 g(t)$，$\Delta h(t)$，$\Delta^2 h(t)$。

10. 对于斐波那契数列 $r_n = r_{n-1} + r_{n-2}$，证明 $r_{n+k} = r_{n-1} r_k + r_n r_{k+1}$，其中 n 和 k 为自然数，且 $n > 1$。证明 $\lim\limits_{n\to\infty} \dfrac{r_{n+1}}{r_n}$ 存在，并求其值。

11. 以 $\Delta t = 10$ 年作为一个时间间隔步长，若假设美国人口增长服从罗杰斯蒂克规律，建立美国人口的差分方程模型。

12. 上网查询了解虫口方程的倍周期分岔。

13. 幼儿园老师给小朋友分糖果，老师将 A 糖果盒里的一半分给第一个小朋友。接着从另一个糖果盒里抓了 4 颗糖果补充到 A 糖果盒，再将 A 糖果盒里的 1/3 分给第二个小朋友。之后老师都是先从别的糖果盒中抓 4 块糖补充到 A 糖果盒，再将 A 盒里糖果的 $1/(n+1)$ 分给第 n 个小朋友。当第 20 个小朋友分过后，A 糖果盒里余下 40 颗糖果，问每个小朋友分得的糖果数是多少颗?

14. n 个大小不一的圆盘依其半径大小套在 1 号桩上，小的在上，大的在下。现要将 n 个圆盘移到空的 2 号或 3 号桩上，但要求一次只能移动一个圆盘且移动过程中始终保持小的圆盘在上，大的圆盘在下，移动过程中 1 号桩也可以利用。设移动 n 个圆盘的次数为 t_n，试建立关于 t_n 的差分方程，并求其值。

第 6 章　概率模型

现实世界中，除了有确定的现象以外，还存在许多不确定的现象。例如，在抽奖活动中，参与者通常从一个包含多个号码或标签的容器中随机抽取一个号码。每个参与者都有一定的机会被选中，但无法确定哪个号码或标签会被抽到。类似的不确定现象还有很多，表面看来无法把握，但在其不确定的背后，一般隐藏着某种确定的统计规律。因此，建立随机性的数学模型就成为解决此类问题最有效的方法之一。引入随机变量描述这种不确定的因素，通常是对实际问题最恰当的描述。由此建立的数学模型称为随机模型——概率模型。

本章通过几个实例讨论，主要介绍如何用随机变量和概率分布来描述随机因素的影响，并建立比较简单的概率模型。

6.1　彩票中的数学

背景：目前流行的彩票主要有“传统型”和“乐透型”两种类型。“传统型”采用“10 选 6＋1”方案：先从 6 组 0～9 号球中摇出 6 个基本号码，每组摇出一个，然后从 0～4 号球中摇出一个特别号码，构成中奖号码。投注者从 0～9 十个号码中任选 6 个基本号码(可重复)，从 0～4 中选一个特别号码，构成一注，根据单注号码与中奖号码相符个数的多少以及顺序来确定中奖的等级，以中奖号码“abcdef＋g”为例说明中奖等级，如表 6.1.1 所示(X 表示未选中的号码)。

表 6.1.1　传统型彩票中奖情况

中奖等级	10 选　6＋1(6＋1/10)		
	基本号码	特别号码	说　明
一等奖	abcdef	g	选 7 中(6＋1)
二等奖	abcdef		选 7 中(6)
三等奖	abcdeX　Xbcdef		选 7 中(5)
四等奖	abcdXX　XbcdeX　XXcdef		选 7 中(4)
五等奖	abcXXX　XbcdXX　XXcdeX　XXXdef		选 7 中(3)
六等奖	abXXXX　XbcXXX　XXcdXX　XXXdeX　XXXXef		选 7 中(2)

“乐透型”有很多种不同的形式，比如“33 选 7”的方案：先从 01～33 个号码球中依次地摇出 7 个基本号，再从剩余的 26 个号码球中摇出一个特别号码。投注者从 01～33 个号码中任选 7 个组成一注(不可重复)，根据单注号码与中奖号码相符的个数多少确定相应的中奖等级，不考虑号码顺序。再如“36 选 6＋1”的方案，先从 01～36 个号码球中依次地摇出 6 个基本号，再从剩下的 30 个号码球中摇出一个特别号码。从 01～36 个号码中任选 7 个组成一注(不可

重复)，根据单注号码与中奖号码相符个数的多少确定相应的中奖等级，不考虑号码顺序。这两种方案的中奖等级如表 6.1.2 所示。

表 6.1.2　乐透型彩票中奖情况

中奖等级	33 选 7(7/33)			36 选 6+1(6+1/36)		
	基本号码	特别号码	说明	基本号码	特别号码	说明
一等奖	●●●●●●●		选 7 中(7)	●●●●●●	★	选 7 中(6+1)
二等奖	●●●●●●○	★	选 7 中(6+1)	●●●●●●		选 7 中(6)
三等奖	●●●●●●○		选 7 中(6)	●●●●●○	★	选 7 中(5+1)
四等奖	●●●●●○○	★	选 7 中(5+1)	●●●●●○		选 7 中(5)
五等奖	●●●●●○○		选 7 中(5)	●●●●○○	★	选 7 中(4+1)
六等奖	●●●●○○○	★	选 7 中(4+1)	●●●●○○		选 7 中(4)
七等奖	●●●●○○○		选 7 中(4)	●●●○○○	★	选 7 中(3+1)

注：●为选中的基本号码；★ 为选中的特别号码；○ 为未选中的号码。

以上两种类型的总奖金比例一般为总销售额的 50%，投注者单注金额为 2 元，单注若已得到高级别的奖就不再兼得低级别的奖。

问题：根据这些方案的实际情况，综合分析各种奖项出现的可能性。

分析与求解：

1. “传统型”采用“10 选 6+1”方案获各项奖的概率

先从 6 组 0～9 号球中摇出 6 个基本号码，每组摇出一个，然后从 0～4 号球中摇出一个特别号码，总共 5×10^6 种。

一等奖：abcdef+g 每位必须相同，只有 1 种，故

$$p_1=\frac{1}{5\times10^6}=2\times10^{-7}$$

二等奖：abcdef，前 6 位必须相同，后面有 4 种，故

$$p_2=\frac{4}{5\times10^6}=8\times10^{-7}$$

三等奖：abcdeX 前 5 位必须相同，第 6 位有 9 种，第 7 位有 5 种，Xbcdef 与 abcdeX 相同，故

$$p_3=\frac{2\times C_9^1}{10^6}=1.8\times10^{-5}$$

四等奖：abcdXX 前 4 位必须相同，第 5 位有 9 种，第 6 位有 10 种，第 7 位有 5 种；XbcdeX，第 1 位有 9 种，第 2、3、4、5 位必须相同，第 6 位有 9 种，第 7 位有 5 种，XXcdef 与 abcdXX 相同，故

$$p_4=\frac{2C_9^1C_{10}^1+C_9^1C_9^1}{10^6}=2.61\times10^{-4}$$

五等奖：abcXXX(XXXdef)前 3 位必须相同，第 4 位有 9 种，第 5、6 位有 10 种，第 7 位有 5

种；XbcdXX(XXcdeX)，第 1 位有 9 种，第 2、3、4 位必须相同，第 5 位有 9 种，第 6 位有 10 种，第 7 位有 5 种，故

$$p_5=\frac{2C_9^1C_{10}^1C_{10}^1+2C_9^1C_9^1C_{10}^1}{10^6}=3.42\times10^{-3}$$

六等奖：abXXXX(XXXXef)前 2 位必须相同，第 3 位有 9 种，第 4、5、6 位有 10 种，第 7 位有 5 种；XbcXXX(XXXdeX)，第 1 位有 9 种，第 2、3 位必须相同，第 4 位有 9 种，第 5、6 位有 10 种，第 7 位有 5 种；XXcdXX 第 1 位有 10 种，第 2 位有 9 种，第 3、4 位必须相同，第 5 位有 9 种，第 6 位有 10 种，第 7 位有 5 种。但这儿有重复：abXXXX 中包含 abCdeF、abCDef、abCdef，数量分别为 81、81、9；XbcXXX 中包含 AbcDef，数量为 81；XXXXef 中包含 abcDef，数量为 9，故

$$p_6=\frac{2\times C_9^1C_{10}^1C_{10}^1C_{10}^1+3\times C_9^1C_9^1C_{10}^1C_{10}^1-(3\times C_9^1\times C_9^1+2\times C_9^1)}{10^6}=4.1995\times10^{-2}$$

2."乐透型"彩票 33 选 7 获各项奖的概率

设共有 n 个号码球，选 m 个基本号码。把 n 个号码分为三类，基本号码 m 个，特别号码 1 个，其他号码 $n-m-1$ 个。

中一等奖的组合有 $C_m^m=1$，即从 m 个基本号码中选 m 个数。中一等奖的概率为

$$p_1=\frac{1}{C_n^m}$$

中二等奖的组合有 $C_m^{m-1}C_1^1=m$，即从 m 个基本号码中选 $m-1$ 个数，再从 1 个特别号码中选 1 个数。中二等奖的概率为

$$p_2=\frac{C_m^{m-1}}{C_n^m}$$

中三等奖的组合有

$$C_m^{m-1}C_{n-m-1}^1=m(n-m-1)$$

从 m 个基本号码中选 $m-1$ 个数，再从 $n-m-1$ 个其他号码中选 1 个数。中三等奖的概率为

$$p_3=\frac{C_m^{m-1}C_{n-(m+1)}^1}{C_n^m}$$

中四等奖的组合有

$$C_m^{m-2}C_{n-m-1}^1C_1^1=\frac{m(m-1)(n-m-1)}{2!}$$

从 m 个基本号码中选 $m-2$ 个数，再从 $n-m-1$ 个其他号码中选 1 个数，再从 1 个特别号码中选 1 个数。中四等奖的概率为

$$p_4=\frac{C_m^{m-2}C_{n-(m+1)}^1}{C_n^m}$$

中五等奖的组合有

$$C_m^{m-2}C_{n-m-1}^2=\frac{m(m-1)(n-m-1)(n-m-2)}{2!\cdot2!}$$

从 m 个基本号码中选 $m-2$ 个数，再从 $n-m-1$ 个其他号码中选 2 个数。中五等奖的概率为

$$p_5=\frac{C_m^{m-2}C_{n-(m+1)}^2}{C_n^m}$$

中六等奖的组合有

$$C_m^{m-3}C_{n-m-1}^2C_1^1=\frac{m(m-1)(m-2)(n-m-1)(n-m-2)}{3!\cdot 2!}$$

从 m 个基本号码中选 $m-3$ 个数，再从 $n-m-1$ 个其他号码中选 2 个数。再从 1 个特别号码中选 1 个数。中六等奖的概率为

$$p_6=\frac{C_m^{m-3}C_{n-(m+1)}^2}{C_n^m}$$

中七等奖的组合有

$$C_m^{m-3}C_{n-m-1}^3=\frac{m(m-1)(m-2)(n-m-1)(n-m-2)(n-m-3)}{3!\cdot 3!},$$

从 m 个基本号码中选 $m-3$ 个数，再从 $n-m-1$ 个其他号码中选 3 个数。中七等奖的概率为

$$p_7=\frac{C_m^{m-3}C_{n-(m+1)}^3}{C_n^m}$$

总的中奖概率为 0.022941，其中：

$$p_1=2.34080\times 10^{-7}$$
$$p_2=1.63856\times 10^{-6}$$
$$p_3=4.0964\times 10^{-5}$$
$$p_4=1.2289\times 10^{-4}$$
$$p_5=1.4747\times 10^{-3}$$
$$p_6=2.4578\times 10^{-3}$$
$$p_7=1.8843\times 10^{-2}$$

由分析计算结果可知：彩票中大奖的概率是非常小的，发行彩票是国家筹集资金的一种方法。彩民作为国家的纳税人，要有良好的心态，将购买彩票视作一项娱乐活动，是对社会公益事业作贡献，千万不可有投机的心理。

6.2　作弊行为的调查与估计

背景：社会调查中会遇到涉及个人隐私或利害关系的敏感问题，如是否考试作弊、赌博、偷税漏税等。即使采用无记名形式也很难消除被调查者的顾虑，极有可能拒绝回答或故意给出错误的回答，使得调查结果存在很大的误差。本模型以作弊行为的调查和估计为例，讨论如何设计敏感问题的调查方案和建立数学模型。

问题分析：

(1)调查目的是估计有过作弊行为的学生占比，不涉及具体哪些学生有过作弊行为，调查方案应保护被调查者的隐私，使被调查者能作出真实回答。

(2)让被调查者从包含是否有过作弊行为的若干问题中随机地用“是”或“否”回答其中某一问题。

(3)调查者只知道对全部问题回答“是”的有多少人，回答“否”的有多少人，根本不了解被调查者回答的是哪一个具体问题。

1. 正反问题选答的调查方案及数学模型

方案设计：以下两个正反问题供学生用是或否选答一个。

问题 A：你在考试中有过作弊行为，是吗？

问题 B：你在考试中从未有过作弊行为，是吗？

选答规则举例：准备一套 13 张同一花色的扑克牌，被调查者随机抽取一张，看后还原，如果抽取的是不超过 10 的牌，回答问题 A；如果抽取的是 J、Q、K，回答问题 B。每一学生选答问题 A、B 的概率分别为 $\frac{10}{13}$、$\frac{3}{13}$。

模型假设：

(1)调查共收回 n 张有效答卷，m 张回答是，$n-m$ 张回答否，比例 $\frac{m}{n}$ 为每一学生回答是的概率。

(2)每个被调查者选答问题 A 的概率为 $P(A)$，选答问题 B 的概率为 $P(B)$，$P(A)+P(B)=1$。

(3)被调查者对于选定的问题作真实回答——对问题 A 回答"是"的在选答问题 A 的学生中所占比例为作弊概率，对问题 B 回答"否"的在选答问题 B 的学生中所占比例也为作弊概率。

模型建立：事件 A 为选答问题 A，事件 B 为选答问题 B；事件 C 为回答"是"，事件 $\overline{C}$ 为回答"否"。假设(1)：$P(C)=\frac{m}{n}$；假设(2)：$P(B)=1-P(A)$；假设(3)：$P(C|A)=P(\overline{C}|B)=p$ ～学生作弊概率。

全概率公式：

$$P(C)=P(C|A)P(A)+P(C|B)P(B)=pP(A)+(1-p)[1-P(A)]$$

其中，学生作弊概率 $p=\frac{P(C)+P(A)-1}{2P(A)-1}$，$P(A)\neq\frac{1}{2}$；$P(C)=\frac{m}{n}$ 为回答"是"的概率，$P(A)$为选答问题 A 的概率。

算例：用抽扑克牌的办法决定选答问题 A 或 B，在 400 张有效答卷中有 112 张回答"是"。$P(C)=\frac{112}{400}$，$P(A)=\frac{10}{13}$，则 $p=0.091$。根据这个调查，约 9.1%的学生有过作弊行为。

上述模型是 1965 年由美国统计学家沃纳(Warner)提出的，称 Warner 模型。

两种极端情况：

(1)学生都作弊：对问题 A 都答"是"，对问题 B 都答"否"，则 m 张答"是"的答卷都来自选答问题 A 的学生，$P(C)=P(A)$，由 Warner 模型可得 $p=1$，与实际情况相符。

(2)学生无人作弊：对问题 A 都答"否"，对问题 B 都答"是"，则 m 张答"是"的答卷都来自选答问题 B 的学生，$P(C)=P(B)$，由 Warner 模型可得 $p=0$，与实际情况相符。

其次，当 $P(A)>\frac{1}{2}$，即选答问题 A 比选答问题 B 的人数多，若 $P(C)$变大，即回答"是"的概率增加，其中对问题 A 回答"是"占的比例大于对问题 B 回答"是"占的比例，所以学生作弊的概率 p 增加。当 $P(A)<\frac{1}{2}$ 时，选答问题 A 比选答问题 B 的人数少，若 $P(C)$变大，则学生作弊的概率 p 减小。

最后,从概率统计的观点考虑此问题,学生作弊的比例是一个确定的值,而由 Warner 模型确定的 p 是学生作弊概率的估计值,通常记作 $\hat{p}=\frac{P(C)+P(A)-1}{2P(A)-1}$,可以计算得到 $E(\hat{p})=p$,即 $\hat{p}$ 是 p 的无偏估计。所以可以多次调查,取其平均值作为作弊概率的最终近似值。而方差 $D(\hat{p})=\frac{P(C)[1-P(C)]}{[2P(A)-1]^2 n}$,被调查人数 n 越多,方差越小,调查结果精度越高。

$P(A)$越接近 $\frac{1}{2}$,方差越大,调查结果精度越低。

$P(A)$接近于 1 或 0,方差变小——但是让绝大多数人都回答问题 A 或 B,不利于调查的正常进行。一般建议 $P(A)$在 0.7～0.8 取值。

算例:$n=400$,$P(C)=\frac{112}{400}$,$P(A)=\frac{10}{13}$。

得 $\hat{p}=0.091$,$\sqrt{D(\hat{p})}=0.042$,标准差为 4.2%,有过作弊行为学生比例为 9.1%±8.4%(置信水平 95%)。

2. 无关问题选答的调查方案及数学模型

1)Warner 模型的缺陷

(1)问题 A 与 B 为同一个敏感性问题。

(2)选答问题 A 或 B 的人数比例不能等于或接近 $\frac{1}{2}$。

2)Warner 模型的改进——Simmons 模型

选答的两个问题互不相关,一个是要调查的敏感问题,另一个是与调查无关的非敏感问题。被调查者的合作态度得以提高。

方案设计与建模:学生作弊行为调查中问题 A 不变,B 设计为一个与 A 无关的问题。

问题 A:你在考试中有过作弊行为吗?

问题 B:你生日的月份是偶数吗?

选答规则与 Warner 模型相同,假设(1)、(2)与 Warner 模型相同:$P(C)=\frac{m}{n}$,$P(B)=1-P(A)$。

全概率公式:

$$P(C)=P(C|A)P(A)+P(C|B)P(B)$$

其中,$P(C|A)=p'$ 为学生作弊概率;$P(C|B)=p_0$,能够事先确定,问题 B:$p_0=\frac{1}{2}$。$P(C)=p'P(A)+p_0[1-P(A)]$,$p'=\frac{P(C)+p_0[P(A)-1]}{P(A)}$

概率统计观点:

p' 为学生作弊概率的真值;$\hat{p}'=\frac{P(C)+p_0[P(A)-1]}{P(A)}$为作弊概率估计值(随机变量);$E(\hat{p}')=p'$,$\hat{p}'$是 p 的无偏估计;$D(\hat{p}')=\frac{P(C)[1-P(C)]}{[P(A)]^2 n}$,被调查人数 n 越多,方差越小,

调查结果精度越高。

$P(A)$越大，方差越小——但是$P(A)$太大，让大多数人都回答问题A，显然不合适。

算例：在400张有效答卷中有80张回答"是"，选答问题规则与Warner模型相同：$n=400, P(C)=\frac{80}{400}, P(A)=\frac{10}{13}, p_0=\frac{1}{2}$。

得$\hat{p}'=0.11, \sqrt{D(\hat{p})'}=0.026$，有过作弊行为学生比例为$11\%\pm5.2\%$（置信水平95%）。

6.3 报童的策略

背景：报童每一天从报社买入报纸进行零售，晚上将没有卖完的报纸退回。每份报纸的买入价为b，售卖价为a，退回价为c，$a>b>c$。报童卖出一份报纸挣$a-b$，退回一份报纸赔$b-c$。报童如果每天买入的报纸太少，不够卖时会少挣钱；如果买的太多卖不完时会赔钱。试为报童筹划每天应如何确定买入的报纸数，使得收益最大。

分析与求解：报童应该根据需求量来确定买入量，且需求量是随机的，所以这是一个风险决策问题。假定报童已经通过自己每一天零售的经验或其他渠道掌握了需求量的概率分布规律，即在他销售范围内每一天报纸的需求量为r份的概率是$f(r)$，其中$r=0,1,2,\cdots$，有了题目中的a、b、c和概率$f(r)$后，就可以建立关于买入量的优化模型了。

若每天买入量为n份，因为需求量r是随机的，r与n关系就可能是等于、小于或大于，这就导致报童每一天的收入也是随机的，因此作为优化模型的目标函数，不能是报童每一天的收入函数，而应是他长期卖报的日平均收入。以概率论大数定律来看，这就是报童每天收入的期望值，以下称它为平均收入。

记报童每一天买入n份报纸时的平均收入为$G(n)$，如果这天的需求量$r\leqslant n$，则他售出r份，退回$n-r$份；如果这天的需求量$r>n$，则将n份全部售出。考虑到需求量为r的概率函数是$f(r)$，所以

$$G(n)=\sum_{r=0}^{n}[(a-b)r-(b-c)(n-r)]f(r)+\sum_{r=n+1}^{\infty}(a-b)nf(r) \qquad (6.3.1)$$

因此，当a、b、c和$f(r)$已知时，要求n使$G(n)$最大。

通常需求量r的取值和买入量n都比较大，将r视为连续变量容易分析与计算，这时概率函数$f(r)$转化为概率密度函数$p(r)$，式(6.3.1)变为

$$G(n)=\int_0^n[(a-b)r-(b-c)(n-r)]p(r)\mathrm{d}r+\int_n^{\infty}(a-b)np(r)\mathrm{d}r \qquad (6.3.2)$$

在式(6.3.2)中，$p(r)$是需求量的概率密度函数。要求$G(n)$的最大值，计算$G(n)$的导数

$$\frac{\mathrm{d}G(n)}{\mathrm{d}n}=(a-b)np(n)-\int_0^n(b-c)p(r)\mathrm{d}r-(a-b)np(n)+\int_n^{\infty}(a-b)p(r)\mathrm{d}r$$

$$=-(b-c)\int_0^n p(r)\mathrm{d}r+(a-b)\int_n^{\infty}p(r)\mathrm{d}r$$

令$\frac{\mathrm{d}G(n)}{\mathrm{d}n}=0$，得到

$$\frac{\int_0^n p(r)\mathrm{d}r}{\int_n^\infty p(r)\mathrm{d}r}=\frac{a-b}{b-c} \tag{6.3.3}$$

由于概率密度函数 $p(r)$ 满足 $\int_0^\infty p(r)\mathrm{d}r=1$，故式(6.3.3)也可表示为

$$\int_0^n p(r)\mathrm{d}r=\frac{a-b}{a-c} \tag{6.3.4}$$

当已知需求量的概率密度函数 $p(r)$ 时，由式(6.3.3)或式(6.3.4)就可以确定最优的买入量。在式(6.3.4)中，$\int_0^n p(r)\mathrm{d}r$ 是需求量 r 小于等于 n 的概率，也即买入 n 份报纸时全部卖出的概率。所以式(6.3.4)表明，报童应买入的数量 n 应该是卖不完与全部卖出的概率之比。因此，当报童与报社签约使其每份赚钱与赔钱的比越大时，报童买入的数量就应该越多。

举例：报童的策略(利用MATLAB仿真)。

报童每一天早上从报社买入报纸零售，晚上将没有售完的报纸退回。每份报纸的买入价为 1.3 元，零卖价为 2 元，退回价为 0.2 元。报童卖出一份报纸赚 0.7 元，退回一份报纸赔出 1.1 元。报童每一天若买入的报纸太少，不够卖时会少挣钱，如果买的太多售不完时就要赔钱。试着给报童筹划每一天要如何确定买入的报纸数量，使收益最大。报纸每一捆 10 张，只整捆售卖，报纸的新闻日可分为好、一般、差 3 种类型，其概率分别为 0.35、0.45 和 0.2，每天对报纸的需求分布的统计结果如表 6.3.1 所示。

表 6.3.1　新闻日中每天对报纸的需求分布

需求量	好新闻的需求概率	一般新闻的需求概率	差新闻的需求概率
40	0.03	0.10	0.44
50	0.05	0.18	0.22
60	0.15	0.40	0.16
70	0.20	0.20	0.12
80	0.35	0.08	0.06
90	0.15	0.04	0.00
100	0.07	0.00	0.00

问题：试确定每一天报童应该订购的报纸数。

分析与求解：通过 MATLAB 仿真解决问题，最优策略应该是使每一天的利润最高的策略：

利润＝销售收入－报纸成本－损失＋残值

这是一个随机现象的仿真问题，所以先确定各种情况的随机数的对应关系。新闻日和需求量对应的随机数分别如表 6.3.2 和表 6.3.3 所示。

表 6.3.2　新闻日对应的随机数

新闻种类	出现概率	对应的随机数区间
好新闻	0.35	(0.00,0.35)
一般新闻	0.45	[0.35,0.80)
差新闻	0.20	[0.80,1.00)

表 6.3.3 需求量对应的随机数

需求量	好新闻的随机	一般新闻的随机	差新闻的随机
40	(0.00,0.03]	(0.00,0.10]	(0.00,0.44]
50	[0.03,0.08)	[0.10,0.28)	[0.44,0.66)
60	[0.08,0.23)	[0.28,0.68)	[0.80,1.00)
70	[0.23,0.43)	[0.68,0.88)	[0.80,1.00)
80	[0.43,0.78)	[0.88,0.96)	[0.80,1.00)
90	[0.78,0.93)	[0.96,1.00)	[0.80,1.00)
100	[0.93,1.00]	[0.80,1.00]	[0.80,1.00]

MATLAB 仿真的流程：

(1)让每天的报纸订购数量变化，从 40 到 100；

(2)令时间从 1 起始变化(循环)到 360；

(3)以新闻种类产生的随机数，来确定当天的新闻类型；

(4)以产生需求量随机数，来确定当天的报纸需求数量；

(5)计算出当天的收入，并计算累积利润；

(6)最终得出最优订货数量。

由 MATLAB 编程计算来实现。

```
x1=rand(365,1);
x2=rand(365,1);
for n=4:10
    paper=n*10;
    sb(n)=0;
    fori=1:365
        if x1(i)<0.35
            if x2(i)<0.03
              news=40;
            elseif x2(i)<0.08
              news=50;
            elseif x2(i)<0.23
              news=60;
            elseif x2(i)<0.43
              news=70;
            elseif x2(i)<0.78
              news=80;
            elseif x2(i)<0.93
              news=90;
            else
```

```
            news=100;
          end
          elseif x1(i)<0.8
          if x2(i)<0.10
            news=40;
          elseif x2(i)<0.28
            news=50;
          elseif x2(i)<0.68
            news=60;
          elseif x2(i)<0.88
            news=70;
          elseif x2(i)<0.96
            news=80;
          else
            news=90;
          end
      else
          if x2(i)<0.44
            news=40;
          elseif x2(i)<0.66
            news=50;
          elseif x2(i)<0.82
            news=60;
          elseif x2(i)<0.94
            news=70;
          else
            news=80;
          end
      end
      if paper>=news
          sale=news;
          remand=paper-news;
      else
          sale=paper;
          remand=0;
      end
      sb(n)=sb(n)+2*sale-1.3*paper+0.2*remand;
  end
end
```

```
optnews=40;
optmoney=sb(4);
[40,sb(4)/365]
for n=5:10
    if sb(n)>=optmoney
        optnews=n*10;
        optmoney=sb(n);
    end
    [n,sb(n)/365]
end
[optnews,optmoney,optmoney/365]
```

经过 MATLAB 仿真后得到

```
ans =1.0e+004
0.0060    1.2324    0.0034
```

即最优购货数量是每天 60 份,日均利润 34 元。

习 题

1. 赌博问题:均匀正方体骰子的六个面分别是 1、2、3、4、5、6 的字样,将一对骰子抛 25 次决定输赢。问将赌注压在"至少出现一次双一"或"完全不出现双一"哪一种上面有利?

2. 为克服 Warner 模型中正反两个问题都是敏感问题的缺点,改为如下方案:制作 3 种卡片,各种卡片数量随机。第一种:如果作弊回答"1",如果未作弊回答"0"。第二种:直接回答"0"。第三种:直接回答"1"。充分混合放入盒中,3 种卡片比例分别为 p_1、p_2、p_3,且 $p_1+p_2+p_3=1$。让学生从盒中任意抽取一张卡片,如实回答并放回。如果学生的数量为 200,回答"1"的数量为 70,3 种卡片比例分别为 0.5、0.2、0.3,建立模型估计作弊学生比例。

3. 报童策略:报童每一天从邮局订购一种报纸,沿街叫卖。已知每 100 份报纸,报童全部卖出可获利 7 元。如果当天售不完,第二天降价可以全部售完,这种情况下报童每 100 份报纸要赔 4 元。若将报童每一天售出的报纸数 x 看作随机变量,概率分布如下表所示,问报童每一天订购多少份报纸利润最高?

售出报纸数/百份	0	1	2	3	4	5
概率	0.05	0.1	0.25	0.35	0.15	0.1

第 7 章　SPSS 及其应用

本章主要介绍 SPSS 的基本功能与统计方法的选择。主要包括 SPSS 简介、一元正态总体均值差异的显著性检验和判别分析等。

7.1　SPSS 简介

7.1.1　SPSS 的主要功能

SPSS(statistical package for the social sciences,社会科学统计软件包),它是美国斯坦福大学三位研究生于 20 世纪 60 年代末开发研制的。经过长足发展,SPSS 以其用户友好性、丰富的统计方法、强大的数据处理能力以及图形化展示功能,成为社会科学领域广泛使用的统计分析软件之一。

7.1.1.1　SPSS 的主要菜单

在 SPSS 中,菜单栏有十项,如图 7.1.1 所示。

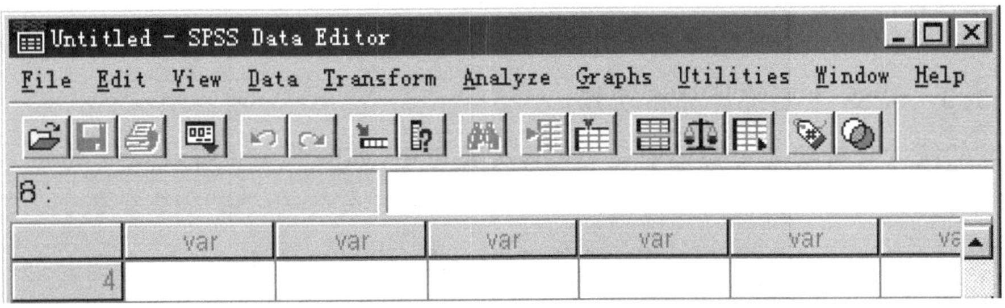

图 7.1.1　SPSS 13.0 中的主菜单

File:文件操作。完成文件的打开、新建、保存、打印和关闭等操作。

Edit:义件编辑。完成文本或数据内容的选择、复制、剪贴、查找和替换等操作。

View:浏览编辑。完成文本或数据内容的状态栏、工具栏、字体栏、网格线和数值标签等功能的操作。

Data:数据管理。完成数据变量名称和格式的定义,数据资料的选择、排序、加权,数据文件的转换、连接和汇总等操作。

Transform:数据转换处理菜单。完成数据的计算、重新编码和缺失值替代、产生随机数等操作。

Analyze:数据分析。完成基本统计分析、均值比较、相关分析、回归分析、聚类分析、因子分析、对应分析等一系列统计分析方法的选择与应用。

Graphs:制作统计图形。完成条形图、饼形图、直方图、散点图等统计图形的制作与编辑。

Utilities:实用程序。完成有关命令解释、字体选择、文件信息、定义输出标题和窗口设计等。

Window:窗口控制。可进行窗口的排列、选择和显示等。

Help:帮助。通过点击主菜单选项可以激活菜单,在弹出的下拉菜单中根据需要再点击子菜单的选项,来完成任务。

7.1.1.2 SPSS 数据编辑主窗口

SPSS 数据编辑主窗口由六部分构成,分别是标题栏、菜单栏、工具栏、数据编辑区、数据显示区域、状态栏组成,如图 7.1.2 所示。

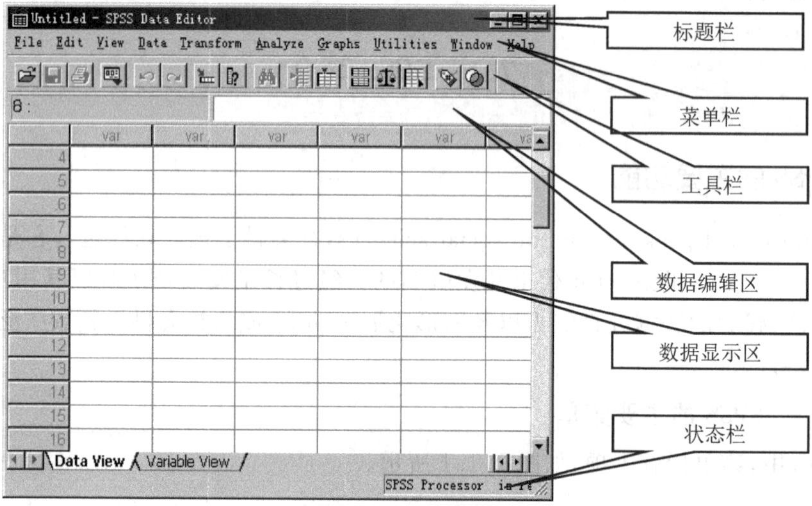

图 7.1.2 SPSS 13.0 中的数据编辑窗口

7.1.1.3 SPSS 主要统计分析功能

SPSS 的统计分析功能主要集中在 Analyze 菜单中,如图 7.1.3 所示。

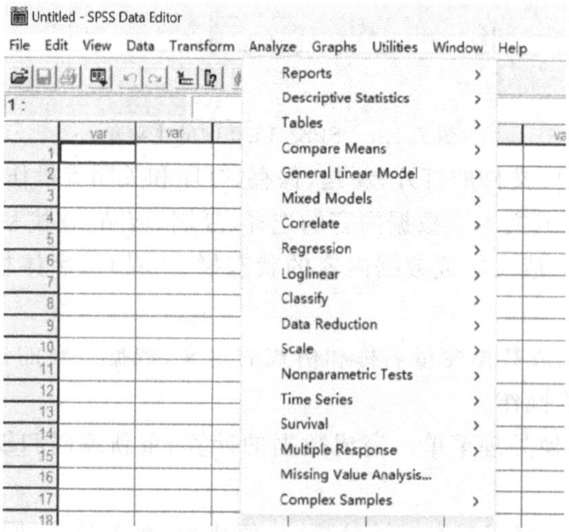

图 7.1.3 SPSS 13.0 中的 Analyze 菜单

Analyze 主要子菜单简介如表 7.1.1 所示。

表 7.1.1 Analyze 主要子菜单

子菜单名称	中文名称	功能介绍
Reports	统计报表	制表、汇总
Descriptive Statistics	描述统计	进行描述性统计
Tables	表格	卡方检验
Compare Means	均值比较	平均值差异比较
GeneralLinear Model	一般线性模型	方差分析
Correlate	相关分析	关联分析
Regression	回归分析	预测
Loglinear	对数线性分析	预测
Classify	聚类分析	分类、降维
Data Reduction	数据简化分析	降维
Time Series	时间序列分析	趋势分析

7.1.2 在 SPSS 中建立数据文件

7.1.2.1 新建数据文件

按"File→New"顺序，可打开一个新的数据文件编辑窗口。对新的变量进行定义，在编辑窗口下，单击"Variable View"(变量视图)按钮，在"Variable View"编辑窗口中(见图 7.1.4)，可以对变量进行定义。

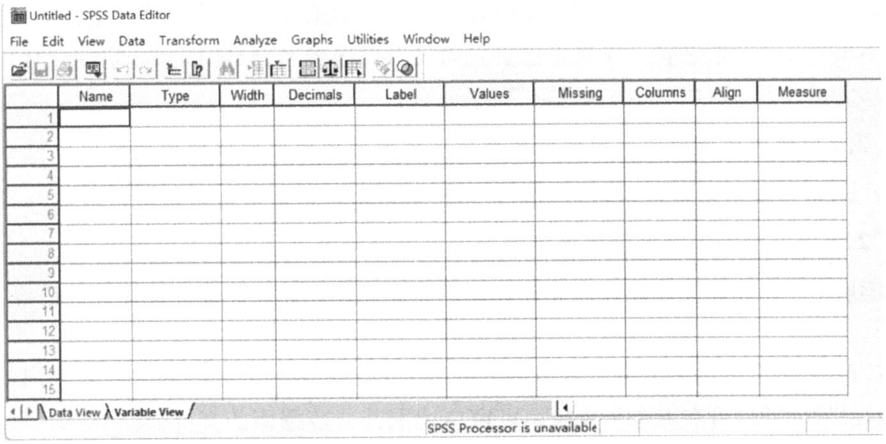

图 7.1.4 SPSS13.0 中的 Variable View 窗口

单击"Variable View"标签，定义变量。每一个变量须定义如下属性：Name，Type，Width，Decimals，Label，Values，Missing，Columns，Align，Measure。

Name：变量名称，其总长度不能超过 64 个字符(32 个汉字)。定义变量名应注意：

(1)以字母为首，后面跟 A～Z，0～9 字符。

(2)不允许以数字、横线或下划线开头。

(3)“?”“!”“/”等不能作为变量名。

(4)可以用汉字作变量名。

Type：变量类型，单击变量类型，弹出“Variable Type”对话框，有 8 种类型可供选择：Numeric，Comma，Dot，Scientific notation，Dollar，Date，String，Custom Currency。

Width：数据或字符串的宽度，默认的变量长度是 8 位。当变量为某些特定类型时，该设置无效，如日期型变量。

Decimals：小数位数。默认的小数位数是 2 位。

Label：变量标签，用来说明变量代表的实际意义。

Values：变量值标签，对变量可能取值附加的进一步说明。对分类变量往往要定义其取值的标签。

Missing：缺失值，单击“Missing”按钮有如下选项。

(1) No Missing Values：没有缺失值。

(2) Discrete Missing Values：离散缺失值。

(3) Range Plus One Optional Discrete Miss：定义缺失值范围。

Columns：显示数据的宽度。定义显示在屏幕上该变量对应列的列宽。默认值为 8 个字符，范围是 1～255。显示宽度不影响机内值和分析运算结果，只影响显示。

Align：字符排列方向。

Measure：数据测量类型，是指变量是如何测量的，可有 3 种选择。

(1) Scale：尺度变量(连续变量)，是默认的类型，即使用距离或比率量尺测量的数据。Scale 可以是数值型、日期型和货币型变量，但不能是字符串型变量。例如，身高和体重。

(2) Ordinal：顺序变量，是指变量之间的顺序有实际意义，但没有距离关系。顺序变量可以用有序的数字作为代码，设置了值标签的变量被认为是有序的分类变量，可以作为分组变量，也可以参与某些分析过程的运算。Ordinal 可以是数值型和字符串型变量。

(3) Nominal：分类变量。分类变量值之间没有顺序关系，只能作为分组变量使用。Nominal 与 Ordinal 一样，只是不要求变量有次序关系。

7.1.2.2 数据的输入

单击“Data View”标签，从数据编辑器中输入数据。

7.1.2.3 在 SPSS 中读取数据文件

(1)读取 SPSS 数据文件。按“File→Open→Data”的顺序，可选择打开一个已经存在的数据文件。

(2)读取其他类型数据文件。按“File→Open Database→New Query”顺序，打开“Database Wizard”对话框，可在 SPSS 数据编辑窗口读取其他数据库的文件。

(3)读取文本数据文件。按“File→Read Text Data”顺序，可在 SPSS 数据编辑窗口读取文本数据文件。

7.1.3　在 SPSS 中合并数据文件

7.1.3.1　横向合并数据文件

(1)打开第一个数据文件。

(2)点击菜单"Data→Merge File→Add Variables"。

(3)单击"OK"按钮。

7.1.3.2　纵向合并数据文件

纵向合并数据文件就是将一份数据按观测量分成几部分,然后分别输入数据并存储为几个较小的 SPSS 观测量数据文件,最后将这几个观测量数据文件中的数据上下对接,进行纵向合并。SPSS 纵向合并数据文件的操作过程如下。

(1)打开第一个数据文件。

(2)单击菜单"Data→Merge File→Add Cases"。

(3)若要求合并后的数据能看出来自哪个数据文件,可以选"Indicate Case Source as Variable"项,操作同横向合并数据文件。

(4) 单击"OK"按钮。

7.2　一元正态总体均值差异的显著性检验

7.2.1　单样本 t 检验

当从正态总体中抽取的一个样本均值为已知正态总体均值 μ_0,总体方差 σ^2 未知,进行均值间差异的假设检验时,可以利用 SPSS 中的单样本 t 检验完成。此时,原假设为

$$H_0:\mu=\mu_0, H_1:\mu\neq\mu_0$$

由于 σ^2 未知,故用 $S^2=\dfrac{\sum(X-\bar{X})^2}{n-1}$ 代替 σ^2,当 H_0 成立时,则统计量为

$$T=\frac{x-\mu_0}{S/\sqrt{n}}\sim t(n-1)$$

当 $P(H_0)<0.05$ 时,拒绝 H_0,否则就接受 H_0。

例 7.2.1　钢厂用某钢生产一种钢筋,钢筋的强度 X 服从正态分布,已知 $\mu_0=52.00$ kg/mm^2,改变炼钢的配方,采用新方法炼了 10 炉钢,从由它生产的钢筋中每炉随机抽取一根,测量得每根钢筋的强度为:53.21,49.78,57.32,52.33,50.21,54.55,53.78,52.44,55.11,53.32,试分析用新方法炼钢后钢筋的强度是否提高?

解　(1)在 SPSS 数据编辑窗口建立数据文件。

(2)按"Analyze→Compare Means→One Sample T Test"顺序,见图 7.2.1。

(3)选择检验变量:在左侧变量源框中选定强度,并移入检验变量中,在检验值中输入已知的总体均值 52。

(4)单击"确定"按钮,即得到输出结果,见表 7.2.1、表 7.2.2。

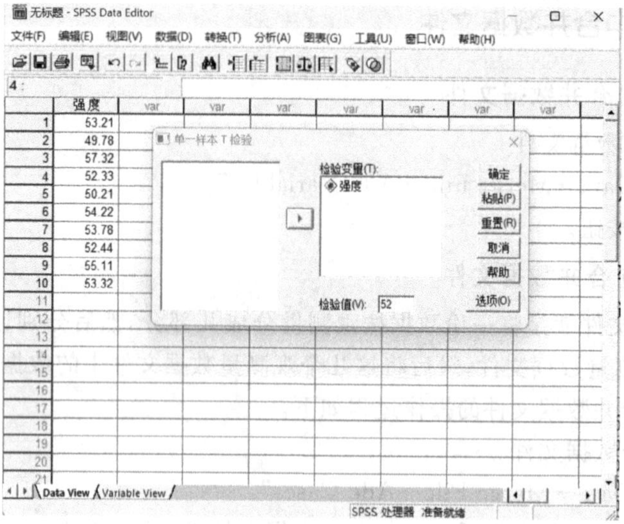

图 7.2.1　SPSS 13.0 中的单样本 t 检验对话框

表 7.2.1　强度的描述统计

项目	N	平均值	标准差	标准误差
强度	10	53.1720	2.21050	0.69902

表 7.2.2　t 检验结果

<table>
<tr><th rowspan="3">项目</th><th colspan="6">总体均值</th></tr>
<tr><th rowspan="2">t</th><th rowspan="2">自由度</th><th rowspan="2">统计量的概率</th><th rowspan="2">平均值之间的差值</th><th colspan="2">95%置信区间</th></tr>
<tr><th>下限</th><th>上限</th></tr>
<tr><td>强度</td><td>1.677</td><td>9</td><td>0.128</td><td>1.17200</td><td>−0.4093</td><td>2.7533</td></tr>
</table>

(5)结果分析:表 7.2.1 中,表示待测的有 10 个观测值,它们的平均值为 53.1720,标准差为 2.21050,标准误差为 0.69902。表 7.2.2 中,t 检验的结果依次是:t 值为 1.677,自由度为 9,在钢筋的强度等于 52 的原假设下,出现目前统计量的概率为 0.128,平均值之间的差值为 1.1720,95%置信区间的下限是−0.4093,上限是 2.7533。

(6)结论:因为 $P=0.128>0.05$,所以没有证据拒绝原假设,即新法炼钢后钢筋的强度与原来没有显著区别。

7.2.2　配对样本 t 检验

设 (X_i,Y_i) 分别是从两个相关正态总体中抽出的两个成对出现的样本,用两个成对数据之间的差值 $d_i=x_i-y_i$ 构成一个新样本 D,d_i 服从正态分布。当两个正态总体均值不存在显著差异时,问题就转化为检验新样本的均值 $\bar{d}$ 是否服从 $\mu_0=0$ 的正态总体。假设为

$$H_0:\bar{d}=\mu_0=0,H_1:\bar{d}\neq\mu_0=0$$

在 H_0 为真的前提下,统计量 $T=\dfrac{\bar{d}-\mu_0}{S/\sqrt{n}}=\dfrac{S/\sqrt{n}}{}\sim t(n-1)$,当 $P(H_0)<0.05$ 时,拒

绝 H_0。

例 7.2.2 从某校男生中随机抽取 15 名学生，每天进行 1 h 的中长跑训练，测得他们参加训练前和训练一年后的晨脉数据如下：

训练前：70，76，72，63，63，66，68，72，65，65，75，66，76，68，70；

训练后：52，54，60，64，50，55，62，55，51，58，56，58，64，56，58。

试问训练前后的晨脉是否有显著性差异？

解 (1)在 SPSS 数据编辑窗口建立数据文件；

(2)进行数据的正态性检验，按"Analyze→Descriptive Statistics→Explore"顺序，见图 7.2.2。

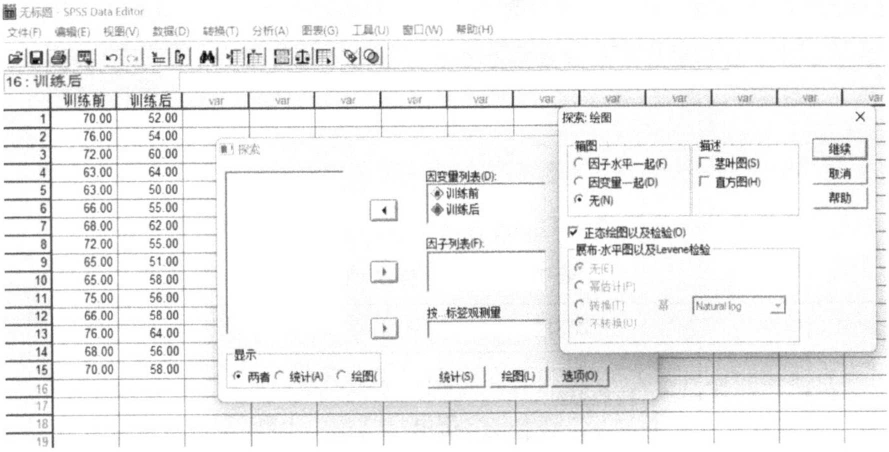

图 7.2.2 SPSS 13.0 中的数据的正态性检验窗口

(3)单击"确定"按钮，得到表 7.2.3 所示的结果。

表 7.2.3 SPSS 13.0 中的数据的正态性检验

项目	Kolmogorov-Smirnov（科尔莫戈罗夫-斯米尔诺夫）[a]			Shapiro-Wilk（夏皮罗-维尔克）		
	数据	自由度	极端值概率	数据	自由度	极端值概率
训练前	0.150	15	0.200*	0.927	15	0.247
训练后	0.130	15	0.200*	0.957	15	0.639

*：这是真正意义的下边界。

[a]：Lilliefors（里尔福斯）显著性修正。

(4)从表 7.2.3 中可知，在训练前后变量服从正态分布的假设下，出现统计量的极端值的概率均大于 0.200 也大于 0.05，即训练前后晨脉均服从正态分布的假设。

(5)进行配对样本 t 检验，按"Analyze→Compare Means→Paired-Samples T Tests"顺序，打开配对 t 检验对话框，见图 7.2.3。

(6)单击"确定"按钮，得到输出结果，见表 7.2.4。

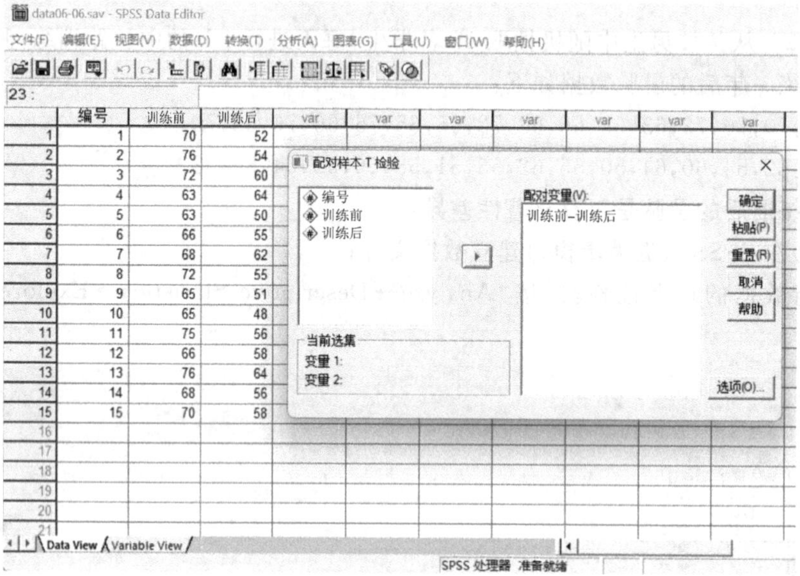

图 7.2.3　SPSS 13.0 中的配对样本 t 检验

表 7.2.4　配对样本 t 检验

项目	配对差异					t	自由度	极端值概率
	平均值	标准差	标准误差	95% 置信区间				
				下限	上限			
训练前-训练后	12.133	5.743	1.483	8.953	15.314	8.183	14	0.000

(7)结果分析:表 7.2.4 给出了配对样本 t 检验的结果。从左到右依次是平均值 12.133,标准差 5.743,标准误差 1.483,95%的置信区间的下限 8.953,上限 15.314,t 值 8.183,自由度 14,在训练前后晨脉均值相等的假设下,出现极端值的概率为 0.000。由于 $P=0.000<0.05$,故拒绝原假设,从而认为训练前后晨脉均值间差异有统计上的显著意义,即说明训练对心功能有益处。

7.3　判别分析

我们在日常生活和工作实践中,常常会遇到判别分析问题,即根据历史上划分类别的有关资料和某种最优准则,确定一种判别方法,判定一个新的样本归属哪一类。例如,某医院有部分患有肺炎、肝炎、冠心病、糖尿病等病人的资料,记录了每个患者若干项症状指标数据。现在想利用现有的这些资料找出一种方法,使得对于一个新的病人,当测得这些症状指标数据时,能够判定其患有哪种病。又如,在天气预报中,有一段较长时间关于某地区每天气象的记录资料(晴阴雨、气温、气压、湿度等),现在想建立一种用连续五天的气象资料来预报第六天是什么天气的方法。这些问题都可以应用判别分析方法予以解决。

把这类问题用数学语言来表达,可以叙述如下:设有 n 个样本,对每个样本测得 p 项指标

（变量）的数据，已知每个样本属于 k 个类别（或总体）$G_1, G_2, \cdots, G_k$ 中的某一类，且它们的分布函数分别为 $F_1(x), F_2(x), \cdots, F_k(x)$。希望利用这些数据，找出一种判别函数，使得这一函数具有某种最优性质，能把属于不同类别的样本点尽可能地区别开来，并对测得同样 p 项指标（变量）数据的一个新样本，能判定该样本归属于哪一类。

判别分析内容很丰富，方法很多。判断分析按判别的总体数来区分，有两个总体判别和多总体判别；按区分不同总体所用的数学模型来分，有线性判别和非线性判别；按判别时所处理的变量方法不同，有逐步判别和序贯判别等。判别分析可以从不同角度提出问题，因此有不同的判别准则，如马氏距离最小准则、Fisher（费希尔）准则、平均损失最小准则、最小平方准则、最大似然准则、最大概率准则等等，按判别准则的不同又提出多种判别方法。本章仅介绍常用的几种判别分析方法：距离判别法、费希尔判别法、贝叶斯判别法和逐步判别法。

7.3.1 距离判别法

7.3.1.1 马氏距离的概念

设 p 维欧氏空间 $\mathbf{R}^p$ 中的两点 $\boldsymbol{X}=(X_1, X_2, \cdots, X_p)'$ 和 $\boldsymbol{Y}=(Y_1, Y_2, \cdots, Y_p)'$，通常我们所说的两点之间的距离，是指欧氏距离，即

$$d^2(\boldsymbol{X}, \boldsymbol{Y}) = (X_1 - Y_1)^2 + \cdots + (X_p - Y_p)^2 \tag{7.3.1}$$

在解决实际问题时，特别是针对多元数据的分析问题，欧氏距离就显示出了它的薄弱环节。

(1)设有两个正态总体，$X \sim N(\mu_1, \sigma^2)$ 和 $Y \sim N(\mu_2, 4\sigma^2)$，现有一个样品位于如图 7.3.1 所示的 A 点，距总体 X 的中心 2σ 远，距总体 Y 的中心 3σ 远，那么，A 点处的样品到底离哪一个总体近呢？若按欧氏距离来量度，A 点离总体 X 要比离总体 Y“近一些”。但是，从概率的角度看，A 点位于 μ_1 右侧的 $2\sigma_x$ 处，而位于 μ_2 左侧 $1.5\sigma_y$ 处，应该认为 A 点离总体 Y“近一些”。显然，后一种量度更合理些。

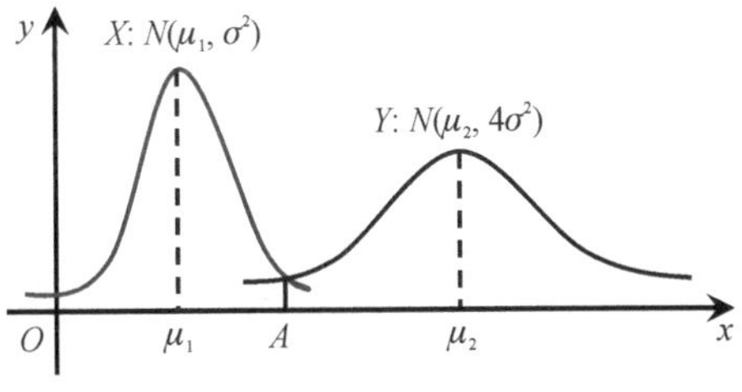

图 7.3.1　两个正态分布图

(2)设有量度重量和长度的两个变量 X 与 Y，以单位分别为 kg 和 cm 得到样本 $A(0,5)$，$B(10,0)$，$C(1,0)$，$D(0,10)$。今按照欧氏距离计算，有

$$AB = \sqrt{10^2 + 5^2} = \sqrt{125}, \ CD = \sqrt{1^2 + 10^2} = \sqrt{101}$$

如果将长度单位变为 mm，有

$$AB = \sqrt{10^2 + 50^2} = \sqrt{2600}, \ CD = \sqrt{1^2 + 100^2} = \sqrt{10001}$$

量纲的变化，将影响欧氏距离计算的结果。

为此，引入一种由印度著名统计学家马哈拉诺比斯（Mahalanobis）1936 年提出的“马氏距离”的概念。

设 $\boldsymbol{X}$ 和 $\boldsymbol{Y}$ 是来自均值为 $\boldsymbol{\mu}$、协方差为 $\boldsymbol{\Sigma}(>0)$ 的总体 $\boldsymbol{G}$ 中的 p 维样本，则总体 $\boldsymbol{G}$ 内两点

$\boldsymbol{X}$ 与 $\boldsymbol{Y}$ 之间的马氏距离定义为

$$D^2(\boldsymbol{X},\boldsymbol{Y})=(\boldsymbol{X}-\boldsymbol{Y})'\boldsymbol{\Sigma}^{-1}(\boldsymbol{X}-\boldsymbol{Y}) \tag{7.3.2}$$

定义点 $\boldsymbol{X}$ 到总体 $\boldsymbol{G}$ 的马氏距离为

$$D^2(\boldsymbol{X},\boldsymbol{G})=(\boldsymbol{X}-\boldsymbol{\mu})'\boldsymbol{\Sigma}^{-1}(\boldsymbol{X}-\boldsymbol{\mu}) \tag{7.3.3}$$

这里应该注意到，当 $\boldsymbol{\Sigma}=\boldsymbol{I}$（单位矩阵）时，即为欧氏距离的情形。

7.3.1.2　距离判别的思想及方法

两个总体的距离判别问题：设有协方差矩阵 $\boldsymbol{\Sigma}$ 相等的两个总体 $\boldsymbol{G}_1$ 和 $\boldsymbol{G}_2$，其均值分别是 $\boldsymbol{\mu}_1$ 和 $\boldsymbol{\mu}_2$，对于一个新的样品 $\boldsymbol{X}$，要判断它来自哪个总体。

一般的想法是计算新样品 $\boldsymbol{X}$ 到两个总体的马氏距离 $D^2(\boldsymbol{X},\boldsymbol{G}_1)$ 和 $D^2(\boldsymbol{X},\boldsymbol{G}_2)$，并按照如下的判别规则进行判断：

$$\begin{cases}\boldsymbol{X}\in \boldsymbol{G}_1 & \text{如果 } D^2(\boldsymbol{X},\boldsymbol{G}_1)\leqslant D^2(\boldsymbol{X},\boldsymbol{G}_2)\\ \boldsymbol{X}\in \boldsymbol{G}_2 & \text{如果 } D^2(\boldsymbol{X},\boldsymbol{G}_1)> D^2(\boldsymbol{X},\boldsymbol{G}_2)\end{cases} \tag{7.3.4}$$

这个判别规则的等价描述为：求新样品 $\boldsymbol{X}$ 到 $\boldsymbol{G}_1$ 的距离与到 $\boldsymbol{G}_2$ 的距离之差，如果其值为正，$\boldsymbol{X}$ 属于 $\boldsymbol{G}_2$；否则 $\boldsymbol{X}$ 属于 $\boldsymbol{G}_1$。

我们考虑：

$$\begin{aligned}D^2(\boldsymbol{X},\boldsymbol{G}_1)-D^2(\boldsymbol{X},\boldsymbol{G}_2)&=(\boldsymbol{X}-\boldsymbol{\mu}_1)'\boldsymbol{\Sigma}^{-1}(\boldsymbol{X}-\boldsymbol{\mu}_1)-(\boldsymbol{X}-\boldsymbol{\mu}_2)'\boldsymbol{\Sigma}^{-1}(\boldsymbol{X}-\boldsymbol{\mu}_2)\\&=\boldsymbol{X}'\boldsymbol{\Sigma}^{-1}\boldsymbol{X}-2\boldsymbol{X}'\boldsymbol{\Sigma}^{-1}\boldsymbol{\mu}_1+\boldsymbol{\mu}'_1\boldsymbol{\Sigma}^{-1}\boldsymbol{\mu}_1-(\boldsymbol{X}'\boldsymbol{\Sigma}^{-1}\boldsymbol{X}-2\boldsymbol{X}'\boldsymbol{\Sigma}^{-1}\boldsymbol{\mu}_2+\boldsymbol{\mu}'_2\boldsymbol{\Sigma}^{-1}\boldsymbol{\mu}_2)\\&=2\boldsymbol{X}'\boldsymbol{\Sigma}^{-1}(\boldsymbol{\mu}_2-\boldsymbol{\mu}_1)+\boldsymbol{\mu}'_1\boldsymbol{\Sigma}^{-1}\boldsymbol{\mu}_1-\boldsymbol{\mu}'_2\boldsymbol{\Sigma}^{-1}\boldsymbol{\mu}_2\\&=2\boldsymbol{X}'\boldsymbol{\Sigma}^{-1}(\boldsymbol{\mu}_2-\boldsymbol{\mu}_1)+(\boldsymbol{\mu}_1+\boldsymbol{\mu}_2)'\boldsymbol{\Sigma}^{-1}(\boldsymbol{\mu}_1-\boldsymbol{\mu}_2)\\&=-2\left(\boldsymbol{X}-\frac{\boldsymbol{\mu}_1+\boldsymbol{\mu}_2}{2}\right)'\boldsymbol{\Sigma}^{-1}(\boldsymbol{\mu}_1-\boldsymbol{\mu}_2)\\&=-2(\boldsymbol{X}-\bar{\boldsymbol{\mu}})'\boldsymbol{\alpha}=-2\boldsymbol{\alpha}'(\boldsymbol{X}-\bar{\boldsymbol{\mu}})\end{aligned}$$

其中，$\bar{\boldsymbol{\mu}}=\frac{1}{2}(\boldsymbol{\mu}_1+\boldsymbol{\mu}_2)$ 是两个总体均值的平均值，$\boldsymbol{\alpha}=\boldsymbol{\Sigma}^{-1}(\boldsymbol{\mu}_1-\boldsymbol{\mu}_2)$，记

$$W(\boldsymbol{X})=\boldsymbol{\alpha}'(\boldsymbol{X}-\bar{\boldsymbol{\mu}}) \tag{7.3.5}$$

则判别规则式(7.3.4)可表示为

$$\begin{cases}\boldsymbol{X}\in \boldsymbol{G}_1 & W(\boldsymbol{X})\geqslant 0\\ \boldsymbol{X}\in \boldsymbol{G}_2 & W(\boldsymbol{X})<0\end{cases} \tag{7.3.6}$$

这里称 $W(\boldsymbol{X})$ 为两总体距离判别的判别函数，由于它是 $\boldsymbol{X}$ 的线性函数，故又称为线性判别函数，$\boldsymbol{\alpha}$ 称为判别系数。

在实际应用中，总体的均值和协方差矩阵一般是未知的，可由样本均值和样本协方差矩阵分别进行估计。设 $X'_1,X'_2,\cdots,X'_{n_1}$ 是来自总体 $\boldsymbol{G}_1$ 的样本，$X_1^{(2)},X_2^{(2)},\cdots,X_{n_2}^{(2)}$ 是来自总体 $\boldsymbol{G}_2$ 的样本，$\boldsymbol{\mu}_1$ 和 $\boldsymbol{\mu}_2$ 的一个无偏估计分别为

$$\bar{\boldsymbol{X}}^{(1)}=\frac{1}{n_1}\sum_{i=1}^{n_1}\boldsymbol{X}_i^{(1)},\ \bar{\boldsymbol{X}}^{(2)}=\frac{1}{n_2}\sum_{i=1}^{n_2}\boldsymbol{X}_i^{(2)}$$

$\boldsymbol{\Sigma}$ 的一个联合无偏估计为

$$\hat{\boldsymbol{\Sigma}}=\frac{1}{n_1+n_2-2}(\boldsymbol{S}_1+\boldsymbol{S}_2)$$

这里

$$\boldsymbol{S}_\alpha=\sum_{i=1}^{n_\alpha}(\boldsymbol{X}_i^{(\alpha)}-\bar{\boldsymbol{X}}^{(\alpha)})(\boldsymbol{X}_i^{(\alpha)}-\bar{\boldsymbol{X}}^{(\alpha)})' \qquad \alpha=1,2$$

此时，两总体距离判别的判别函数为 $\hat{\boldsymbol{W}}(\boldsymbol{X})=\hat{\boldsymbol{\alpha}}'(\boldsymbol{X}-\bar{\boldsymbol{X}})$，其中 $\bar{\boldsymbol{X}}=\frac{1}{2}(\bar{\boldsymbol{X}}^{(1)}+\bar{\boldsymbol{X}}^{(2)})$，$\hat{\boldsymbol{\alpha}}=\hat{\boldsymbol{\Sigma}}^{-1}(\bar{\boldsymbol{X}}^{(1)}-\bar{\boldsymbol{X}}^{(2)})$。这样，判别规则为

$$\begin{cases}\boldsymbol{X}\in\boldsymbol{G}_1 & \hat{\boldsymbol{W}}(\boldsymbol{X})\geqslant \boldsymbol{0}\\ \boldsymbol{X}\in\boldsymbol{G}_2 & \hat{\boldsymbol{W}}(\boldsymbol{X})<\boldsymbol{0}\end{cases} \tag{7.3.7}$$

这里应该注意到：

(1) 当 $p=1$，G_1 和 G_2 的分布分别为 $N(\mu_1,\sigma^2)$ 和 $N(\mu_2,\sigma^2)$ 时，μ_1、μ_2、σ^2 均为已知，且 $\mu_1<\mu_2$，则判别系数为 $\alpha=\frac{\mu_1-\mu_2}{\sigma^2}<0$，判别函数为 $W(x)=\alpha(x-\bar{\mu})$，判别规则为

$$\begin{cases}x\in G_1 & x\leqslant\bar{\mu}\\ x\in G_2 & x>\bar{\mu}\end{cases}$$

(2) 当 $\boldsymbol{\mu}_1\neq\boldsymbol{\mu}_2$，$\boldsymbol{\Sigma}_1\neq\boldsymbol{\Sigma}_2$ 时，采用式(7.3.4)作为判别规则的形式。选择判别函数为

$$\boldsymbol{W}^*(\boldsymbol{X})=\boldsymbol{D}^2(\boldsymbol{X},\boldsymbol{G}_1)-\boldsymbol{D}^2(\boldsymbol{X},\boldsymbol{G}_2)=(\boldsymbol{X}-\boldsymbol{\mu}_1)'\boldsymbol{\Sigma}_1^{-1}(\boldsymbol{X}-\boldsymbol{\mu}_1)-(\boldsymbol{X}-\boldsymbol{\mu}_2)'\boldsymbol{\Sigma}_2^{-1}(\boldsymbol{X}-\boldsymbol{\mu}_2)$$

它是 $\boldsymbol{X}$ 的二次函数，相应的判别规则为

$$\begin{cases}\boldsymbol{X}\in\boldsymbol{G}_1 & \boldsymbol{W}^*(\boldsymbol{X})\leqslant\boldsymbol{0}\\ \boldsymbol{X}\in\boldsymbol{G}_2 & \boldsymbol{W}^*(\boldsymbol{X})>\boldsymbol{0}\end{cases}$$

7.3.1.3 多个总体的距离判别问题

问题：设有 k 个总体 $\boldsymbol{G}_1,\boldsymbol{G}_2,\cdots,\boldsymbol{G}_k$，其均值和协方差矩阵分别是 $\boldsymbol{\mu}_1,\boldsymbol{\mu}_2,\cdots,\boldsymbol{\mu}_k$ 和 $\boldsymbol{\Sigma}_1,\boldsymbol{\Sigma}_2,\cdots,\boldsymbol{\Sigma}_k$，而且 $\boldsymbol{\Sigma}_1=\boldsymbol{\Sigma}_2=\cdots=\boldsymbol{\Sigma}_k=\boldsymbol{\Sigma}$。对于一个新的样品 $\boldsymbol{X}$，判断它来自哪个总体。

该问题与两个总体的距离判别问题的解决思想一样。计算新样品 $\boldsymbol{X}$ 到每一个总体的距离，即

$$\begin{aligned}\boldsymbol{D}^2(\boldsymbol{X},\boldsymbol{G}_\alpha)&=(\boldsymbol{X}-\boldsymbol{\mu}_\alpha)'\boldsymbol{\Sigma}^{-1}(\boldsymbol{X}-\boldsymbol{\mu}_\alpha)\\&=\boldsymbol{X}'\boldsymbol{\Sigma}^{-1}\boldsymbol{X}-2\boldsymbol{\mu}'_\alpha\boldsymbol{\Sigma}^{-1}\boldsymbol{X}+\boldsymbol{\mu}'_\alpha\boldsymbol{\Sigma}^{-1}\boldsymbol{\mu}_\alpha\\&=\boldsymbol{X}'\boldsymbol{\Sigma}^{-1}\boldsymbol{X}-2(\boldsymbol{I}'_\alpha\boldsymbol{X}+\boldsymbol{C}_\alpha)\end{aligned} \tag{7.3.8}$$

这里 $\boldsymbol{I}_\alpha=\boldsymbol{\Sigma}^{-1}\boldsymbol{\mu}_\alpha$，$\boldsymbol{C}_\alpha=-\frac{1}{2}\boldsymbol{\mu}'_\alpha\boldsymbol{\Sigma}^{-1}\boldsymbol{\mu}_\alpha$，$\alpha=1,2,\cdots,k$。

由式(7.3.8)，可以取线性判别函数为

$$\boldsymbol{W}_\alpha(\boldsymbol{X})=\boldsymbol{I}'_\alpha\boldsymbol{X}+\boldsymbol{C}_\alpha \qquad \alpha=1,2,\cdots,k$$

相应的判别规则为

$$\boldsymbol{X}\in\boldsymbol{G}_i \qquad \boldsymbol{W}_i(\boldsymbol{X})=\max_{1\leqslant\alpha\leqslant k}(\boldsymbol{I}'_\alpha\boldsymbol{X}+\boldsymbol{C}_\alpha) \tag{7.3.9}$$

针对实际问题，当 $\boldsymbol{\mu}_1,\boldsymbol{\mu}_2,\cdots,\boldsymbol{\mu}_k$ 和 $\boldsymbol{\Sigma}$ 均未知时，可以通过相应的样本值来替代。设 $\boldsymbol{X}_1^{(\alpha)},\cdots,\boldsymbol{X}_{n_\alpha}^{(\alpha)}$ 是来自总体 $\boldsymbol{G}_\alpha$ 中的样本（$\alpha=1,2,\cdots,k$），则 $\boldsymbol{\mu}_\alpha$（$\alpha=1,2,\cdots,k$）和 $\boldsymbol{\Sigma}$ 可估计为

$$\bar{\boldsymbol{X}}^{(\alpha)}=\frac{1}{n_\alpha}\sum_{i=1}^{n_\alpha}\boldsymbol{X}_i^{(\alpha)} \qquad \alpha=1,2,\cdots,k$$

$$\hat{\boldsymbol{\Sigma}}=\frac{1}{n-k}\sum_{\alpha=1}^{k}\boldsymbol{S}_{\alpha}$$

其中，$n=n_1+n_2+\cdots+n_k$。

同样地，我们注意到，如果总体 $\boldsymbol{G}_1,\boldsymbol{G}_2,\cdots,\boldsymbol{G}_k$ 的协方差矩阵分别是 $\boldsymbol{\Sigma}_1,\boldsymbol{\Sigma}_2,\cdots,\boldsymbol{\Sigma}_k$，而且它们不全相等，则计算 $\boldsymbol{X}$ 到各总体的马氏距离，即

$$\boldsymbol{D}^2(\boldsymbol{X},\boldsymbol{G}_\alpha)=(\boldsymbol{X}-\boldsymbol{\mu}_\alpha)'\boldsymbol{\Sigma}_\alpha^{-1}(\boldsymbol{X}-\boldsymbol{\mu}_\alpha) \qquad \alpha=1,2,\cdots,k$$

则判别规则为

$$\boldsymbol{X}\in\boldsymbol{G}_i \qquad \boldsymbol{D}^2(\boldsymbol{X},\boldsymbol{G}_i)=\min_{1\leqslant\alpha\leqslant k}\boldsymbol{D}^2(\boldsymbol{X},\boldsymbol{G}_\alpha) \tag{7.3.10}$$

当 $\boldsymbol{\mu}_1,\boldsymbol{\mu}_2,\cdots,\boldsymbol{\mu}_k$ 和 $\boldsymbol{\Sigma}_1,\boldsymbol{\Sigma}_2,\cdots,\boldsymbol{\Sigma}_k$ 均未知时，$\boldsymbol{\mu}_\alpha$（$\alpha=1,2,\cdots,k$）的估计同前，$\boldsymbol{\Sigma}_\alpha$（$\alpha=1,2,\cdots,k$）的估计为 $\hat{\boldsymbol{\Sigma}}_\alpha=\dfrac{1}{n_\alpha-1}\boldsymbol{S}_\alpha$，$\alpha=1,2,\cdots,k$。

7.3.1.4 判别分析的实质

我们知道，判别分析就是希望利用已经测得的变量数据，找出一种判别函数，使得这一函数具有某种最优性质，能把属于不同类别的样本点尽可能地区别开来。为了更清楚地认识判别分析的实质，以便能灵活地应用判别分析方法解决实际问题，我们有必要了解“划分”这样一个概念。

设 $R_1,R_2,\cdots,R_k$ 是 p 维空间 $\mathbf{R}^p$ 的 k 个子集，如果它们互不相交，且它们的和集为 $\mathbf{R}^p$，则称 $R_1,R_2,\cdots,R_k$ 为 $\mathbf{R}^p$ 的一个划分。

在两个总体的距离判别问题中，利用 $\boldsymbol{W}(\boldsymbol{X})=\boldsymbol{\alpha}'(\boldsymbol{X}-\bar{\boldsymbol{\mu}})$ 可以得到空间 $\mathbf{R}^p$ 的一个划分

$$\begin{cases}R_1=\{\boldsymbol{X}:\boldsymbol{W}(\boldsymbol{X})\geqslant\boldsymbol{0}\}\\R_2=\{\boldsymbol{X}:\boldsymbol{W}(\boldsymbol{X})<\boldsymbol{0}\}\end{cases} \tag{7.3.11}$$

新的样品 $\boldsymbol{X}$ 落入 R_1，推断 $\boldsymbol{X}\in\boldsymbol{G}_1$；落入 R_2，推断 $\boldsymbol{X}\in\boldsymbol{G}_2$。

这样我们就会发现，判别分析问题实质上就是在某种意义上，以最优的性质对 p 维空间 $\mathbf{R}^p$ 构造一个“划分”，这个“划分”就构成了一个判别规则。这一思想将在后面的各节中体现得更加清楚。

7.3.2 贝叶斯判别法

从上节看，距离判别法虽然简单，便于使用，但是该方法也有它明显的不足之处。

第一，判别方法与总体各自出现的概率的大小无关。

第二，判别方法与错判之后所造成的损失无关。贝叶斯判别法就是为了解决这些问题而提出的一种判别方法。

7.3.2.1 贝叶斯判别的基本思想

问题：设有 k 个总体 $G_1,G_2,\cdots,G_k$，其各自的分布密度函数 $f_1(x),f_2(x),\cdots,f_k(x)$ 互不相同，假设 k 个总体各自出现的概率分别为 $q_1,q_2,\cdots,q_k$（先验概率），$q_i\geqslant 0$，$\sum\limits_{i=1}^{k}q_i=1$。假设已知将本来属于 G_i 总体的样品错判到总体 G_j 时造成的损失为 $C(j\mid i)$，其中 $i,j=1,2,\cdots,k$。在这样的情形下，对于新的样品 X，判断其来自哪个总体。

下面对这一问题进行分析。首先应该清楚 $C(i\mid i)=0$、$C(j\mid i)\geqslant 0$，对于任意的 $i,j=$

$1,2,\cdots,k$ 成立。设 k 个总体 $G_1,G_2,\cdots,G_k$ 相应的 p 维样本空间为 $R_1,R_2,\cdots,R_k$，即为一个划分，故可以简记一个判别规则为 $\boldsymbol{R}=(R_1,R_2,\cdots,R_k)$。从描述平均损失的角度出发，如果原来属于总体 G_i 且分布密度为 $f_i(x)$ 的样品，正好取值落入了 R_j，就会错判为属于 G_j。

故在规则 $\boldsymbol{R}$ 下，将属于 G_i 的样品错判为 G_j 的概率为

$$P(j \mid i,\boldsymbol{R})=\int_{R_j} f_i(x)\mathrm{d}x \qquad i,j=1,2,\cdots,k;i\neq j$$

如果实属 G_i 的样品，错判到其他总体 $G_1,\cdots,G_{i-1},G_{i+1},\cdots,G_k$ 所造成的损失为 $C(1\mid i),\cdots,C(i-1\mid i),C(i+1\mid i),\cdots,C(k\mid i)$，则这种判别规则 $\boldsymbol{R}$ 对总体 G_i 而言，样品错判后所造成的平均损失为

$$r(i \mid \boldsymbol{R})=\sum_{j=1}^{k}[C(j\mid i)P(j\mid i,\boldsymbol{R})] \qquad i=1,2,\cdots,k$$

其中，$C(i\mid i)=0$。

由于 k 个总体 $G_1,G_2,\cdots,G_k$ 出现的先验概率分别为 $q_1,q_2,\cdots,q_k$，则用规则 $\boldsymbol{R}$ 来进行判别所造成的总平均损失为

$$g(\boldsymbol{R})=\sum_{i=1}^{k}q_i r(i,\boldsymbol{R})=\sum_{i=1}^{k}q_i\sum_{j=1}^{k}C(j\mid i)P(j\mid i,\boldsymbol{R}) \tag{7.3.12}$$

所谓贝叶斯判别法则，就是要选择 $R_1,R_2,\cdots,R_k$，使得式(7.3.12)表示的总平均损失 $g(\boldsymbol{R})$ 达到极小。

7.3.2.2　贝叶斯判别的基本方法

设每一个总体 G_i 的分布密度为 $f_i(x)$，其中 $i=1,2,\cdots,k$，来自总体 G_i 的样品 X 被错判为来自总体 G_j（$i,j=1,2,\cdots,k$）时所造成的损失记为 $C(j\mid i)$，并且 $C(i\mid i)=0$。那么，对于判别规则 $\boldsymbol{R}=(R_1,R_2,\cdots,R_k)$ 产生的误判概率记为 $P(j\mid i,\boldsymbol{R})$，有 $P(j\mid i,\boldsymbol{R})=\int_{R_j}f_i(x)\mathrm{d}x$，如果已知样品 X 来自总体 G_i 的先验概率为 q_i，则在规则 $\boldsymbol{R}$ 下，由式(7.3.12)知，误判的总平均损失为

$$\begin{aligned}g(\boldsymbol{R})&=\sum_{i=1}^{k}q_i\sum_{j=1}^{k}C(j\mid i)P(j\mid i,\boldsymbol{R})\\&=\sum_{i=1}^{k}q_i\sum_{j=1}^{k}C(j\mid i)\int_{R_j}f_i(x)\mathrm{d}x=\sum_{j=1}^{k}\int_{R_j}\left[\sum_{i=1}^{k}q_iC(j\mid i)f_i(x)\right]\mathrm{d}x\end{aligned} \tag{7.3.13}$$

令 $\sum_{i=1}^{k}q_iC(j\mid i)f_i(x)=h_j(x)$，那么式(7.3.13)为 $g(\boldsymbol{R})=\sum_{j=1}^{k}\int_{R_j}h_j(x)\mathrm{d}x$。

如果空间 $\mathbf{R}^p$ 有另一种划分 $\boldsymbol{R}^*=(R_1^*,R_2^*,\cdots,R_k^*)$，则它的总平均损失为 $g(\boldsymbol{R}^*)=\sum_{j=1}^{k}\int_{R_j^*}h_j(x)\mathrm{d}x$。

那么，在两种划分下的总平均损失之差为

$$g(\boldsymbol{R})-g(\boldsymbol{R}^*)=\sum_{i=1}^{k}\sum_{j=1}^{k}\int_{R_i\cap R_j^*}[h_i(x)-h_j(x)]\mathrm{d}x \tag{7.3.14}$$

由 R_i 的定义，在 R_i 上 $h_i(x)\leqslant h_j(x)$ 对一切 j 成立，故式(7.3.14)小于或等于零，这说明

$R_1, R_2, \cdots, R_k$ 确能使总平均损失达到极小，它是贝叶斯判别的解。这样，以贝叶斯判别的思想得到的划分 $\boldsymbol{R}=(R_1, R_2, \cdots, R_k)$ 为

$$R_i=\{x \mid h_i(x)=\min_{1 \leqslant j \leqslant k} h_j(x)\} \qquad i=1,2,\cdots,k \tag{7.3.15}$$

具体来说，当抽取了一个未知总体的样本值 X，要判断它属于哪个总体，只要先计算出 k 个按先验分布加权的误判平均损失：

$$h_j(x)=\sum_{i=1}^{k} q_i C(j \mid i) f_i(x)\} \qquad j=1,2,\cdots,k \tag{7.3.16}$$

然后比较这 k 个误判平均损失 $h_1(x), h_2(x), \cdots, h_k(x)$ 的大小，选取其中最小的，则判定样品 X 来自该总体。

这里我们看一个特殊情形，当 $k=2$ 时，由式(7.3.16)得

$$h_1(x)=q_2 C(1 \mid 2) f_2(x),\ h_2(x)=q_1 C(2 \mid 1) f_1(x)$$

从而

$$R_1=\{x \mid q_2 C(1 \mid 2) f_2(x) \leqslant q_1 C(2 \mid 1) f_1(x)\}$$
$$R_2=\{x \mid q_2 C(1 \mid 2) f_2(x) > q_1 C(2 \mid 1) f_1(x)\}$$

若令 $V(x)=\dfrac{f_1(x)}{f_2(x)},\ d=\dfrac{q_2 C(1 \mid 2)}{q_1 C(2 \mid 1)}$，则判别规则可表示为

$$\begin{cases} x \in G_1 & V(x) \geqslant d \\ x \in G_2 & V(x) < d \end{cases} \tag{7.3.17}$$

如果在此 $f_1(x)$ 与 $f_2(x)$ 分别为 $N(\mu_1, \boldsymbol{\Sigma})$ 和 $N(\mu_2, \boldsymbol{\Sigma})$，那么

$$\begin{aligned} V(x) &= \frac{f_1(x)}{f_2(x)} \\ &= \exp\left\{-\frac{1}{2}(x-\mu_1)'\boldsymbol{\Sigma}^{-1}(x-\mu_1)+\frac{1}{2}(x-\mu_2)'\boldsymbol{\Sigma}^{-1}(x-\mu_2)\right\} \\ &= \exp\{[x-(\mu_1+\mu_2)/2]'\boldsymbol{\Sigma}^{-1}(\mu_1-\mu_2)\}=\exp W(x) \end{aligned}$$

其中，$W(x)$ 由式(7.3.5)所定义。于是，判定样品 X 来自该总体时，判别规则式(7.3.17)为

$$\begin{cases} X \in G_1 & W(X) \geqslant \ln d \\ X \in G_2 & W(X) < \ln d \end{cases} \tag{7.3.18}$$

对比判别规则式(7.3.6)，唯一的差别仅在于阈值点，式(7.3.6)用 0 作为阈值点，而这里用 $\ln d$。当 $q_1=q_2$，$C(1 \mid 2)=C(2 \mid 1)$ 时，$d=1$，$\ln d=0$，则式(7.3.6)与式(7.3.18)完全一致。

7.3.3 费希尔判别法

费希尔判别法是 1936 年提出来的，该方法的主要思想是通过将多维数据投影到某个方向上，投影的原则是将总体与总体之间尽可能地放开，然后再选择合适的判别规则，将新的样品进行分类判别。

7.3.3.1 费希尔判别的基本思想

从 k 个总体中抽取具有 p 个指标的样品观测数据，借助方差分析的思想构造一个线性判别函数

$$\boldsymbol{U}(\boldsymbol{X})=u_1 X_1+u_2 X_2+\cdots+u_p X_p=\boldsymbol{u}'\boldsymbol{X} \tag{7.3.19}$$

其中系数 $\boldsymbol{u}=(u_1,u_2,\cdots,u_p)'$ 确定的原则是使得总体之间区别最大，而使每个总体内部的离差最小。有了线性判别函数后，对于一个新的样品，将它的 p 个指标值代入线性判别函数式(7.3.19)中求出 $\boldsymbol{U}(\boldsymbol{X})$ 值，然后根据一定的判别规则，就可以判别新的样品属于哪个总体。

7.3.3.2　费希尔判别函数的构造

1. 针对两个总体的情形

假设有两个总体 $\boldsymbol{G}_1$、$\boldsymbol{G}_2$，其均值分别为 $\boldsymbol{\mu}_1$ 和 $\boldsymbol{\mu}_2$，协方差矩阵为 $\boldsymbol{\Sigma}_1$ 和 $\boldsymbol{\Sigma}_2$。当 $\boldsymbol{X}\in\boldsymbol{G}_i$ 时，可以求出 $\boldsymbol{u}'\boldsymbol{X}$ 的均值和方差，即

$$\boldsymbol{E}(\boldsymbol{u}'\boldsymbol{X})=\boldsymbol{E}(\boldsymbol{u}'\boldsymbol{X}\mid\boldsymbol{G}_i)=\boldsymbol{u}'\boldsymbol{E}(\boldsymbol{X}\mid\boldsymbol{G}_i)=\boldsymbol{u}'\boldsymbol{\mu}_i\triangleq\bar{\boldsymbol{\mu}}_i\qquad i=1,2$$

$$\boldsymbol{D}(\boldsymbol{u}'\boldsymbol{X})=\boldsymbol{D}(\boldsymbol{u}'\boldsymbol{X}\mid\boldsymbol{G}_i)=\boldsymbol{u}'\boldsymbol{D}(\boldsymbol{X}\mid\boldsymbol{G}_i)\boldsymbol{u}=\boldsymbol{u}'\boldsymbol{\Sigma}_i\boldsymbol{u}\triangleq\boldsymbol{\sigma}_i^2\qquad i=1,2$$

在求线性判别函数时，尽量使得总体之间差异大，也就是要求 $\boldsymbol{u}'\boldsymbol{\mu}_1-\boldsymbol{u}'\boldsymbol{\mu}_2$ 尽可能大，即 $\bar{\mu}_1-\bar{\mu}_2$ 变大；同时要求每一个总体内的离差平方和最小，即 $\sigma_1^2+\sigma_2^2$，则可以建立一个目标函数：

$$\Phi(u)=\frac{(\bar{\mu}_1-\bar{\mu}_2)}{\sigma_1^2+\sigma_2^2}\tag{7.3.20}$$

这样，将问题转化为寻找 u 使得目标函数 $\Phi(u)$ 达到最大。从而可以构造出所要求的线性判别函数。

2. 针对多个总体的情形

假设有 k 个总体 $G_1,G_2,\cdots,G_k$，其均值和协方差矩阵分别为 $\boldsymbol{\mu}_i$ 和 $\boldsymbol{\Sigma}_i\,(>0)\,(i=1,2,\cdots,k)$。同样，考虑线性判别函数 $\boldsymbol{u}'\boldsymbol{X}$，在 $\boldsymbol{X}\in\boldsymbol{G}_i$ 的条件下，有

$$\boldsymbol{E}(\boldsymbol{u}'\boldsymbol{X})=\boldsymbol{E}(\boldsymbol{u}'\boldsymbol{X}\mid\boldsymbol{G}_i)=\boldsymbol{u}'\boldsymbol{E}(\boldsymbol{X}\mid\boldsymbol{G}_i)=\boldsymbol{u}'\boldsymbol{\mu}_i\qquad i=1,2,\cdots,k$$

$$\boldsymbol{D}(\boldsymbol{u}'\boldsymbol{X})=\boldsymbol{D}(\boldsymbol{u}'\boldsymbol{X}\mid\boldsymbol{G}_i)=\boldsymbol{u}'\boldsymbol{D}(\boldsymbol{X}\mid\boldsymbol{G}_i)\boldsymbol{u}=\boldsymbol{u}'\boldsymbol{\Sigma}_i\boldsymbol{u}\qquad i=1,2,\cdots,k$$

令

$$\boldsymbol{b}=\sum_{i=1}^{k}(\boldsymbol{u}'\boldsymbol{\mu}_i-\boldsymbol{u}'\bar{\boldsymbol{\mu}})^2,\ \boldsymbol{e}=\sum_{i=1}^{k}\boldsymbol{u}'\boldsymbol{\Sigma}_i\boldsymbol{u}=\boldsymbol{u}'(\sum_{i=1}^{k}\boldsymbol{\Sigma}_i)\boldsymbol{u}=\boldsymbol{u}'\boldsymbol{E}\boldsymbol{u}$$

其中，$\bar{\boldsymbol{\mu}}=\frac{1}{k}\sum_{i=1}^{k}\boldsymbol{\mu}_i$，$\boldsymbol{E}=\sum_{i=1}^{k}\boldsymbol{\Sigma}_i$，$\boldsymbol{b}$ 相当于一元方差分析中的组间差，$\boldsymbol{e}$ 相当于组内差。应用方差分析的思想，选择 $\boldsymbol{u}$ 使得目标函数

$$\boldsymbol{\Phi}(\boldsymbol{u})=\frac{\boldsymbol{b}}{\boldsymbol{e}}\tag{7.3.21}$$

达到极大。

这里应该说明的是，如果得到线性判别函数 $\boldsymbol{u}'\boldsymbol{X}$，对于一个新的样品 $\boldsymbol{X}$，可以这样构造一个判别规则，如果：

$$|\boldsymbol{u}'\boldsymbol{X}-\boldsymbol{u}\boldsymbol{\mu}_j|=\min_{1\leqslant i\leqslant k}|\boldsymbol{u}'\boldsymbol{X}-\boldsymbol{u}'\boldsymbol{\mu}_i|\tag{7.3.22}$$

则判定 $\boldsymbol{X}$ 来自总体 $\boldsymbol{G}_j$。

7.3.3.3　线性判别函数的求解方法

针对多个总体的情形，讨论使目标函数式(7.3.21)达到极大的方法。设 $\boldsymbol{X}$ 为 p 维空间的样品，那么 $\bar{\boldsymbol{\mu}}=\frac{1}{k}\sum_{i=1}^{k}\boldsymbol{\mu}_i=\frac{1}{k}\boldsymbol{M}'\boldsymbol{I}$，其中

$$M=\begin{bmatrix}\mu_{11} & \mu_{21} & \cdots & \mu_{p1}\\ \mu_{12} & \mu_{22} & \cdots & \mu_{p1}\\ \vdots & \vdots & & \vdots\\ \mu_{1k} & \mu_{2k} & \cdots & \mu_{pk}\end{bmatrix}=\begin{bmatrix}\mu_1'\\ \mu_2'\\ \cdots\\ \mu_k'\end{bmatrix},\ I=\begin{bmatrix}1\\1\\ \vdots\\1\end{bmatrix}$$

注意到

$$M'M=[\mu_1\quad \mu_2\quad \cdots\quad \mu_k]\begin{bmatrix}\mu_1'\\ \mu_2'\\ \vdots\\ \mu_k'\end{bmatrix}=\sum_{i=1}^{k}\boldsymbol{\mu}_i\boldsymbol{\mu}_i'$$

从而

$$\begin{aligned}b&=\sum_{i=1}^{k}(u'\boldsymbol{\mu}_i-u'\bar{\boldsymbol{\mu}})^2\\ &=u'\sum_{i=1}^{k}(\boldsymbol{\mu}_i-\bar{\boldsymbol{\mu}})(\boldsymbol{\mu}_i-\bar{\boldsymbol{\mu}})'u=u'\Big(\sum_{i=1}^{k}\boldsymbol{\mu}_i\boldsymbol{\mu}_i'-k\bar{\boldsymbol{\mu}}\bar{\boldsymbol{\mu}}'\Big)u\\ &=u'(M'M-\frac{1}{k}M'II'M)u=u'M'(I-\frac{1}{k}J)Mu=u'Bu\end{aligned}$$

这里，$B=M'(I-\frac{1}{k}J)M$，$I_{p\times p}$ 为 $p\times p$ 的单位矩阵，$J=\begin{bmatrix}1 & \cdots & 1\\ \vdots & & \vdots\\ 1 & \cdots & 1\end{bmatrix}$。

即

$$\boldsymbol{\Phi}(u)=\frac{u'Bu}{u'Eu} \tag{7.3.23}$$

求使得式(7.3.23)达到极大的 u。

为了确保解的唯一性，不妨设 $u'Eu=1$，这样问题转化为，在 $u'Eu=1$ 的条件下，求 u 使得 $u'Bu$ 达到极大。

考虑目标函数

$$\varphi(u)=u'Bu-\lambda(u'Eu-1) \tag{7.3.24}$$

对式(7.3.24)求导，有

$$\frac{\partial\varphi}{\partial u}=2(B-\lambda E)u=0 \tag{7.3.25}$$

$$\frac{\partial\varphi}{\partial\lambda}=u'Eu-1=0 \tag{7.3.26}$$

对式(7.3.25)两边同乘 u'，有

$$u'Bu=\lambda u'Eu=\lambda$$

从而，$u'Bu$ 的极大值为 λ。再用 E^{-1} 左乘式(7.3.25)，有

$$(E^{-1}B-\lambda I)u=\mathbf{0} \tag{7.3.27}$$

由式(7.3.27)说明 λ 为 $E^{-1}B$ 特征值，u 为 $E^{-1}B$ 的特征向量。在此，最大特征值所对应的特征向量 $u=(u_1,u_2,\cdots,u_p)'$ 为所求结果。

这里值得注意的是，本书有几处利用极值原理求极值时，只给出了不要条件的数学推导，

而省略了有关充分条件的论证，因为在实际问题中，往往根据问题本身的性质就能肯定有最大值(或最小值)，如果所求的驻点只有一个，这时就不需要根据极值存在的充分条件判定它是极大还是极小，就能肯定这唯一的驻点就是所求的最大值(或最小值)。为了避免用较多的数学知识或数学上的推导，这里不追求数学上的完整性。

在解决实际问题时，当总体参数未知，需要通过样本来估计，仅对 $k=2$ 的情形加以说明。设样本分别为 $X_1^{(1)},X_2^{(1)},\cdots,X_{n_1}^{(1)}$ 和 $X_1^{(2)},X_2^{(2)},\cdots,X_{n_2}^{(2)}$，则

$$\bar{\boldsymbol{X}}=\frac{n_1\bar{\boldsymbol{X}}^{(1)}+n_2\bar{\boldsymbol{X}}^{(2)}}{n_1+n_2},\ \bar{\boldsymbol{X}}^{(1)}-\bar{\boldsymbol{X}}=\frac{n_2}{n_1+n_2}(\bar{\boldsymbol{X}}^{(1)}-\bar{\boldsymbol{X}}^{(2)}),\ \bar{\boldsymbol{X}}^{(2)}-\bar{\boldsymbol{X}}=\frac{n_1}{n_1+n_2}(\bar{\boldsymbol{X}}^{(2)}-\bar{\boldsymbol{X}}^{(1)})$$

那么

$$\begin{aligned}\hat{\boldsymbol{B}}&=n_1(\bar{\boldsymbol{X}}^{(1)}-\bar{\boldsymbol{X}})(\bar{\boldsymbol{X}}^{(1)}-\bar{\boldsymbol{X}})'+n_2(\bar{\boldsymbol{X}}^{(2)}-\bar{\boldsymbol{X}})(\bar{\boldsymbol{X}}^{(2)}-\bar{\boldsymbol{X}})'\\&=\frac{n_1n_2}{n_1+n_2}(\bar{\boldsymbol{X}}^{(1)}-\bar{\boldsymbol{X}}^{(2)})(\bar{\boldsymbol{X}}^{(1)}-\bar{\boldsymbol{X}}^{(2)})'\end{aligned}$$

当 $\boldsymbol{\mu}_1,\boldsymbol{\mu}_2,\cdots,\boldsymbol{\mu}_k$ 和 $\boldsymbol{\Sigma}_1,\boldsymbol{\Sigma}_2,\cdots,\boldsymbol{\Sigma}_k$ 均未知时，$\boldsymbol{\mu}_\alpha$ ($\alpha=1,2,\cdots,k$)的估计同前，$\boldsymbol{\Sigma}_\alpha$ ($\alpha=1,2,\cdots,k$)的估计为 $\hat{\boldsymbol{\Sigma}}_\alpha=\dfrac{1}{n_\alpha-1}\boldsymbol{S}_\alpha$ ($\alpha=1,2,\cdots,k$)。

例 7.3.1 某超市经销十种品牌的饮料，其中有四种畅销、三种滞销、三种平销。表 7.3.1 是这十种品牌饮料的销售价格(单位为元)和顾客对各种饮料的口味评分、信任度评分的平均数。

表 7.3.1 品牌饮料数据

销售情况	产品序号	销售价格	口味评分	信任度评分
畅销	1	2.2	5	8
	2	2.5	6	7
	3	3.0	3	9
	4	3.2	8	6
平销	5	2.8	7	6
	6	3.5	8	7
	7	4.8	9	8
平销	8	1.7	3	4
	9	2.2	4	2
	10	2.7	4	3

(1)根据数据建立贝叶斯判别函数，并根据此判别函数对原样本进行回判。

(2)现有一新品牌的饮料在该超市试销，其销售价格为 3.0 元，顾客对其口味的评分平均为 8，信任评分平均为 5，试预测该饮料的销售情况。

解 (1)在 SPSS 数据编辑窗口建立数据文件。

(2) 增加 group 变量，令畅销、平销、滞销分别为 group 1、group 2、group 3；销售价格为 X_1，口味评分为 X_2，信任度评分为 X_3，见图 7.3.2。

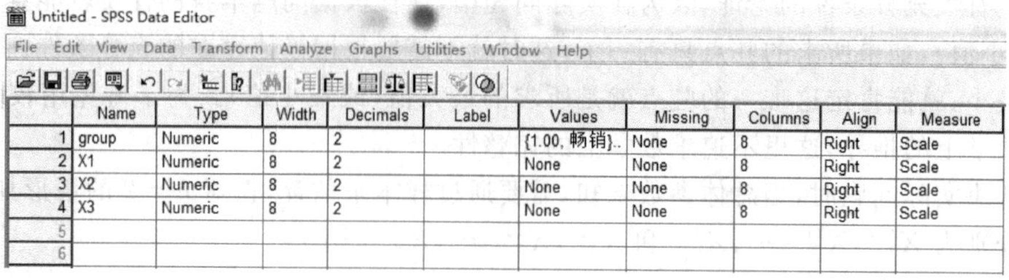

图 7.3.2　SPSS 13.0 中变量定义窗口

(3)按“Analyze→Classify→Discriminate”的顺序，调出判别分析主界面，将左边的变量列表中的“group”变量选入分组变量中，将 X_1、X_2、X_3 变量选入自变量中，并选择“Enter independents together”单选按钮，即使用所有自变量进行判别分析。

(4) 点击“Define Range”按钮，定义分组变量的取值范围。本例中分类变量的范围为 1～3，所以在最小值和最大值中分别输入 1 和 3。单击“Continue”按钮，返回主界面，见图 7.3.3。

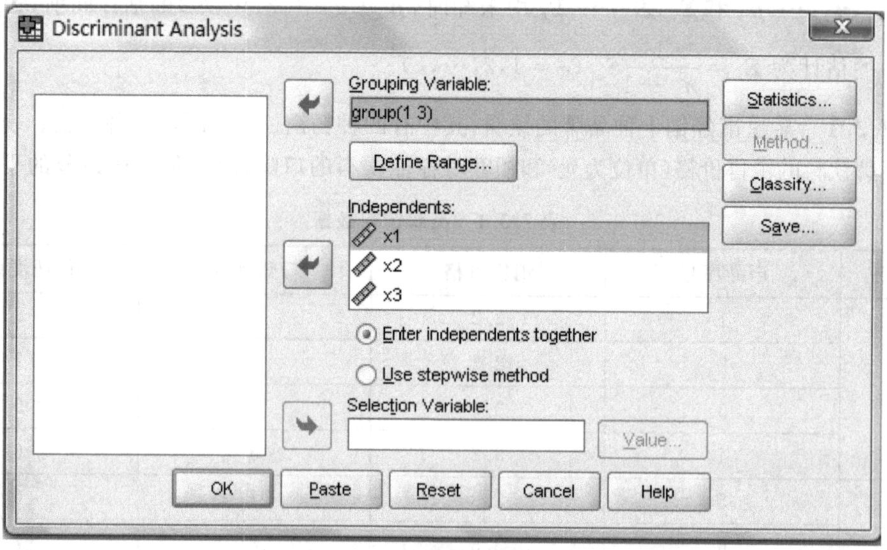

图 7.3.3　判别分析主界面

(5)单击“Statistics”按钮，指定输出的描述统计量和判别函数系数。选中“Function Coefficients”栏中的“Fisher’s”：给出贝叶斯判别函数的系数。(注意：这个选项不是要给出费希尔判别函数的系数。这个复选框的名字为“Fisher’s”，因为按判别函数值最大的一组进行归类这种思想是由费希尔提出的。这里极易混淆，请读者注意辨别。)如图 7.3.4 所示单击“Continue”按钮，返回主界面。

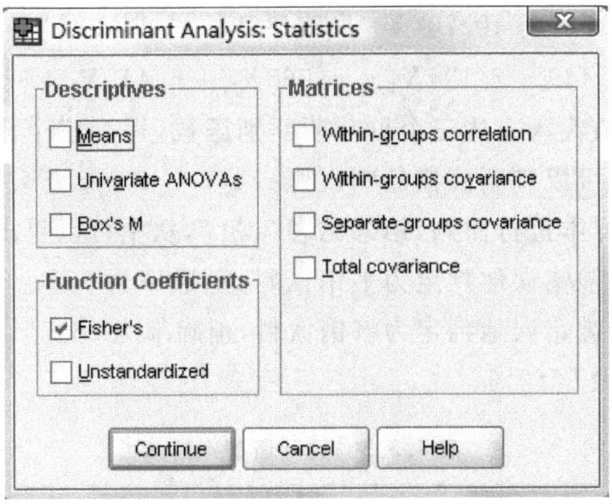

图 7.3.4　判别分析 Statistics 子对话框

(6) 单击“Classify”按钮，弹出“Classification”子对话框，选中“Display”选项栏中的“Summary table”复选框，即按要求输出错判矩阵，以便实现题中对原样本进行回判的要求，见图 7.3.5。

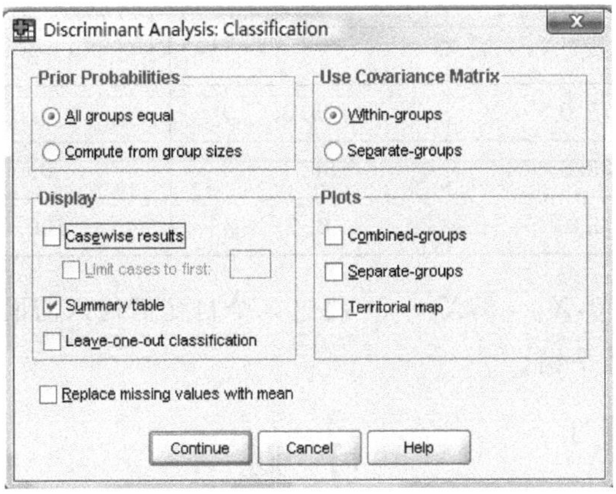

图 7.3.5　判别分析 Classification 对话框

(7) 返回判别分析主界面，单击“OK”按钮，运行判别分析过程。

(8)结果分析见表 7.3.2。

表 7.3.2　贝叶斯判别函数系数

末知数	group		
	畅销	平销	滞销
x_1	−11.689	−10.707	−2.194
x_2	12.297	13.361	4.960
x_3	16.761	17.086	6.447
常数	−81.843	−94.536	−17.449

根据判别分析的结果建立贝叶斯判别函数，贝叶斯判别函数的系数见表 7.3.2，表中每一列表示样本判入相应类的贝叶斯判别函数系数。由此可建立判别函数如下：

group 1：$Y_1=-81.843-11.689X_1+12.297X_2+16.761X_3$

group 2：$Y_2=-94.536-10.707X_1+13.361X_2+17.086X_3$

group 3：$Y_3=-17.449-2.194X_1+4.960X_2+6.447X_3$

将各样品的自变量值代入上述三个贝叶斯判别函数，得到三个函数值。比较这三个函数值，哪个函数值比较大就可以判断该样品判入哪一类。

根据此判别函数对样本进行回判，结果见表 7.3.3，从中可以看出在 4 种畅销饮料中，有 3 种被正确地判定，有 1 种被错误地判定为平销饮料，正确率为 75%。在 3 种平销饮料中，有 2 种被正确地判定，有 1 种被错误地判定为畅销饮料，正确率为 66.7%。3 种滞销饮料均被正确地判定。整体的正确率为 80.0%。

表 7.3.3　贝叶斯错判矩阵

group		Predicted Group Membership			点数
		畅销	平销	滞销	
计数	畅销	3	1	0	4
	平销	1	2	0	3
	滞销	0	0	3	3
百分数	畅销	75.0	25.0	0.0	100.0
	平销	33.3	66.7	0.0	100.0
	滞销	0.0	0.0	100.0	100.0

该新饮料的 $X_1=3.0$，$X_2=8$，$X_3=5$，将这 3 个自变量代入前面得到的贝叶斯判别函数，Y_2 的值最大，该饮料预计平销。

习　题

1. 中国是钾盐资源严重缺乏的国家，在发现罗布泊钾盐矿床以前，我国钾盐资源保有储量为 4.57 亿 t，仅占世界储量的 2.6%。全国共有可经济利用的矿床 13 个，保有储量仅为 1.64 亿 t(KCl)。钾资源的匮乏，导致产业发展滞后，且长期依靠进口，对外依存度高。通过对以下云南某地区盐矿进行判别分析，根据该地区盐矿种类的历史数据建立判别函数，由此只需测出矿石的各种成分含量，即可判别属于钠盐还是钾盐，从而对我国勘探钾盐资源提供有价值的线索。X_1、X_2、X_3、X_4 四个指标分别代表矿石的各种成分，原始数据如下。根据原始数据 1、2 两类，对待测的 6 种矿石进行归类。

习题 1 表　　单位：%

类别	X_1	X_2	X_3	X_4
1	13.58	2.79	7.8	49.60
1	22.31	4.67	12.31	47.80
	15.29	3.54	7.58	43.20
	28.29	4.90	16.12	58.70
	28.82	4.63	16.18	62.15

续表

类别	X_1	X_2	X_3	X_4
2	2.18	1.06	1.22	20.60
	3.85	0.80	4.06	47.10
	11.40	0.00	3.50	0.00
	3.66	2.42	2.14	15.10
	12.10	0.00	5.68	0.00
待测	3.38	5.17	5.17	26.10
	2.40	1.20	1.20	127.00
	6.70	7.60	7.60	30.80
	2.40	4.30	4.30	33.20
	3.20	1.43	1.43	9.90
	5.10	4.48	4.48	24.60

2. 银行的贷款部门需要判别每个客户的信用好坏(是否履行还贷责任)，以决定是否给予贷款。可以根据贷款申请人的年龄(X_1)、受教育程度(X_2)、现在所从事工作的年数(X_3)、未变更住址的年数(X_4)、收入(X_5)、负债收入比例(X_6)、信用卡债务(X_7)、其他债务(X_8)等来判断其信用情况。下表给出了某银行的客户资料中抽取的部分数据：

(1)根据样本资料分别用距离判别法、贝叶斯判别法和费希尔判别法建立判别函数和判别规则。

(2)某客户的如上情况资料为(53,1,9,18,50,11.2,2.02,3.58)，对其进行信用好坏的判别。

习题 2 表

类别	X_1	X_2	X_3	X_4	X_5	X_6	X_7	X_8
1	23.00	1.00	7.00	2.00	31.00	6.60	0.34	1.71
	34.00	1.00	17.00	3.00	59.00	8.00	1.81	2.91
	42.00	2.00	7.00	23.00	41.00	4.60	0.94	0.94
	39.00	1.00	19.00	5.00	48.00	13.10	1.93	4.36
	35.00	1.00	9.00	1.00	34.00	5.00	0.40	1.30
2	37.00	1.00	1.00	3.00	24.00	15.10	1.80	1.82
	29.00	1.00	13.00	1.00	42.00	7.40	1.46	1.65
	32.00	2.00	11.00	6.00	75.00	23.30	7.76	9.72
	28.00	2.00	2.00	3.00	23.00	6.40	0.19	1.29
	26.00	1.00	4.00	3.00	27.00	10.50	2.47	0.36

第 8 章　图论模型

图论(graph theory)是运筹学的一个重要分支,图是为了解决一些具体问题而产生的模型,瑞士数学家欧拉于 1736 年提出了图论的基本思想,利用图解决了著名的哥尼斯堡七桥问题,从而奠定了图论的基础,并形成了一个新兴的数学分支。近半个世纪以来,图论的发展与应用十分迅速,在诸如物理学、化学、运筹学、计算机科学、信息论、控制论、网络理论、博弈论、社会科学以及经济管理等很多领域得到广泛应用,受到全世界数学界和工程技术界的普遍重视。所研究的问题涉及经济管理、工业工程、交通运输、计算机科学与信息技术、通信与网络技术、人工智能等诸多领域,以下是图论模型的一些典型应用。

1. 最短路问题(shortest path problem,SPP)

一名货柜车司机奉命在最短的时间内将一车货物从甲地运往乙地。从甲地到乙地的公路网纵横交错,因此有多种行车路线,这名司机应选择哪条线路呢?假设货柜车的运行速度是恒定的,那么这一问题相当于需要找到一条从甲地到乙地的最短路。

2. 公路连接问题

某一地区有若干个主要城市,现准备修建高速公路把这些城市连接起来,使得从其中任何一个城市都可以经高速公路直接或间接到达另一个城市。假定已经知道了任意两个城市之间修建高速公路的成本,那么应如何决定在哪些城市间修建高速公路,使得总成本最小?

3. 指派问题(assignment problem)

一家公司经理准备安排 N 名员工去完成 N 项任务,每人一项。由于各员工的特点不同,不同的员工去完成同一项任务时所获得的回报是不同的。如何分配工作方案可以使总回报最大化?

4. 中国邮递员问题(chinese postman problem,CPP)

一名邮递员负责投递某个街区的邮件。如何为他(她)设计一条最短的投递路线(从邮局出发,经过投递区内每条街道至少一次,最后返回邮局)?由于这一问题是我国管梅谷教授 1960 年首先提出的,所以国际上称其为中国邮递员问题。

5. 旅行商问题(traveling salesman problem,TSP)

一名推销员准备前往若干城市推销产品。如何为他(她)设计一条最短的旅行路线(从驻地出发,经过每个城市恰好一次,最后返回驻地)?这一问题的研究历史十分悠久,通常称其为旅行商问题。

6. 运输问题(transportation problem)

某种原材料有 M 个产地,现在需要将原材料从产地运往 N 个使用这些原材料的工厂。假定 M 个产地的产量和 N 家工厂的需要量已知,单位产品从任一产地到任一工厂的运费已知，那么如何安排运输方案可以使总运输成本最低？

上述问题有两个共同的特点：一是它们的目的都是从若干可能的安排或方案中寻求某种意义下的最优安排或方案，数学上把这种问题称为最优化或优化(optimization)问题；二是它们都易于用图形的形式直观地描述和表达，数学上把这种与图相关的结构称为网络(network)。与图和网络相关的最优化问题就是网络最优化或称网络优化(network optimization)问题。所以上面例子中介绍的问题都是网络优化问题。由于多数网络优化问题是以网络上的流(flow)为研究对象的，因此网络优化又常常被称为网络流(network flows)或网络流规划等。

本章前两节介绍图论的基本概念，8.1 节首先介绍图的基本概念；8.2 节介绍图的路、连通性、矩阵表示。8.3 节至 8.7 节介绍数学建模常用的图论算法及图论在数学建模中的具体应用，为便于学习，每种算法都有详细实例及程序代码，其中 8.3 节介绍最短路问题算法及其应用，包括节点间最短路的狄克斯特拉(Dijkstra)算法、求每对顶点之间的最短路径弗洛伊德(Floyd)算法；8.4 节介绍树、最小生成树的基本概念及构造最小生成树的克鲁斯卡尔(Kruskal)算法和普里姆(Prime)算法等；8.5 节介绍二分图的匹配问题，包括最大匹配、完备匹配、最优匹配问题及两个常用算法——匈牙利算法和库恩-曼克里斯(Kuhn-Munkres)算法；8.6 节介绍欧拉图与哈密顿图，求欧拉回路的弗勒里(Fleury)算法，中国邮递员问题及其求解算法，旅行商(TSP)问题及其近似算法。

8.1　图的基本概念

图模型可以用来解决许多现实问题，例如分析人的遗传基因，寻找计算机网络中两台主机间的最短路由，平面电路板上的超大规模集成电路设计等。为了学习和应用图模型，首先要掌握关于图的一些基本概念。

图论起源于 18 世纪，第一篇图论论文是瑞士数学家欧拉于 1736 年发表的“哥尼斯堡的七座桥”。图论中所谓的“图”是指某类具体事物和这些事物之间的联系。如果用点表示这些具体事物，用连接两点的线段(直的或曲的)表示两个事物的特定联系，就得到了描述这个“图”的几何形象。图论为任何一个包含了一种二元关系的离散系统提供了一个数学模型，借助于图论的概念、理论和方法，可以对该模型求解。哥尼斯堡七桥问题就是一个典型的例子。在哥尼斯堡有七座桥将普莱格尔河中的两个岛及岛与河岸连接起来的问题是要从这四块陆地中的任何一块开始通过每一座桥正好一次，再回到起点。当然可以通过试验去尝试解决这个问题，但该城居民的任何尝试均未成功。欧拉为了解决这个问题，采用了建立数学模型的方法。他将每一块陆地用一个点来代替，将每一座桥用连接相应两点的一条线来代替，从而得到一个有四个“点”、七条“线”的“图”。问题成为从任一点出发一笔画出七条线再回到起点，见图 8.1.1。欧拉考察了一般一笔画的结构特点，给出了一笔画的一个判定法则：这个图是连通的，且每个点都与偶数线相关联，将这个判定法则应用于七桥问题，得到了“不可能走通”的结果，不但彻底解决了这个问题，而且开创了图论研究的先河。

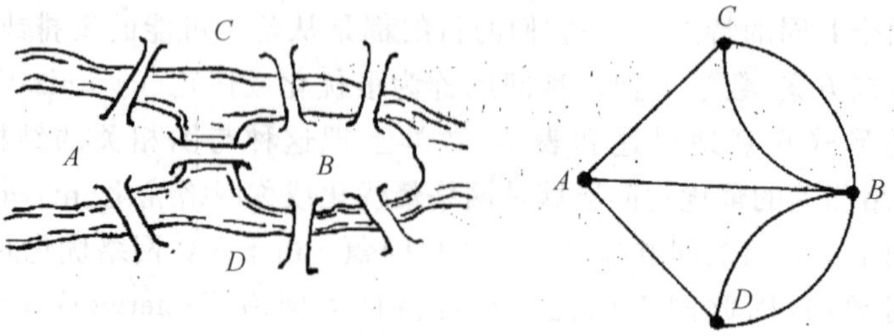

图 8.1.1　哥尼斯堡七桥问题

8.1.1　图的基本概念

图是由一个结点集合和这个结点集合中某些结点对之间的连线所组成的离散结构，其严格定义如下。

定义 8.1.1　一个图 G 可以表示为一个三元组 $G=<V(G),\ E(G),\ \varphi_G>$，其中 $V(G)$ 是一个非空的结点(vertices)(或顶点)集合，$E(G)$ 是边(edges)集合，φ_G 是从边集合到结点偶对集合上的关联函数(incidence function)。

设 $G=<V(G), E(G),\ \varphi_G>$ 是一个图，$e\in E(G)$，$u, v\in V(G)$，$\varphi_G(e)=[u,v]$，若 e 与 u 和 v 的顺序无关，则称 e 是图 G 的无向边(undirected edge)，结点 u 和 v 是 e 的两个端点(end points)；若 e 与 u 和 v 的顺序有关，则称 e 是图 G 的有向边(directed edge)，其中结点 u 称为 e 的始点，结点 v 称为 e 的终点；为了区别起见，无向边 $\varphi_G(e)=[u,v]$ 记为 $\varphi_G(e)=\{u,v\}$ 或 $e=\{u,v\}$，有向边 $\varphi_G(e)=[u,v]$ 记为 $\varphi_G(e)=<u,v>$ 或 $e=<u,v>$；无向边和有向边都可以称为边。

若将图 G 中的边集看作是由结点偶对所组成的集合，那么图通常也简记为 $G=<V,\ E>$。

为了直观地观察一个图的构成，通常用小圆圈表示图的结点，用两个结点间的一条无箭头连线表示两个结点关联的一条无向边，而用从始点到终点的一条带箭头的连线表示两个结点关联的一条有向边，这样就得到了一个图的图形化表示。由于表示结点的小圆圈和表示边的线的相对位置一般认为是无关紧要的，所以一个图的图示并不具有唯一性。

例 8.1.1　图 G_1 和 G_2 分别如图 8.1.2(a)(b)所示，分别给出 G_1 和 G_2 的形式定义。

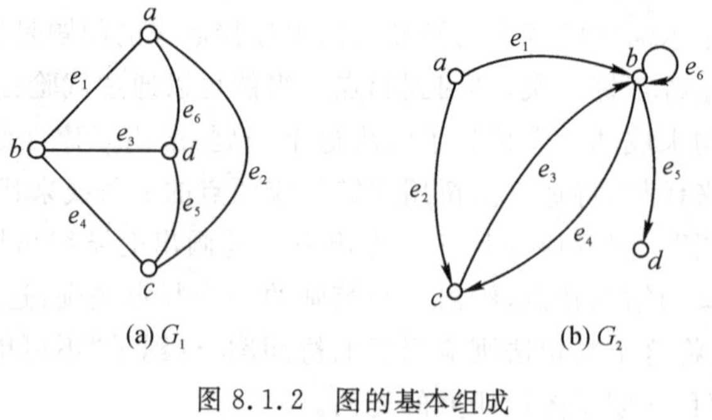

(a) G_1　　(b) G_2

图 8.1.2　图的基本组成

解　$G_1=<V(G_1),\ E(G_1),\ \varphi_{G_1}>$，其中

$$V(G_1)=\{a,\ b,\ c,\ d\}$$

$$E(G_1)=\{e_1,\ e_2,\ e_3,\ e_4,\ e_5,\ e_6\}$$

$$\varphi_{G_1}=\{<e_1, \{a,b\}>, <e_2, \{a,c\}>, <e_3, \{b,d\}>,$$
$$<e_4, \{b,c\}>, <e_5, \{c,d\}>, <e_6, \{a,d\}>\}$$

$G_2=<V(G_2), E(G_2), \varphi_{G_2}>$，其中

$$V(G_2)=\{a, b, c, d\}$$
$$E(G_2)=\{e_1, e_2, e_3, e_4, e_5, e_6\}$$
$$\varphi_{G_2}=\{<e_1, \{a,b\}>, <e_2, \{a,c\}>, <e_3, \{c,b\}>,$$
$$<e_4, \{b,c\}>, <e_5, \{b,d\}>, <e_6, \{b,b\}>\}$$

在图论理论研究和应用中，经常运用以下两种操作，设图 $G=<V, E>$。

8.1.1.1 删除图中的边或结点

设 $e\in E$，从 G 中删除 e 所得的图记为 $G-e$。又设 $E'\subseteq E$，从 G 中删除 E' 中所有的边所得的图记为 $G-E'$。

设 $v\in V$，从 G 中删除 v 及与 v 关联的边所得的图记为 $G-v$。又设 $V'\subset V$，从 G 中删除 V' 中所有结点及与这些结点关联的所有边所得的图记为 $G-V'$。

8.1.1.2 向图中添加边或结点

设 $u,v\in V$，将边 $e=[u,v]$ 添加到图 G 中所得的新图记为 $G+e$。又设边集 E'，$\forall[u,v]\in E'$ 均有 $u,v\in V$，将 E' 添加到图 G 中所得的新图记为 $G+E'$。

设有新结点 $v\notin V$，将 v 作为孤立结点添加到图 G 中所得的新图记为 $G+v$。

按结点集和边集是否为有限集，可将图分为有限图和无限图。

当一个图 $G=<V, E>$ 的结点集 V 和边集 E 都是有限集时，称该图为有限图。当一个图 $G=<V, E>$ 的结点集 V 或者边集 E 是无限集时，称该图为无限图。本章涉及的图均为有限图，通常用 $|E|$ 表示图 G 中的边数，用 $|V|$ 来表示图 G 中的结点数。

按边是否有方向，可将图分为无向图(undirected graph)、有向图(directed graph)和混合图(mixed graph)。

每条边都是无向边的图称为无向图，无向图的每条边关联的结点对都是无序偶对。每条边都是有向边的图称为有向图，有向图的每条边关联的结点对都是有序偶对，即 $\varphi_G: E(G)\to V(G)\times V(G)$。图中一些边是有向边，而另外一些边是无向边，称该图为混合图。

设 G 是一个有向图，如果将 G 中每条边的方向去掉所得到的无向图 G' 称为 G 的底图(underlying graph)。

如果两个结点关联于同一条边，那么称这两个结点是邻接点(adjacent vertices)。如果两条边存在公共的关联结点，那么称这两条边是邻接边。不与任何结点邻接的结点称为孤立结点(isolated vertices)。仅由若干个孤立结点组成的图称为零图(empty graph)，而仅由单个孤立结点组成的图称为平凡图(trival graph)。

设边 $e_1=e_2=\{u, v\}$ (或者边 $e_1=e_2=<u, v>$)，若 e_2 与 e_1 是两条不同的边，则称 e_1 与 e_2 是平行边(parallel edge)。若存在边 $e=[u,u]$，则称 e 为结点 u 上的自回路(self-loop)或环(ring)。

按是否含平行边和自回路可将图分为多重图(multigraph)、线图(line graph)和简单图(simple graph)。

含有平行边的图称为多重图。不含平行边的图称为线图。不含自回路的线图称为简单

图。图 8.1.3 给出了多重图、线图和简单图的示例。

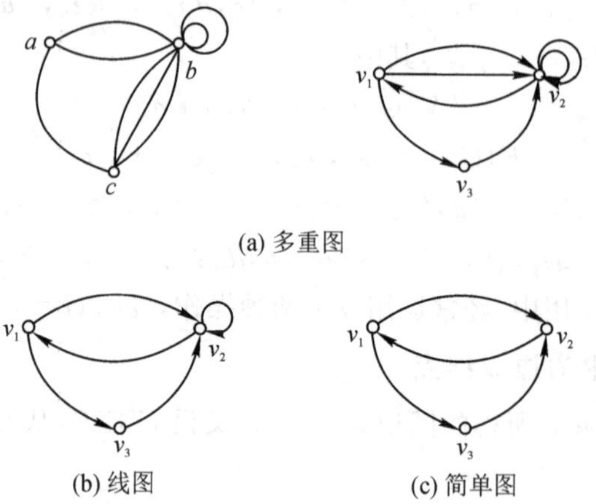

(a) 多重图

(b) 线图　　(c) 简单图

图 8.1.3　多重图、线图和简单图

有时为了特别的目的，我们可以给一个图中的结点或边标上相应的权值，这类图称为赋权图，赋权图的严格定义如下。

定义 8.1.2　赋权图(weight graph)G 是一个四重组 $<V, E, f, h>$，其中 f 是定义在结点集 V 到实数集 R 上的函数，h 是定义在边集 E 到实数集 R 上的函数。

图 8.1.4(a)是一个结点赋权图，而图 8.1.4(b)是一个边赋权图，一个图可以既是结点赋权图又是边赋权图。

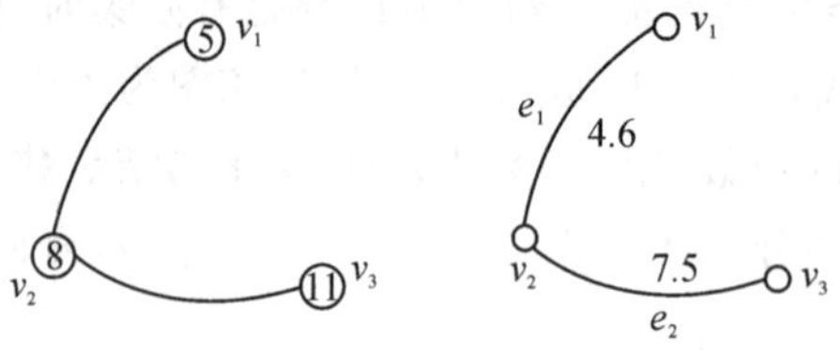

(a) 结点赋权图　　(b) 边赋权图

图 8.1.4　结点赋权图和边赋权图

8.1.2　结点的度数

定义 8.1.3　在图 $G=<V, E>$中，与结点 $v\in V$ 关联的边数称为该结点的度数(degree)，记为 $\deg(v)$。

若 G 是有向图，以结点 v 为终点的边数称为该结点的入度，记为 $\deg^-(v)$。以结点 v 为始点的边数称为该结点的出度，记为 $\deg^+(v)$，不难得出，$\deg(v)=\deg^-(v)+\deg^+(v)$。

定理 8.1.1　(握手定理)在任何图 $G=<V, E>$中，所有结点的度数和等于边数的两倍，即

$$\sum_{v\in V}\deg(v)=2|E|$$

证明　结点的度数由其关联的边所确定。任取一条边 $e\in E$，e 必关联两个结点，不妨设 $e=[u,v]$。边 e 给予其关联的结点 u 和 v 各一个度。因此在每个图中，结点的度数总和等于边数的两倍。

证毕。

推论 8.1.1　任何图中，奇数度的结点必为偶数个。

例 8.1.2　某学院毕业典礼结束时，师生相互致意、握手告别。试证明握过奇数次手的人数是偶数。

证明　构造一个无向图 G，G 中的每一个结点表示一个参加毕业典礼的人，若两个人握手一次，则在两人对应的结点间连接一条边。于是每个人握手的次数等于其对应结点的度数。由推论 8.1.1 知，度数为奇数的结点个数是偶数，所以握过奇数次手的人数为偶数。

证毕。

定理 8.1.2　在任何有向图 $G=\langle V, E\rangle$ 中，所有结点的入度之和等于所有结点的出度之和，即

$$\sum_{v\in V}\deg^{-}(v)=\sum_{v\in V}\deg^{+}(v)=|E|$$

证明　根据定理 8.1.1，有向图 $G=\langle V, E\rangle$ 满足 $\sum_{v\in V}[\deg^{-}(v)+\deg^{+}(v)]=2|E|$。因为任取一条边 $e=\langle u,v\rangle\in E$，$e$ 给其始点 u 带来一个出度，而给其终点 v 带来一个入度，所以图 G 中所有结点的入度和 $\sum_{v\in V}\deg^{-}(v)$ 等于出度和 $\sum_{v\in V}\deg^{+}(v)$，并且等于图中的边数 $|E|$ 。

证毕。

例 8.1.3　设有向简单图 D 的度数序列为 2、2、3、3，入度序列为 0、0、2、3，试求 D 的出度序列和该图的边数。

解　设图 D 的度数序列 2、2、3、3 所对应的结点分别为 v_1、v_2、v_3、v_4。由 $\deg(v)=\deg^{+}(v)+\deg^{-}(v)(i=1,2,3,4)$，得图 D 的出度序列为 2、2、1、0。图 D 的边数$=(2+2+3+3)/2=5$。

8.1.3　特殊的图

如图 8.1.5 所示的是一个以它的构造者彼得森命名的一个 3 -正则图，由于它具有许多奇特的性质，又被称作“单星妖怪(snark graph)”。

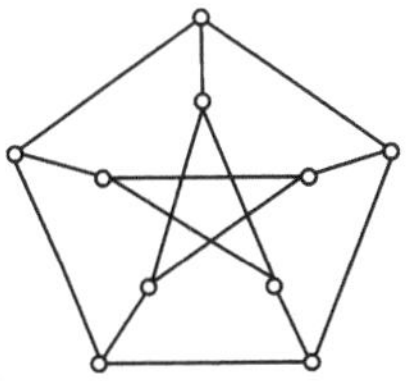

图 8.1.5　3 -正则图

定义 8.1.4　无向简单图 $G=\langle V, E\rangle$ 中，如果任何两个不同结点间都恰有一条边相连，则称该图为无向完全图。n 个结点的无向完全图(complete undirected graph)记为 K_n。

无向完全图 K_4 和 K_5 分别如图 8.1.6(a)(b)所示。

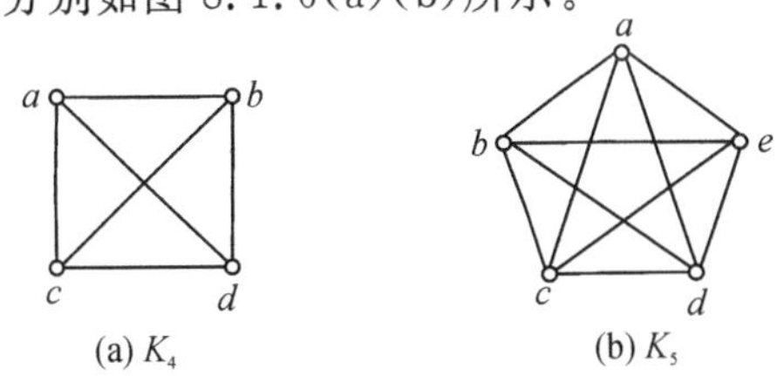

图 8.1.6　无向完全图

定义 8.1.5 若有向图 $G=<V, E>$满足 $E=V\times V$,则称 G 为有向完全图(complete directed graph)记为 D_n。如图 8.1.7 所示是四个结点的有向完全图 D_4。

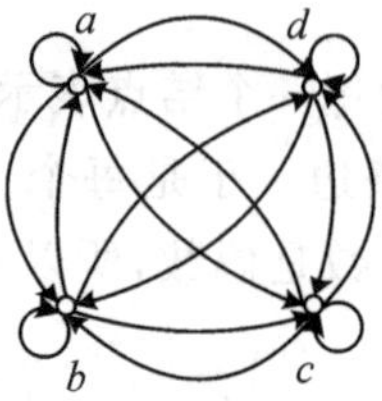

图 8.1.7 有向完全图

不难得到,具有 n 个结点的无向完全图 K_n 共有 $n(n-1)/2$ 条边,具有 n 个结点的有向完全图 D_n 共有 n^2 条边。

定义 8.1.6 设$G=<V, E>$是无向图,结点集合 V 如果可以划分成两个不相交的子集 X 和 Y,使得 G 中的每一条边的一个端点在 X 中而另一个端点在 Y 中,则称 G 为二部图(bipartite graph),记为 $G=<X, E, Y>$。

二部图必无自回路,但可以有平行边。为了观察方便,通常将二部图两个结点子集 X 和 Y 中的结点各排一行。

通过对结点进行 A-B 标号,可以简单地判定一个图是否为二部图。首先给任意一个结点标上 A,给标记为 A 的结点邻接的结点标上 B,再将标记为 B 的结点邻接的结点标上 A……如此重复下去,如果这个过程可以完成,使得不相邻的结点标上相同的字母,则该图是二部图;否则,它就不是二部图。

例 8.1.4 判断图 8.1.8(a)是否是二部图。

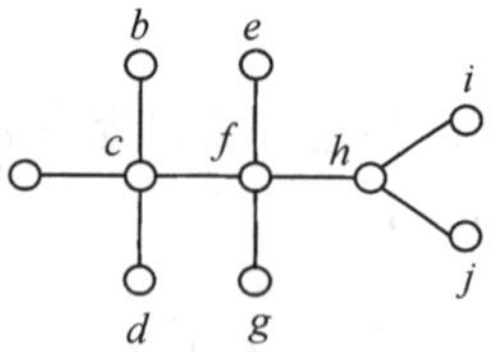

(a) 判断图

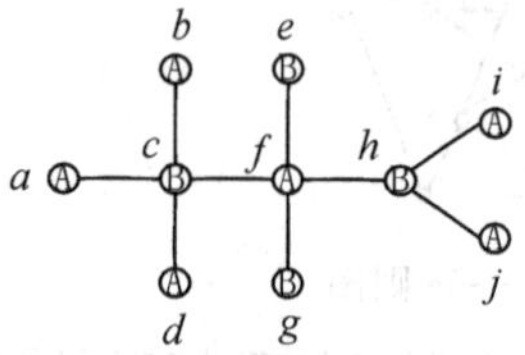

(b) 标号

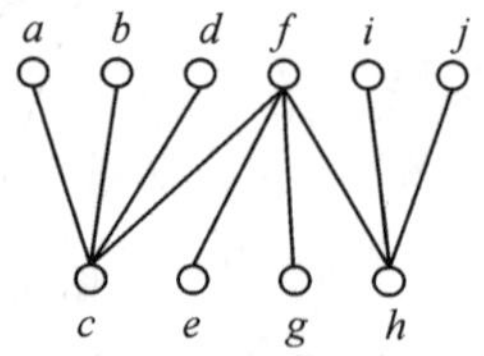

(c) 邻接结点

图 8.1.8 二部图判断过程图

解 对图中的结点进行 A-B 标号,如图 8.1.8(b)所示,该图是一个二部图。可以将其画成如图 8.1.8(c)那样的同构图,这样可以直观地看出它是一个二部图。

设 $G=<X, E, Y>$是一个二部图,若 G 是一个简单图,并且 X 中的每个结点与 Y 中的每个结点均邻接,则称 G 为完全二部图。如果$|X|=m$, $|Y|=n$,在同构的意义下,这样的完全二部图只有一个,记为 $K_{m,n}$。

完全二部图 $K_{2,4}$ 和 $K_{3,3}$ 分别如图 8.1.9(a)(b)所示。

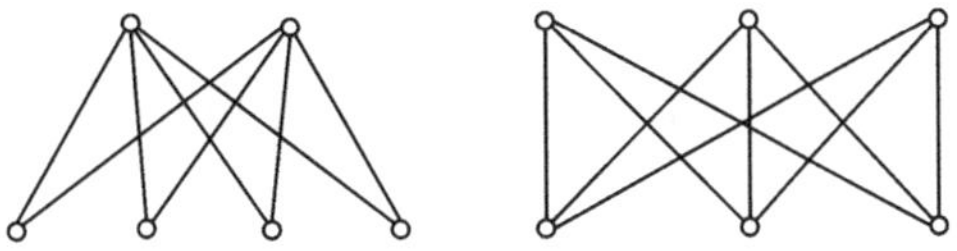

(a) $K_{2,4}$　　(b) $K_{3,3}$

图 8.1.9　完全二部图

对于一个完全二部图 $G=<X, E, Y>$，X 中的每一个结点与 Y 中的每个结点间恰有一条边，因此 G 中共有 $|X|\cdot|Y|$ 条边。

8.1.4　子图与补图

定义 8.1.7　设图 $G=<V, E>$、$G'=<V', E'>$，若有 $E'\subseteq E$ 且 $V'\subseteq V$，则称 G' 为 G 的子图(subgraph)。

若 G' 是 G 的子图，且有 $V'=V$，则称 G' 是 G 的生成子图(spanning subgraph)。

设 G' 是 G 的子图，G' 中无孤立结点，且 G' 由边集 $E'\subseteq E$ 唯一确定，则称 G' 为由边集 E' 导出的子图。

设 G' 是 G 的子图，若对于 V' 中的任意结点偶对 $[u, v]$，$[u, v]\in E$ 时就有 $[u, v]\in E'$，则称 G' 为由结点集 V' 导出的子图。

定义 8.1.8　给定一个图 G，由 G 中所有的结点及所有能使 G 成为完全图的添加边组成的图，称为 G 相对于完全图的补图，简称为 G 的补图，记为 $\bar{G}$。

8.1.5　图的同构

定义 8.1.9　设 $G=<V, E>$ 和 $G'=<V', E'>$，如果存在双射函数 $f: V\to V'$ 和 $g: E\to E'$，对于任何 $e=[v_i, v_j]\in E$ 且 $e'\in E'$，$e'=g(e)$，当且仅当 $e'=[f(v_i), f(v_j)]$，则称 G 与 G' 同构(isomorphism)，记为 $G\cong G'$。

同构的图是等价的图，只是结点和边的命名不同。例如，图 8.1.10 就给出了图 8.1.5 所示的“单星妖怪”的另一种图示方式。

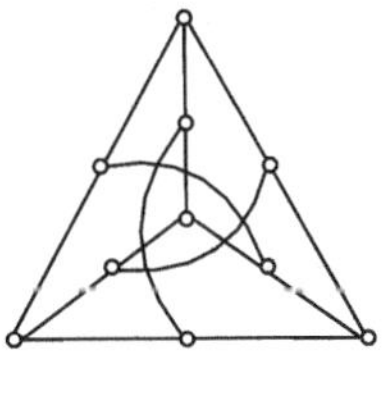

图 8.1.10　图 8.1.5 另一种图示

根据图同构的定义可以看出，两图同构应具备以下必要条件：

(1)结点数相等；

(2)边数相等；

(3)度数序列相同。

但这并不是两个图同构的充分条件，判断图之间是否同构尚未找到一种简单有效的方法。

8.2　图的路、连通性及图的矩阵表示

8.2.1　路和回路

路和回路是图中两个重要的基本概念，图的很多性质与之相关。

定义 8.2.1　给定图 $G=<V, E>$，设 $v_0, v_1, \cdots, v_n \in V$，$e_1, e_2, \cdots, e_n \in E$，其中 e_i 是关联于结点 v_{i-1} 和 v_i 的边。称点边交替序列 $v_0e_1v_1e_2\cdots v_{n-1}e_nv_n$ 为连接结点 v_0 到 v_n 的路(walk)。v_0 称为该路的始点，v_n 称为该路的终点，$v_1, v_2, \cdots, v_{n-1}$ 称为该路的内点。

在线图中，因为不存在多重边，路可仅用结点序列表示。在有向图中，结点数大于 1 的路亦可仅用边序列表示。

若一条路中经过的所有结点 $v_0, v_1, \cdots, v_n$ 均不相同，则称该路为通路(path)。若一条路中经过的所有边 $e_1, e_2, \cdots, e_n$ 均不相同，则称该路为迹(trail)，并将始点与终点不同的迹称为开迹(open trail)。

由以上定义可以看出，通路一定是迹，但迹不一定是通路。

定义 8.2.2　始点与终点相同的路称为回路(circuit)。

经过的每条边均不相同的回路称为闭迹(closed trail)。除始点与终点外其余结点均不相同的闭迹称为圈(cycle)。一个长度为 k 的圈称为 k 圈，根据 k 是奇数或偶数又可分为奇圈或偶圈。显然，自回路是长度为 1 的奇圈。

例 8.2.1　在图 8.2.1 中分别找出一条路、通路、开迹、闭迹和圈。

解　例如可以在图中找到以下路。

(1)路：$v_1\ e_2\ v_3\ e_3\ v_2\ e_3\ v_3\ e_7\ v_5\ e_7\ v_3$。

(2)通路：$v_4\ e_8\ v_5\ e_6\ v_2\ e_1\ v_1\ e_2\ v_3$。

(3)开迹：$v_5\ e_8\ v_4\ e_5\ v_2\ e_6\ v_5\ e_7\ v_3\ e_4\ v_2$。

(4)闭迹：$v_2\ e_1\ v_1\ e_2\ v_3\ e_3\ v_2\ e_4\ v_3\ e_7\ v_5\ e_6\ v_2$。

(5)圈：$v_2\ e_1\ v_1\ e_2\ v_3\ e_7\ v_5\ e_6\ v_2$。

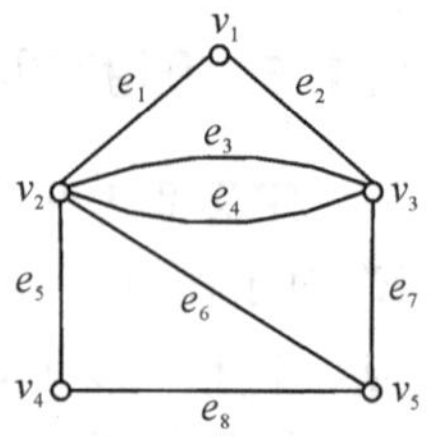

图 8.2.1　例 8.2.1 图

定义 8.2.3　一条路中所含的边数称为该路的长度。

定理 8.2.1　在一个具有 n 个结点的图中，如果从结点 v_i 到 v_j 存在一条路，则从结点 v_i 到结点 v_j 必存在一条长度小于 n 的路。

证明　设结点 v_i 到结点 v_j 存在一条路 P，且 P 中含有 $l\ (l \geqslant 0)$条边，则该路上必通过 $l+1$ 个结点。

(1)若 $l<n$，则 P 就是满足要求的一条路。

(2)若 $l \geqslant n$，则路 P 通过的结点数大于等于 $n+1$。根据鸽巢原理，必存在结点 v_s，它在 P 中不止一次出现，即该路必有结点序列 $v_i \cdots v_s \cdots v_s \cdots v_j$，如图 8.2.2 所示。从路 P 中去掉从 v_s 到 v_s 之间出现的这些边，得到从 v_i 到 v_j 的路 P'，P' 比 P 的长度短。

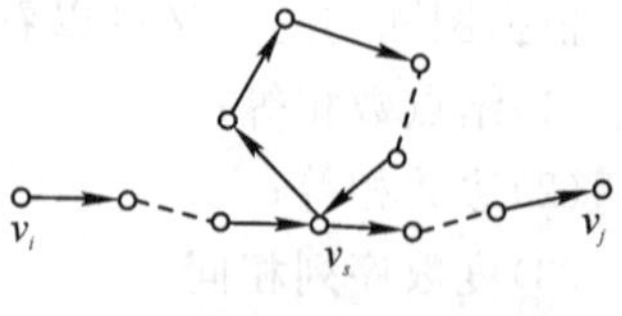

图 8.2.2　路的长度

如此重复进行下去，必定可以得到从结点 v_i 到结点 v_j 的一条长度小于 n 的路。

证毕。

推论 8.2.1　在一个具有 n 个结点的图中，如果从结点 v_i 到结点 v_j 存在一条路，则从结点 v_i 到结点 v_j 必存在一条长度小于 n 的通路。

推论 8.2.2　在一个具有 n 个结点的图中，如果存在闭迹，则必存在一条长度小于等于 n 的圈。

定理 8.2.2　每个结点的度数至少等于 2 的无向图中必含有圈。

证明　设 $G=<V, E>$是一个每个结点度数均大于 2 的无向图。在图 G 中找一条最长通路 $P=v_0, v_1, \cdots, v_{p-1}, v_p$。由于 P 是最长通路，因此结点 v_p 关联的结点均在$\{v_0, v_1, \cdots, v_p\}$中；否则，可以延长通路 P 得到长度更长的一条通路。又 v_p 的度数大于 2，因此必然存在除通路 P 中边$\{v_{p-1}, v_p\}$外的另外一条边 e 使得 v_p 关联于$\{v_0, v_1, \cdots, v_p\}$中的结点 v_i。于是通路 P 与边$\{v_p, v_i\}$必构成一个圈。

证毕。

定义 8.2.4　图 $G=<V, E>$，结点 $v_i, v_j \in E$，从 v_i 到 v_j 的最短通路长度称为结点 v_i 到 v_j 的距离，记为 $d(v_i, v_j)$。若不存在从 v_i 到 v_j 的路，则令 $d(v_i, v_j)=\infty$。

结点间的距离满足以下性质：

(1)$d(v_i, v_j)\geqslant 0$；

(2)$d(v_i, v_i)=0$；

(3)$d(v_i, v_k)+d(v_k, v_j)\geqslant d(v_i, v_j)$(三角不等式)。

8.2.2　无向图的连通性

定义 8.2.5　设图 $G=<V, E>$，$u, v\in V$，如果存在一条以 u 为始点且以 v 为终点的路，则称图 G 中从 u 到 v 可达。

定义 8.2.6　在一个无向图中，若结点 u 和结点 v 之间存在一条路，则 u 和 v 相互可达，称结点 u 和结点 v 是连通的(connected)。

不难验证，一个无向图 $G=<V, E>$中结点集 V 上的连通关系是一个等价关系，这个等价关系诱导了 V 的一个划分 $\pi=\{V_1, V_2, \cdots, V_m\}$，使得两个结点 v_i 和 v_j 是连通的，当且仅当它们属于同一个 $V_k\in\pi$。并且称由结点集导出的子图 $G(V_1)$，$G(V_2)$，…，$G(V_m)$为图 G 的连通分支。G 的连通分支个数记为 $\omega(G)$。

定义 8.2.7　一个无向图若任意两个结点都是连通的，则称其为一个连通无向图。

图 8.2.3(a)所示是一个连通无向图，它恰有一个连通分支。图 8.2.3(b)所示是一个非连通的无向图，它有三个互不连通的分支。

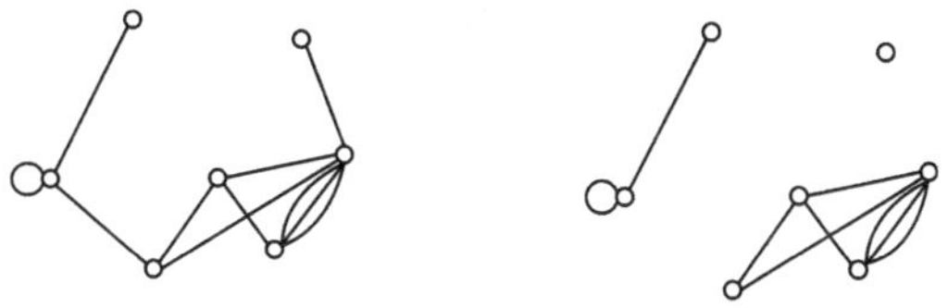

(a) 连通无向图　　(b) 非连通无向图

图 8.2.3　连通无向图和非连通无向图

定义 8.2.8　设无向图 $G=<V, E>$为连通图，若有点集 $V_1\subset V$，使图 G 删除了 V_1 中的所有结点后，所得子图变为非连通的，而删除了 V_1 的任何真子集后，所得子图仍是连通的，则

称 V_1 为 V 的一个点割集(cut vertices)。若某一个结点构成一个点割集,则称该结点为割点(cut vertex)。

如图 8.2.4 所示,结点 s 是图中的割点。

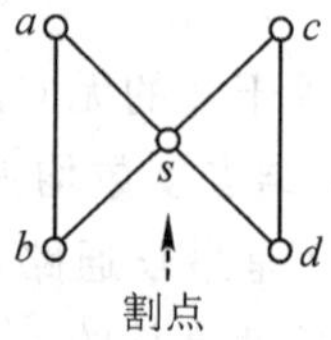

图 8.2.4　割点

定理 8.2.3　连通无向图 G 中的一个结点是割点,当且仅当存在两个结点间的每条路都要通过该点。

证明　(1)若结点 w 是连通图 $G=\langle V, E\rangle$ 的一个割点,设删除 w 得到子图 $G-w$,则 $G-w$ 中至少包含两个互不连通的分支,不妨设为 $G_1=\langle V_1, E_1\rangle$ 和 $G_2=\langle V_2, E_2\rangle$。任取 $u\in V_1$, $v\in V_2$,因为 G 是连通的,任取 G 中一条连接 u 和 v 的路 P,假设 P 不通过 w,这与 u 和 v 在 $G-w$ 中不连通矛盾,因此 P 必通过 w。故 u 和 v 之间的任意一条路都要经过 w。

(2)反之,若连接图 G 中两个结点 u 和 v 的每一条路都经过 w,则删去 w 得到子图 $G-w$ 中 u 和 v 必不连通,故 w 是图 G 的一个割点。

证毕。

定义 8.2.9　设无向图 $G=\langle V, E\rangle$ 为连通图,若边 $E_1\subset E$,使得从 G 中删除 E_1 中的所有边后所得子图是不连通的,而删除了 E_1 的任一真子集后所得的子图仍是连通的,则称 E_1 为 G 的一个边割集(cut edges)。若某条边构成边割集,则称该边为割边(cut edge)或桥(bridge)。

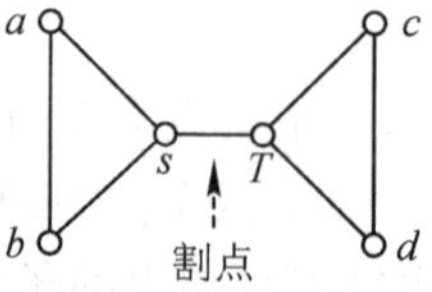

图 8.2.5　割边

定理 8.2.4　无向图 G 中的一条边是割边,当且仅当它不包含在 G 的任一圈中。

证明　(1)设图 G 中的边 $e=(u, v)$ 不包含在任一圈中,则结点 u 和 v 之间除 e 外无其他任何通路。否则,若 u 和 v 之间存在另外一条通路,那么该通路加上边 e 将构成一个圈,与题设矛盾。因此,从图 G 中删除边 e 后,结点 u 与 v 将不连通,故 e 是一条割边。

(2)设 e 是 G 中的一条割边,假设 e 包含在某一圈中,则删除 e 后将不影响图 G 的连通性,这显然与 e 是割边矛盾。所以 e 不包含在 G 的任一圈中。

证毕。

8.2.3　有向图的连通性

定义 8.2.10　在有向图 $G=\langle V, E\rangle$ 中,若对于任意结点偶对都是相互可达的,则称图 G 是强连通的。若对于任意结点偶对,至少有一个结点到另一个结点是可达的,则称图 G 是单侧连通的。如果图 G 的底图是连通的,则称 G 是弱连通的。

图 8.2.6 分别是强连通、单侧连通和弱连通的有向图。

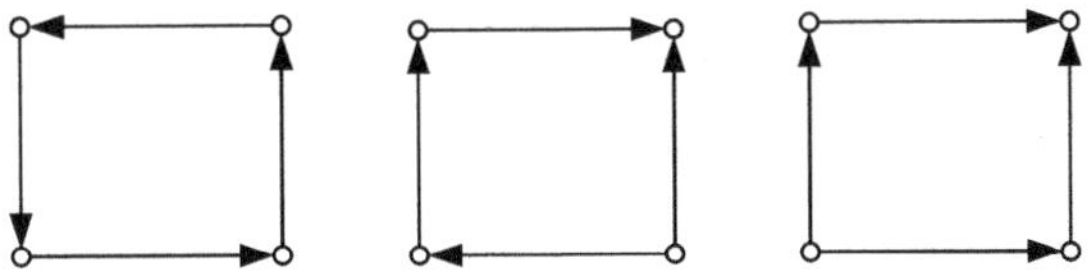

(a) 强连通的　　(b) 单侧连通的　　(c) 弱连通的

图 8.2.6　有向图的连通性

有向图的连通性之间有这样的关系：若图 G 是强连通的，则它必是单侧连通的；若图 G 是单侧连通的，则它必是弱连通的。

定理 8.2.5　一个有向图是强连通的，当且仅当图中存在一条回路，它至少包含每个结点一次。

证明　设 G 是一个有向图。

(1)如果图 G 中存在一条包含每个结点至少一次的回路，则 G 中任意两个结点通过这条回路是相互可达的，故 G 是强连通的。

(2)如果有向图是强连通的，则任意两个结点都是相互可达的。假设图 G 中不存在包含每个结点至少一次的回路。

在图 G 中找到一条包含最多结点的回路 C，它不包含结点 v。因为 G 是强连通的，则有 v 与 C 中任一结点 u 必然相互可达，即 u 和 v 之间可以构成一条有向回路 C'，那么可以将 C 和 C' 连接为除 C 中结点外还包含结点 v 的回路，这与 C 是包含结点最多的回路矛盾。故图 G 中存在包含每个结点至少一次的回路。

证毕。

定义 8.2.11　在有向图 $G=<V, E>$ 中，G' 是 G 的子图，若 G' 是强连通(单侧连通、弱连通)的，且不存在 $G''\supset G'$ 并且 G'' 也是强连通(单侧连通、弱连通)的，则称 G' 为 G 的强(单侧、弱)分图。

不难验证，一个强连通图 $G=<V, E>$ 中结点集 V 上的"同处一个强连通分图中"的关系是一个等价关系，这个等价关系也诱导了 V 的一个划分 $\pi=\{V_1, V_2, \cdots, V_m\}$，使得两个结点 v_i 和 v_j 是连通的，当且仅当它们属于同一个 $V_k\in\pi$。由结点集导出的子图 $G(V_1)$，$G(V_2)$，$\cdots$，$G(V_m)$ 即为图 G 强连通分图。一个单侧强连通图 $G=<V, E>$ 中结点集 V 上的"同处一个弱连通分图中"的关系仅满足自反性和对称性，此关系诱导了 V 的一个覆盖 $\pi=\{V_1, V_2, \cdots, V_m\}$。由结点集导出的子图 $G(V_1)$，$G(V_2)$，$\cdots$，$G(V_m)$ 即为图 G 的弱连通分图。而求有向图 $G=<V, E>$ 中的弱连通分图等价于求 G 的底图中的连通分支。

例 8.2.2　有向图 $G=<V, E>$ 如图 8.2.7 所示，求 G 的强分图、单侧分图和弱分图。

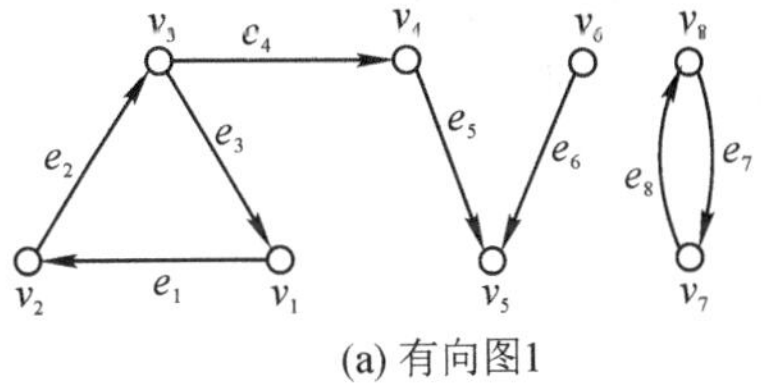

(a) 有向图1

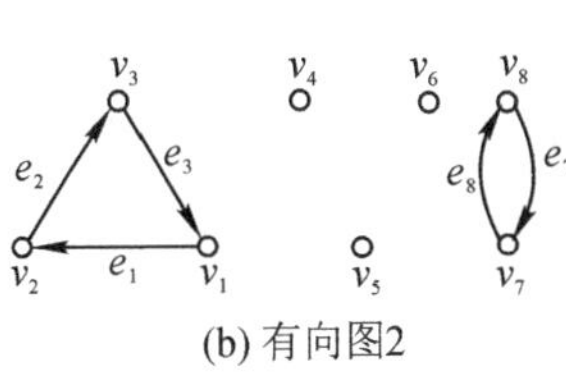

(b) 有向图2

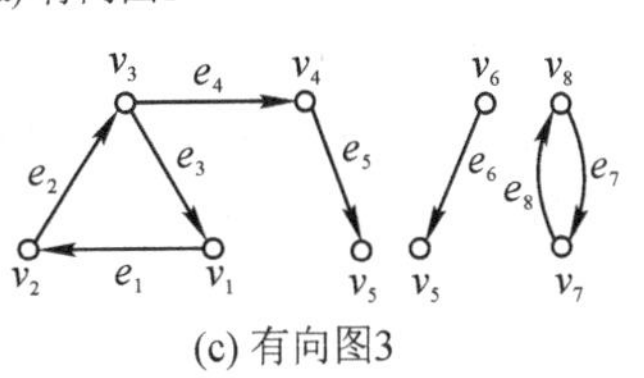

(c) 有向图3

图 8.2.7　有向图

解　(1)G 的强分图有 5 个，如图 8.2.7(b)所示；

(2)G 的单侧分图有 3 个，如图 8.2.7(c)所示；

(3)G 的弱分图就是 G。

8.2.4　图的矩阵表示

用数学语言定义的图是精确的，却抽象不易理解；用图形表示的图是形象直观的，却存在不唯一性。本节介绍图的另一种表示方法：邻接矩阵。使用矩阵的方法表示图可以将图的问题变成数值计算问题，便于使用计算机存储和处理图的信息，也便于用代数的知识来研究图的性质。

定义 8.2.12　设 $G=\langle V, E\rangle$ 是一个线图，结点集 $V=\{v_1, v_2, \cdots, v_n\}$，则 n 阶方阵 $\boldsymbol{A}(G)=[a_{ij}]_{n\times n}$ 称为 G 的邻接矩阵(adjacency matrix)。其中

$$a_{ij}=\begin{cases}1 & [v_i,v_j]\in E\\ 0 & [v_i,v_j]\notin E\end{cases}$$

例 8.2.3　设 G_1 是有向图，G_2 是无向图，分别如图 8.2.8(a)和(b)所示，写出 G_1 和 G_2 的邻接矩阵。

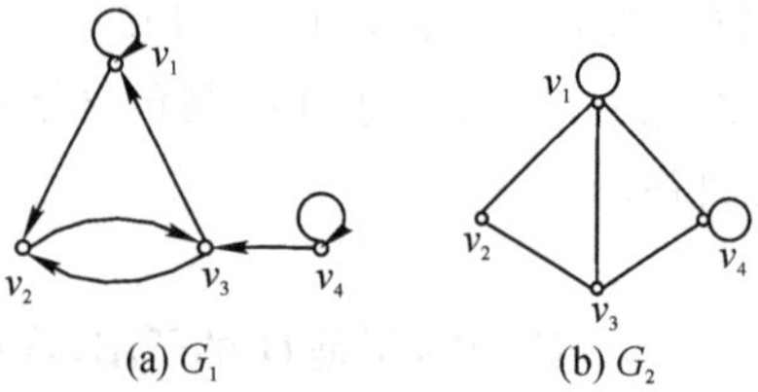

图 8.2.8　有向图与无向图

解

$$\boldsymbol{A}(G_1)=\begin{matrix} & V_1 & V_2 & V_3 & V_4\\ V_1 & 1 & 1 & 0 & 0\\ V_2 & 0 & 0 & 1 & 0\\ V_3 & 1 & 1 & 0 & 0\\ V_4 & 0 & 0 & 1 & 1\end{matrix},\quad \boldsymbol{A}(G_2)=\begin{matrix} & V_1 & V_2 & V_3 & V_4\\ V_1 & 1 & 1 & 1 & 1\\ V_2 & 1 & 0 & 1 & 0\\ V_3 & 1 & 1 & 0 & 1\\ V_4 & 1 & 0 & 1 & 1\end{matrix}$$

当结点编号次序不同时，同一个图所得的邻接矩阵可能不同。但互相同构的图总可以通过有限次的行、列变换而得到相同的邻接矩阵。

邻接矩阵可展示相应图的一些性质：

(1)若邻接矩阵的元素全为零，则其对应的图是零图；

(2)若邻接矩阵的元素除主对角线元素外全为 1，则其对应的图是连通的且为简单完全图。

此外，当给定的简单图是无向图时，邻接矩阵是对称矩阵；反之，若给定任何对称矩阵 $\boldsymbol{A}$，显然可以唯一地作出以 $\boldsymbol{A}$ 为其邻接矩阵的简单图 G。于是，所有 n 个结点的不同编序的简单图的集合与所有 n 阶对称矩阵的集合可建立一一对应。

当给定的图是简单有向图时，其邻接矩阵并非一定是对称矩阵，但所有 n 个结点的不同编序的简单图的集合，与所有 n 阶邻接矩阵的集合亦可建立一一对应。

不仅如此，通过对矩阵元素的一些计算还可以得到对应图的某些数量的特征。

在给定简单有向图的邻接矩阵中，第 i 行元素由从结点 v_i 出发的弧所确定，故第 i 行中值为 1 的元素数目等于结点 v_i 的出度。同理，第 j 列中值为 1 的元素数目等于结点 v_j 的入度。即 $d^+(v_i)=\sum_{k=1}^{n} a_{ik}$ 和 $d^-(v_j)=\sum_{k=1}^{n} a_{kj}$

由给定简单图 G 的邻接矩阵 $\boldsymbol{A}$ 可计算出矩阵 $\boldsymbol{A}$ 的 l 次幂，即 $\boldsymbol{A}^l$。若第 i 行第 j 列上的元素 a_{ij}^l 便是 G 中从第 i 个结点 v_i 到第 j 个结点 v_j 长度为 l 的链（或路）的数目。为说明此事实，今给出下面定理。

定理 8.2.6　设 $\boldsymbol{A}$ 为简单图 G 的邻接矩阵，则 $\boldsymbol{A}^l$ 中的 i 行 j 列元素 a_{ij}^l 等于 G 中连接 v_i 到 v_j 的长度为 l 的链（或路）的数目。

在一些实际问题中，有时要判定图中结点 v_i 到结点 v_j 是否可达，或者说 v_i 到 v_j 是否存在一条链（或路）。如果要利用图 G 的邻接矩阵 $\boldsymbol{A}$，则应计算 $\boldsymbol{A}^2,\boldsymbol{A}^3,\cdots,\boldsymbol{A}^n,\cdots$。当发现其中某个 $\boldsymbol{A}^r\geqslant 1$，就表明 v_i 可达 v_j，或 v_i 到 v_j 存在一条链（或路）。但这种计算量大，又不知计算 $\boldsymbol{A}^r$ 到何时为止。

根据定理 8.2.6 可知，对于有 n 个结点的图，任何基本链（或路）的长度不大于 $n-1$，任何基本圈（或回路）的长度不大于 n。因此，只需考虑 a_{ij}^r 就可以了，其中 $1\leqslant r\leqslant n$。即只要计算 $\boldsymbol{B}_n=\boldsymbol{A}+\boldsymbol{A}^2+\boldsymbol{A}^3+\cdots+\boldsymbol{A}^n$。

如果关心的是结点间可达性或结点间是否有链（或路），至于结点间的链存在多少条及长度是多少无关紧要，那么便可用下面的定义图的可达矩阵来表示结点间可达性。

定义 8.2.13　给定图 $G=\langle V,E\rangle$，将其结点按下标编序得 $V=\{v_1,v_2,\cdots,v_n\}$。定义一个 n 阶方阵 $\boldsymbol{P}=(p_{ij})$，其中

$$p_{ij}=\begin{cases}1 & \text{从 } v_i \text{ 到 } v_j \text{ 至少存在一条路}\\ 0 & \text{从 } v_i \text{ 到 } v_j \text{ 不存在路}\end{cases}$$

称矩阵 $\boldsymbol{P}$ 是图 G 的可达矩阵。

可见，可达矩阵表明了图中任意两结点间是否至少存在一条链（或路）以及在结点处是否有圈（或回路）。

从图 G 的邻接矩阵 $\boldsymbol{A}$ 可以得到可达矩阵 $\boldsymbol{P}$，即令 $\boldsymbol{B}_n=\boldsymbol{A}+\boldsymbol{A}^2+\boldsymbol{A}^3+\cdots+\boldsymbol{A}^n$，再到 $\boldsymbol{B}_n$ 中非零元素改为 1 而零元素不变，这种变换后的矩阵即是可达矩阵 $\boldsymbol{P}$。

介绍一种有效的方法——沃舍尔（Warshall）算法，它由邻接矩阵 $\boldsymbol{A}$ 依下面给出的步骤便能计算 $\boldsymbol{A}+$。其步骤如下：

(1) $\boldsymbol{P}\leftarrow\boldsymbol{A}$；

(2) $k\leftarrow 1$；

(3) $i\leftarrow 1$；

(4) 若 $p_{ik}=1$，对 $j=1,2,\cdots,n$ 作 $p_{ij}\leftarrow p_{ij}\vee p_{kj}$；

(5) $i\leftarrow i+1$，若 $i\leqslant n$ 则转(4)；

(6) $k\leftarrow k+1$，若 $k\leqslant n$ 则转(3)，否则停止。

该算法的关键一步是(4)，它判定如果 $p_{ik}=1$，将第 i 行和第 k 行的各对应元素作布尔和或逻辑加后送到第 i 行中去。

8.3 最短路问题算法及其应用

8.3.1 两个指定顶点之间的最短路径

设$G=<V, E, \omega>$是一个边赋权简单图，ω 是从边集 E 到正实数集合上的函数，边$[u, v]$上的权值记为$\omega(u,v)$。若结点 v_i 到 v_j 没有边，那么不妨设 $\omega(u,v)=\infty$。

边赋权图可以用来对很多现实问题进行建模。例如，在铁路交通网络图中，边上的权值可以用来表示两个城市间铁路线的长度；在通信线路图中，边上的权值可以表示通信线路的建造费用、使用时间等。

定义 8.3.1 设$G=<V, E, \omega>$是一个边赋权简单图，P 是 G 中的一条路，P 中所有边的权值和称为路 P 的长度，记为 $\omega(P)$。图 G 中从结点 u 到结点 v 的长度最小的路称为 u 到 v 的最短路，u 到 v 的最短路的长度称为 u 到 v 的距离，记为 $d(u,v)$。当图 G 中边上的权均为 1 时，此距离与 8.2.1 节的距离就完全相同。特别地，当 u 到 v 不可达时，令 $d(u,v)=\infty$。

$$d(u,v)=\begin{cases}\min\{\omega(P)\mid P\text{ 是从 }u\text{ 到 }v\text{ 的路}\}\\ \infty \qquad \text{若 }u\text{ 到 }v\text{ 不可达}\end{cases}$$

最短路问题就是在一个边赋权图中求给定结点 s(源)到其他结点的最短路或距离，通常称为单源最短路问题。下面介绍求最短路的狄克斯特拉算法，它是由计算机科学家狄克斯特拉(Dijkstra)于 1959 年提出的。

狄克斯特拉算法基于这样一个事实：从 s 到 t 的最短路如果通过结点 v，那么 s 到 v 的部分必然也是从 s 到 v 的最短路，这样就可以按照距离递增的顺序依次寻找 s 到其他结点的最短路。算法维护一个已计算出从 s 到其最短路的结点集 T，显然 $V-T$ 表示尚未计算出从 s 到其最短路的结点集。初始时 $T=\{s\}$，每次迭代计算从 s 到 $V-T$ 中每个结点 x 且所有内点属于 T 的最短路 $p(s,x)$ 及其长度 $l(s,x)$，并将 $l(s,x)$ 值最小的结点 x 转移到集合 T 中，此时的 $p(s,x)$ 为从 s 到 x 的一条最短路，$l(s,x)$ 等于 s 到 x 的距离，当 $T=V$ 时算法结束。算法的具体过程如下：

(1)令 $T=\{s\}$；对于 $V-T$ 中的每个结点 v，令 $l(s,v)=\omega(s,v)$，$p(s,v)=[s,v]$。

(2)选取满足 $l(s,x)=\min\limits_{v\in V-S}\{l(s,v)\}$ 的结点 x，并令 $T=T\cup\{x\}$。

(3)若 $T=V$，算法结束。

(4)对于 $V-T$ 中的每个结点 v，令

$$\begin{cases}l(s,v)=l(s,v),p(s,v)=p(s,v) & l(s,v)\leqslant l(s,x)+\omega(x,v)\\ l(s,v)=l(s,x)+\omega(x,v),p(s,v)=p(s,x)\cup[x,v] & l(s,x)+\omega(x,v)\leqslant l(s,v)\end{cases}$$

转步骤(2)。

定理 8.3.1 给定一个边赋权简单图 $G=<V, E, \omega>$和源点 $s\in V$，狄克斯特拉算法对图 G 中的任意结点 $v\in V$ 计算出了 s 到 v 的距离 $d(s,v)$。

证明 针对算法中的每次迭代，证明以下两个命题成立：

(1)对于 $x\in V-T$，若 $l(s,x)=\min\limits_{v\in V-S}\{l(s,v)\}$，则 $l(s,x)=d(s,x)$；

(2)对于 $x\in V-T$，若 $l(s,x)=\min\limits_{v\in V-S}\{l(s,v)\}$，$T'=T\cup\{x\}$，则对于 $V-T'$ 中的每个

结点 v，$l'(s,v)=\min\{l(s,v),l(s,x)+\omega(x,v)\}$。

对于命题(1)，假设 $l(s,x)>d(s,x)$，那么必存在一条 s 到 x 的长度小于 $l(s,x)$ 的路 P。由于 $l(s,x)$ 是从 s 到 x 且所有内点属于 T 的最短路的长度，因此 P 中必包含内点 $v'\in V-T$，如图 8.3.1 所示。显然，$l(s,v')<l(s,x)$，这与 $l(s,x)=\min\limits_{v\in V-S}\{l(s,v)\}$ 矛盾。可见命题(1)成立。

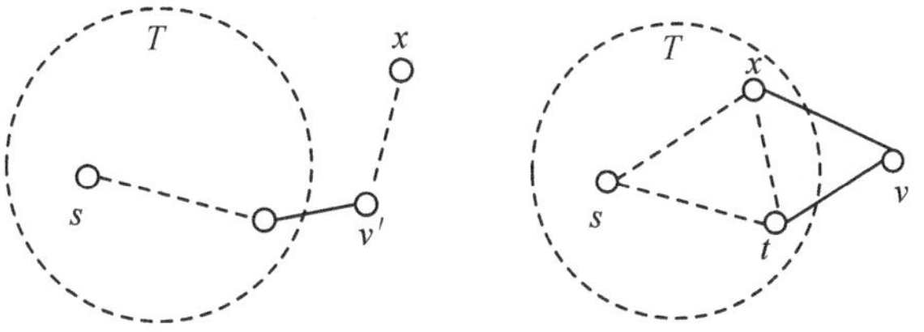

(a) 情况1　　　(b) 情况2

图 8.3.1　最短路图

对于命题(2)，设已找到的 s 到 x 的最短路为 $p(s,x)$，对 $V-T'$ 中的每个结点 v 分以下两种情况讨论。

(1)如果从 s 到 v 有一条所有内点属于 T' 的最短路且该路不通过 x，此路就是所有内点属于 T 的最短路，由于 $p(s,v)$ 即为该路且 $l(s,v)$ 是该路的长度，故 $l'(s,v)=l(s,v)$ 且 $p'(s,v)=p(s,v)$。

(2)如果从 s 到 v 的所有内点属于 T' 的最短路均通过 x，那么 $l'(s,v)=l(s,x)+\omega(x,v)$，且 $p(s,x)\cup[x,v]$ 是满足条件的一条最短路。若不然，假设存在结点 $t\in T$，使得 $P=s,\cdots,x,\cdots,t,v$ 是满足条件的一条最短路。由于 t 先于 x 并入 T，设 $p(s,t)$ 是已找到的 s 到 t 的最短路，那么 $p(s,t)$ 不通过 x，且有 $l(s,t)+\omega(t,v)\leqslant\omega(P)$。由于 P 是一条最短路，因此必有 $l(s,t)+\omega(t,v)=\omega(P)$，这说明 $p(s,t)\cup[t,v]$ 也是一条满足条件的最短路。这与 s 到 v 的所有内点属于 S' 的最短路均通过 x 矛盾，故 $l'(s,v)=l(s,x)+\omega(x,v)$ 且 $p(s,v)=p(s,x)\cup[x,v]$。证毕。

例 8.3.1　设边赋权图 $G=<V,E,\omega>$ 如图 8.3.2 所示，求结点 a 到其他结点的最短路和距离。

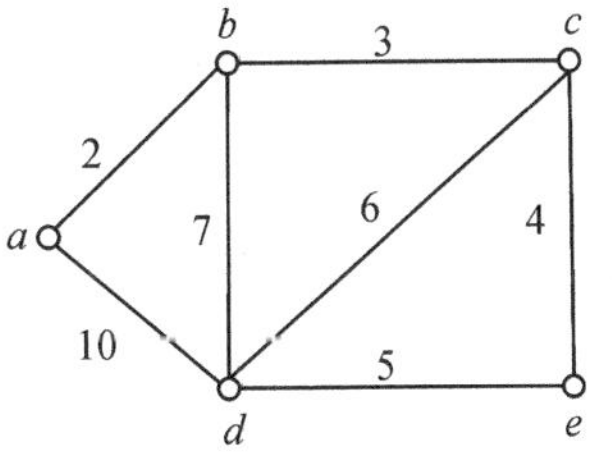

图 8.3.2　边赋权图

解　为了说明算法的原理，先仅求 a 到 b、c、d、e 的距离。

(1)初始令 $T=\{a\}$，$l(a,b)=2$，$l(a,c)=\infty$，$l(a,d)=10$，$l(a,e)=\infty$。

(2)选择结点 b，$d(a,b)=2$。令 $T=\{a,b\}$，则 $l(a,c)=l(a,b)+\omega(b,c)=5$，$l(a,d)=l(a,b)+\omega(b,d)=9$，$l(a,e)=\infty$。

(3)选择结点 c，$d(a,c)=5$。令 $T=\{a,b,c\}$。则 $l(a,d)=9$，$l(a,e)=l(a,c)+\omega(c,e)=9$。

(4)此时选择结点 d 和 e 均可,不妨选择结点 e,$d(a,e)=9$。令 $T=\{a, b, c, d\}$。则 $l(a,d)=9$。

(5) 选择结点 d,$d(a,d)=9$。令 $T=\{a, b, c, d, e\}$,算法结束。

在算法的执行过程中可以同时保存已找到的最短路,此过程概括在表 8.3.1 中。

表 8.3.1　狄克斯特拉算法的执行过程

重复次数	T	x	b	c	d	e
初始	$\{a\}$	—	$2(a,b)$	$\infty(a, c)$	$10(a, d)$	$\infty(a, e)$
1	$\{a, b\}$	b		$5(a, b, c)$	$9(a, b, d)$	$\infty(a, e)$
2	$\{a, b, c\}$	c			$9(a, b, d)$	$9(a, b, c, e)$
3	$\{a, b, c, e\}$	e			$9(a, b, d)$	
4	$\{a,b,c,d,e\}$	d				
结束			$2(a,b)$	$5(a, b, c)$	$9(a, b, d)$	$9(a, b, c, e)$

以上求最短路的狄克斯特拉算法对简单有向图同样适用。

例 8.3.2　某公司在六个城市 $c_1,c_2,\cdots,c_6$ 中有分公司,从 c_i 到 c_j 的直接航程票价记在下述矩阵的 (i,j) 位置上(∞ 表示无直接航路)。请帮助该公司设计一张城市 c_1 到其他城市间的票价最便宜的路线图。

$$\begin{bmatrix} 0 & 50 & \infty & 40 & 25 & 10 \\ 50 & 0 & 15 & 20 & \infty & 25 \\ \infty & 15 & 0 & 10 & 20 & \infty \\ 40 & 20 & 10 & 0 & 10 & 25 \\ 25 & \infty & 20 & 10 & 0 & 55 \\ 10 & 25 & \infty & 25 & 55 & 0 \end{bmatrix}$$

解　用矩阵 $\boldsymbol{a}_{n\times n}$ (n 为顶点个数)存放各边权的邻接矩阵,行向量 $\mathbf{pb}$、$\mathbf{index}_1$、$\mathbf{index}_2$、$\boldsymbol{d}$ 分别用来存放 P 标号信息、标号顶点顺序、标号顶点索引、最短通路的值。其中分量 $\mathrm{pb}(i)=\begin{cases}1 & 当第\ i\ 顶点已标号 \\ 0 & 当第\ i\ 顶点未标号\end{cases}$;$\mathrm{index}_2(i)$ 存放始点到第 i 点最短通路中第 i 顶点前一顶点的序号;$d(i)$ 存放由始点到第 i 点最短通路的值。

求第一个城市到其他城市的最短路径的 MATLAB 程序如下:

```
clear;
clc;
M=10000;
a(1,:)=[0,50,M,40,25,10];
a(2,:)=[zeros(1,2),15,20,M,25];
a(3,:)=[zeros(1,3),10,20,M];
a(4,:)=[zeros(1,4),10,25];
```

```
a(5,:)=[zeros(1,5),55];
a(6,:)=zeros(1,6);
a=a+a';
pb(1:length(a))=0;pb(1)=1;index1=1;index2=ones(1,length(a));
d(1:length(a))=M;d(1)=0;temp=1;
whilesum(pb)<length(a)
   tb=find(pb==0);
   d(tb)=min(d(tb),d(temp)+a(temp,tb));
   tmpb=find(d(tb)==min(d(tb)));
   temp=tb(tmpb(1));
   pb(temp)=1;
   index1=[index1,temp];
   index=index1(find(d(index1)==d(temp)-a(temp,index1)));
   if length(index)>=2
       index=index(1);
   end
   index2(temp)=index;
end
d, index1, index2
```

8.3.2 每对顶点之间的最短路径

计算赋权图中各对顶点之间的最短路径，显然可以调用狄克斯特拉算法。具体方法是：每次以不同的顶点作为起点，用狄克斯特拉算法求出从该起点到其余顶点的最短路径，反复执行 n 次这样的操作，就可得到从每一个顶点到其他顶点的最短路径。这种算法的时间复杂度为 $O(n^3)$。第二种解决这一问题的方法是由弗洛伊德提出的算法，称为弗洛伊德算法。

假设图 G 权的邻接矩阵为

$$\boldsymbol{A}_0=\begin{bmatrix} a_{11} & a_{12} & \cdots & a_{1n} \\ a_{21} & a_{22} & \cdots & a_{2n} \\ \vdots & \vdots & & \vdots \\ a_{n1} & a_{n2} & \cdots & a_{nn} \end{bmatrix}$$

用来存放各边长度，其中：

$a_{ii}=0,\ i=1,2,\cdots,n$ ；

$a_{ij}=\infty$，i,j 之间没有边，在程序中以各边都不可能达到的充分大的数代替；

$a_{ij}=w_{ij}$，w_{ij} 是 i,j 之间边的长度，$i,j=1,2,\cdots,n$。

对于无向图，$\boldsymbol{A}_0$ 是对称矩阵，$a_{ij}=a_{ji}$。

弗洛伊德算法的基本思想是：递推产生一个矩阵序列 $\boldsymbol{A}_0,\boldsymbol{A}_1,\cdots,\boldsymbol{A}_k,\cdots,\boldsymbol{A}_n$，其中 $\boldsymbol{A}_k(i,j)$ 表示从顶点 v_i 到顶点 v_j 的路径上所经过的顶点序号不大于 k 的最短路径长度。

计算时用迭代公式：

$$\boldsymbol{A}_k(i,j)=\min[\boldsymbol{A}_{k-1}(i,j),\boldsymbol{A}_{k-1}(i,k)+\boldsymbol{A}_{k-1}(k,j)]$$

其中，k 是迭代次数，$i,j,k=1,2,\cdots,n$。

最后，当 $k=n$ 时，$\boldsymbol{A}_n$ 即各顶点之间的最短通路值。

例 8.3.3 用弗洛伊德算法求解例 8.3.2(留作练习)。

矩阵 **path** 用来存放每对顶点之间最短路径上所经过的顶点的序号。弗洛伊德算法的 MATLAB 程序如下：

```
clear;
clc;
M=10000;
a(1,:)=[0,50,M,40,25,10];
a(2,:)=[zeros(1,2),15,20,M,25];
a(3,:)=[zeros(1,3),10,20,M];
a(4,:)=[zeros(1,4),10,25];
a(5,:)=[zeros(1,5),55];
a(6,:)=zeros(1,6);
b=a+a';path=zeros(length(b));
for k=1:6
  for i=1:6
    for j=1:6
      if b(i,j)>b(i,k)+b(k,j)
        b(i,j)=b(i,k)+b(k,j);
        path(i,j)=k;
      end
    end
  end
end
b, path
```

8.4 树

8.4.1 树的基本概念

树模型在各个领域都有广泛的应用，图 8.4.1(a)是碳氢化合物 C_4H_{10} 的分子结构图，(b)是表达式($\{(a\times b)+[(c-d)\div e]\}-r$)的树形表示，(c)是一棵决策树。树在计算机工程中也发挥着重要作用，例如，树常用来对搜索和排序过程进行建模，操作系统中一般采用树形结构来组织文件和文件夹。

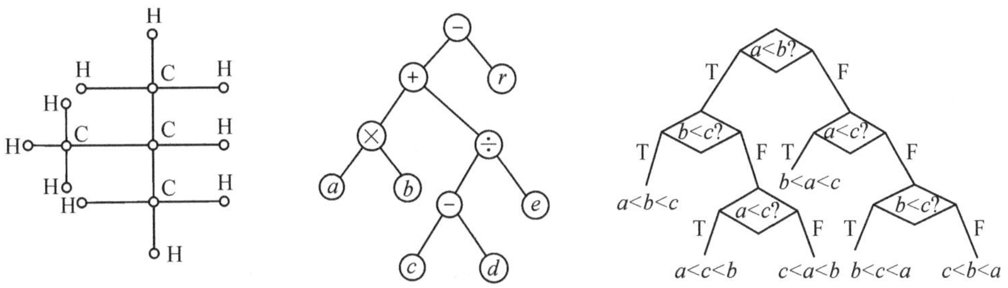

(a) C_4H_{10}分子结构图　(b) 表达式的树形表示　(c) 决策树

图 8.4.1　树模型

8.4.2　树的定义

定义 8.4.1　无圈的连通无向图称为树(tree)。树中度为 1 的结点称为树叶(leaf)，度数大于 1 的结点称为分枝点或内点。仅含单个孤立结点的树称为平凡树(travil tree)。

通常将无圈的无向图称为森林(forest)。显然，森林中的每个连通分支都是一棵无向树。

定理 8.4.1　给定一个 n 个结点 m 条边的无向图 T。以下关于 T 是无向树的定义是等价的。

(1)无圈且连通。

(2)无圈且 $m=n-1$。

(3)连通且 $m=n-1$。

(4)无圈，但增加任一新边，恰得到一个圈。

(5)连通且每条边都是割边($n\geqslant 2$)。

(6)每一对结点之间有且仅有一条通路($n\geqslant 2$)。

证明　采用循环论证方法。

(1)⇒(2)

对树 T 中的结点数 n 进行归纳。

当 $n=1$ 时，必有 $m=0$，因此有 $m=n-1$ 成立。假设当 $n=k$ 时命题成立，现证明当 $n=k+1$ 时命题成立。

由于树 T 是无圈的连通无向图，所以在树 T 中至少有一个度为 1 的结点 v，否则，若 T 中每个结点度均大于等于 2 则图 T 中必含圈，这与 T 是无向树矛盾。从 T 中删除结点 v 及其关联的一条边 e，得到 k 个结点且无圈的连通图 $T-v$。根据归纳，假设 $T-v$ 中有 $k-1$ 条边。现将结点 v 及其关联的边 e 放回从而恢复原图 T，这样 T 中必含有 $k+1$ 个结点和 k 条边，满足公式 $m=n-1$。所以树是无圈且 $m=n-1$ 的图。

(2)⇒(3)

用反证法。假设图 T 不连通，并设 T 中有 $k(k\geqslant 2)$个连通分支 $T_1, T_2, \cdots, T_k$，其中结点数分别为 $n_1, n_2, \cdots, n_k$，边数分别为 $m_1, m_2, \cdots, m_k$，且有 $\sum_{i=1}^{k} n_i = n$，$\sum_{i=1}^{k} m_i = m$，因为每个连通分支 T_i 均是无圈且连通的无向图，由(2)知 $m_i=n_i-1$，于是有

$$m=\sum_{i=1}^{k} m_i=\sum_{i=1}^{k}(n_i-1)=n-k<n-1$$

得出矛盾。所以树 T 是连通且 $m=n-1$ 的图。

(3)⇒(4)

首先,证明 T 中无圈,对结点数 n 进行归纳。

当 $n=1$ 时,$m=n-1=0$,显然无圈。

假设当 $n=k-1$ 时 T 中无圈,现考察当 $n=k$ 时的情况。此时 T 中至少有一个结点 v 的度数为 1,因为若 k 个结点的度数均大于等于 2,则 T 中的边数将不小于 k,这与 $m=n-1$ 矛盾。现将一个度为 1 的结点 v 及其关联的一条边从 T 中删除,得到一个含 $k-1$ 个结点的图 $T—v$。根据归纳有 $T—v$ 中无圈,再将 v 及其关联的一条边放回,恢复图 T,T 也必无圈。

其次,证明增加任一新边(v_i, v_j)得到一个且仅一个圈。

由于图 T 是连通的,从 v_i 到 v_j 有一条通路 P,这条通路 P 与(v_i, v_j)就构成了一个圈。假设增加边(v_i, v_j)后得到不止一个圈,这说明从 v_i 到 v_j 还有与 P 不同的另外一条通路 P',那么 P 与 P'将构成的回路中必包含圈。这与 T 中无圈矛盾。

所以树中无圈,但增加任一新边,恰得到一个圈。

(4)⇒(5)

假设图 T 不连通,则存在两个结点 v_i 和 v_j 间无路,若 T 中增加一条新边(v_i, v_j)不会产生圈,这与题设矛盾。

由于 T 中无圈,所以删去任一边,图便不连通。

(5)⇒(6)

因为 T 是连通的,所以 T 中的任意两个不同结点间至少有一条路,从而也有一条通路。若此路不唯一,则 T 中含圈,删除此回路上的任一条边不影响图 T 的连通性,这与题设矛盾。所以这条通路是唯一的。

因此,若树中至少有 2 个结点数,则每一对结点之间有且仅有一条通路。

(6)⇒(1)

显然 T 是连通的。若 T 中含有圈,则回路上任意两点间有两条通路,这与题设矛盾。所以若每一对不同结点之间有且仅有一条通路的图是树。

证毕。

8.4.3 生成树

定义 8.4.2　给定一个无向图 G,若 G 的一个生成子图 T 是一棵树,则称 T 为 G 的生成树或支撑树(spanning tree)。

图 G 的生成树 T 中的边称作树枝,在图 G 中但不在生成树中的边称作弦。所有弦的集合称作生成树 T 的补。

定理 8.4.2　任一连通无向图至少有一棵生成树。

证明　设 G 是连通无向图,若不存在圈,则 G 本身就是生成树。

若 G 中存在圈,任选一圈 C_1,从 C_1 中删去一条边得到 G_1。若 G_1 中无圈,则 G_1 是 G 的一棵生成树,若 G_1 中仍含圈,则从 G_1 中任选一圈 C_2,从 C_2 中删去一条边得到 G_2……

重复上述过程,由于 G 中圈的个数是有限的,故最终可以得到 G 的一棵生成树。

证毕。

例 8.4.1　如图 8.4.2 所示,G 是一个连通无向图,给出它的一棵生成树 T,并求 T 的树枝、弦和补。

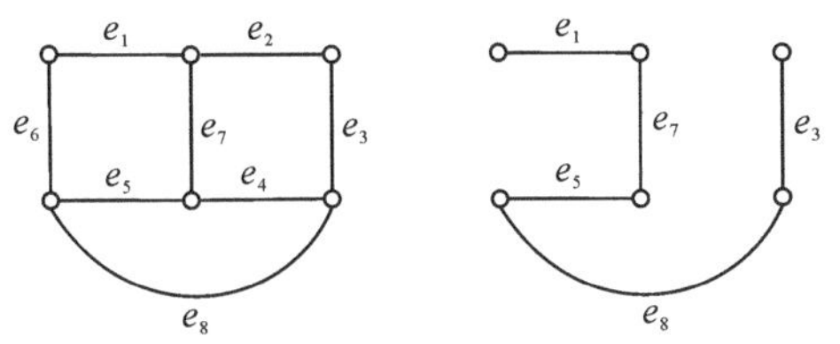

(a) G　　(b) T

图 8.4.2　连通无向图的生成树

解　T 是 G 的一棵生成树。e_1、e_7、e_5、e_8、e_3 是 T 的树枝，e_2、e_4、e_6 是 T 的弦，$\{e_2, e_4, e_6\}$是生成树 T 的补。

定义 8.4.3　设 $G=<V, E, \omega>$是一个边上赋权的连通无向图，任取 $e\in E$，e 的权为实数 $\omega(e)$。若 T 是 G 的一棵生成树，T 中树枝的权值之和称为树 T 的权，记为 $W(T)=\sum_{e\in T}\omega(e)$。$G$ 的所有生成树中，权最小的生成树称为图 G 的最小生成树(minimal spanning tree)。

当然，最小生成树可能不是唯一的。例如，如果图 G 的所有边上的权均相同，那么 G 的任意一棵生成树都是其最小生成树。对于任意给定的连通图，通过适当指定其边上的权，可以使它拥有唯一的最小生成树。下面来讨论构造最小生成树的算法。

1956 年，克鲁斯卡尔给出了一个基于贪婪(greedy)原理的最小生成树算法，通常称为克鲁斯卡尔算法。

设 $G=<V, E, \omega>$是一个 n 个结点的边赋权连通无向图，ω 是赋权函数。克鲁斯卡尔算法的过程描述如下：

(1)令 $i=0$，$F=\varnothing$；

(2)$i=i+1$，从边集 $E-F$ 中选取边 e_i，e_i 与 $F=\{e_1, e_2, \cdots, e_{i-1}\}$中的边不构成圈且权最小，令 $F=F\cup\{e_i\}$；

(3)若 $i=n-1$ 算法终止；否则，重复步骤(2)。

例 8.4.2　用克鲁斯卡尔算法求图 8.4.3 所示的连通图 $G=<V, E>$的一棵最小生成树。

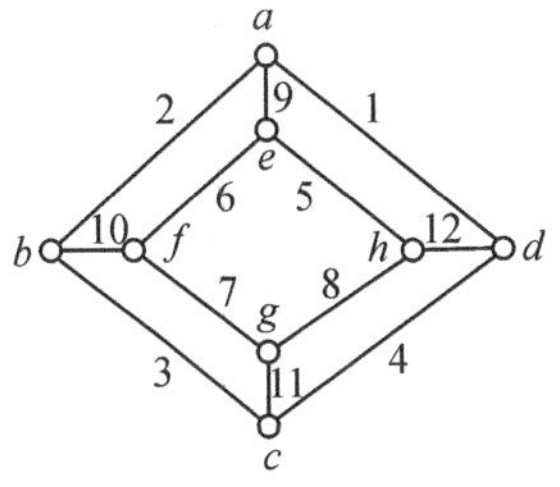

图 8.4.3　连通图

解　图 8.4.4 给出了克鲁斯卡尔算法向图的一棵最小生成树图中添加边的过程。

定理 8.4.3　设 $G=<V, E, \omega>$是一个边赋权连通无向图，上述克鲁斯卡尔算法构造了 G 的一棵最小生成树。

证明　设 $T_0=<V, F>$是上述算法构造的一个图，它的结点是 G 中的 n 个结点，边是 $e_1, e_2, \cdots, e_{n-1}\in E$。

算法从 n 个结点、零条边开始，即从 n 个孤立结点开始。每次选择的边 e_k 不与已选择的 F 中的边产生圈，这意味边 e_k 关联的两个结点中至多有一个与 F 中的边邻接。所以，将 e_k 放

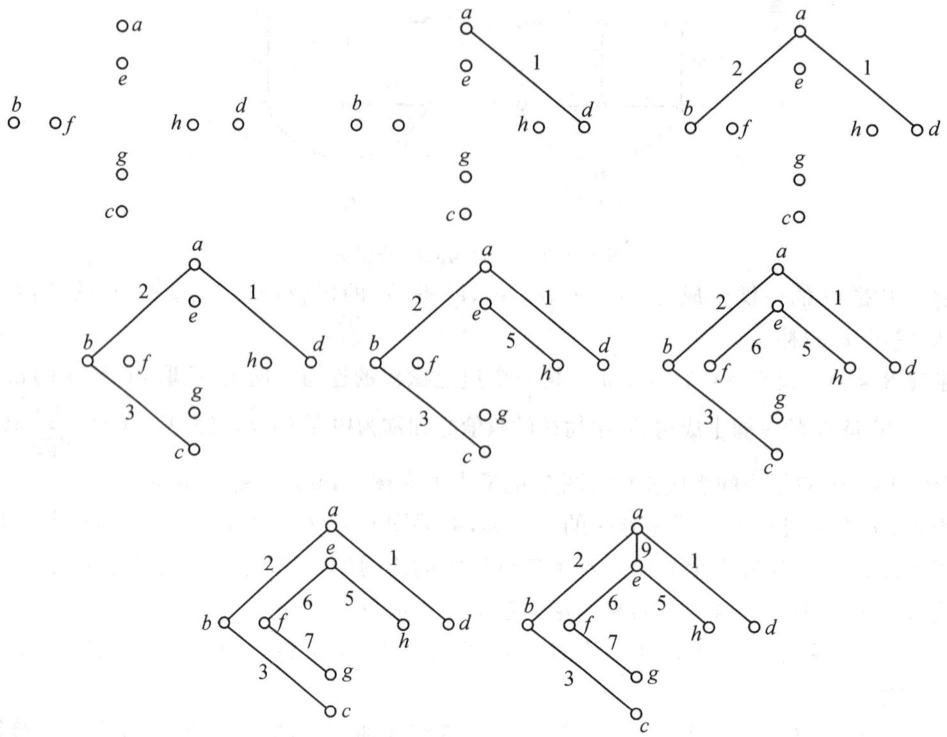

图 8.4.4　添加边的过程

入 F 后,就使得$<V,\ F>$的连通分支的数目减 1。当算法结束时,F 中有 $n-1$ 条边,因此 $T_0=<V,\ F>$是连通且 $m=n-1$ 的无向图,它是 G 的一棵生成树。

下面证明 T_0 是 G 的一棵最小生成树。

设 G 的最小生成树为 T,若 T 与 T_0 相同,则 T_0 就是 G 的最小生成树。若 T 与 T_0 不同,则在 T_0 中至少有一条边 e_k,使得 e_k 不是 T 中的边,但 $e_1, e_2, \cdots, e_{k-1}$ 是 T 中的边。因为 T 是树,在 T 中加上边 e_k,必得到一条圈 C。因为 T_0 是 G 的一棵生成树,所以圈 C 中至少有一条边 f 不在 T_0 中。对于树 T,若以 e_k 置换 f,则得到一棵新的生成树 T'。

$$W(T')=W(T)+\omega(e_k)-\omega(f)$$

由于 T 是一棵最小生成树,故有 $W(T)\leqslant W(T')$,即

$$W(e_k)-\omega(f)\geqslant 0 \text{ 或 } \omega(e_k)\geqslant \omega(f)$$

$e_1, e_2, \cdots, e_k$ 是 T 中的边,且在$\{e_1, e_2, \cdots, e_{k-1}, e_k\}$和$\{e_1, e_2, \cdots, e_{k-1}, f\}$中均不构成圈,因为在 T_0 中始终选择边上权小的边且在 e_{k-1} 之后选择了边 e_k,故 $e_k>f$ 不可能成立。于是有 $\omega(e_k)=\omega(f)$。

因此,T'所得也是一棵最小生成树,但 T'与 T_0 的公共边比 T 与 T_0 的公共边多 1 条。用 T'置换 T,重复上述过程直到得到与 T_0 有 $n-1$ 条公共边的最小生成树。此时断定 T_0 就是最小生成树。

证毕。

执行克鲁斯卡尔算法最好的方法是按边从小到大的次序进行排序,但该算法一个明显的缺陷是必须判断一条边是否与已选择的边构成圈。1957 年,普里姆对以上算法进行了修改,给出了一个不涉及圈的最小生成树构造算法。

普里姆算法的过程描述如下：

(1)从 V 中任意选取一个结点 v_0，令 $V'=\{v_0\}$；

(2)在 V' 与 $V-V'$ 之间选一条权最小的边 $e=(v_i, v_j)$，其中 $v_i \in V'$，$v_j \in V-V'$；

(3)令 $F=F\cup\{e\}$，$V'=V'\cup\{v_j\}$；

(4)若 $V'\neq V$，则重复步骤(2)～(3)；否则算法终止。

例 8.4.3　用普里姆算法求图 8.4.5 所示的连通图 $G=\langle V, E\rangle$ 的一棵最小生成树。

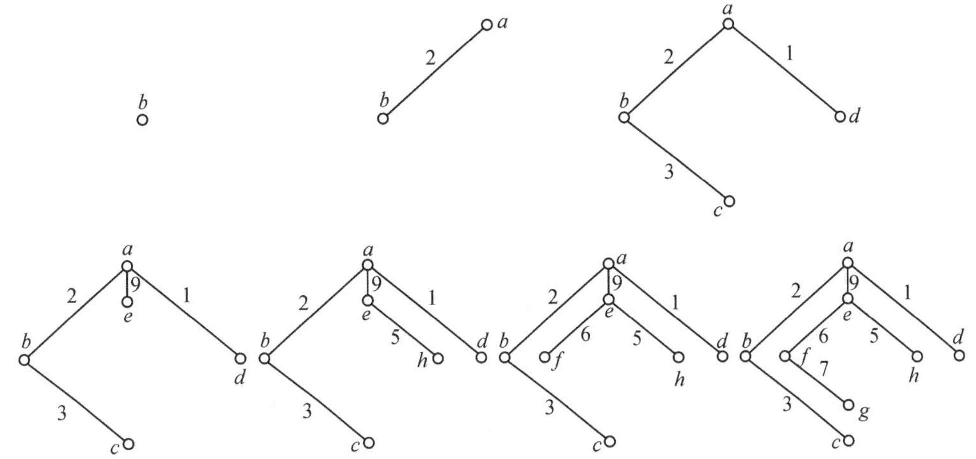

图 8.4.5　普里姆算法求得的连通图的最小生成树

解

定理 8.4.4　设 $G=\langle V, E, \omega\rangle$ 是一个边赋权连通无向图，其赋权函数为 ω，则普里姆算法构造了 G 的一棵最小生成树 $T=\langle V, F\rangle$。

例 8.4.4　某国家管辖有 6 个分布在不同位置的岛屿，为了方便各岛屿间居民的往来，相继在岛屿间建设了 9 座跨海大桥。岛屿与大桥间的关系如图 8.4.6 所示，其中结点表示岛屿，边表示大桥，边上的权值表示该桥的造价(单位：亿元)。

一次海潮冲毁了所有的跨海大桥，政府需要按原价重修部分大桥，并且既要求任意两个岛屿间都能够互通，又要求造价最小。请问政府应该重修哪几座桥，总造价为多少？

解　保持一个图连通且边数最少的是该图的生成树，为了使得造价最小，必须选取所有生成树中权值和最小的。因此，以上问题其实可以转化为求图 8.4.6 的最小生成树问题，图 8.4.6 的最小生成树如图 8.4.7 所示。

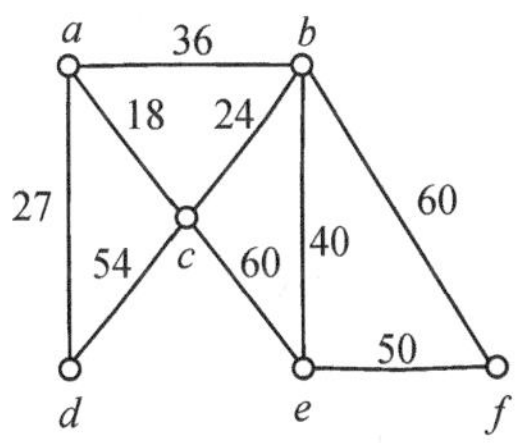

图 8.4.6　岛屿和大桥

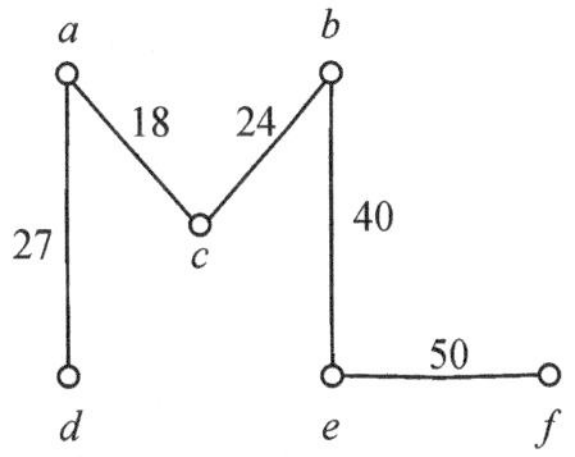

图 8.4.7　图 8.4.6 的最小生成树

故政府应该重修下列几座大桥：

(a, d) · 27 亿元

(a, c) 18 亿元

(c, b) 24 亿元

(b, e) 40 亿元

(e, f) 50 亿元

合计造价为 159 亿元。

例 8.4.5 用普里姆算法求图 8.4.8 的最小生成树(MATLAB 实现)。

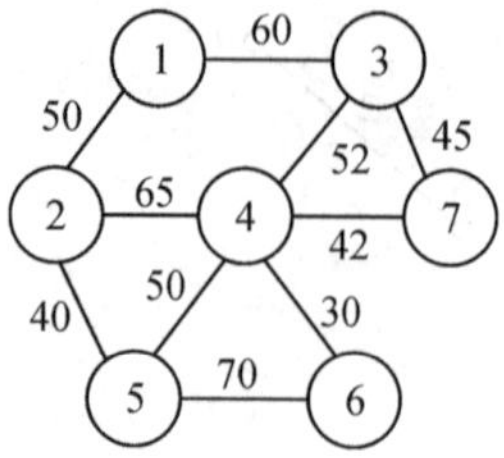

图 8.4.8 例 8.4.5 连通图

解 用 $result_{3\times n}$ 的第一、二、三行分别表示生成树边的起点、终点、权集合。MATLAB 程序如下:

```
clc;clear;
M=1000;
a(1,2)=50; a(1,3)=60;
a(2,4)=65; a(2,5)=40;
a(3,4)=52;a(3,7)=45;
a(4,5)=50; a(4,6)=30;a(4,7)=42;
a(5,6)=70;
a=[a;zeros(2,7)];
a=a+a';a(find(a==0))=M;
result=[];p=1;tb=2:length(a);
whilelength(result)~=length(a)-1
   temp=a(p,tb);temp=temp(:);
   d=min(temp);
   [jb,kb]=find(a(p,tb)==d);
   j=p(jb(1));k=tb(kb(1));
   result=[result,[j;k;d]];p=[p,k];tb(find(tb==k))=[];
end
result
```

例 8.4.6 用克鲁斯卡尔算法求图 8.4.8 的最小生成树(MATLAB 实现)。

解 用 $index_{2\times n}$ 存放各边端点的信息,当选中某一边之后,就将此边对应的顶点序号中较大序号 u 改记为此边的另一序号 v,同时把后面边中所有序号 u 改记为 v。此方法的几何意义是:将序号 u 的这个顶点收缩到 v 顶点,u 顶点不复存在。后面继续寻查时发现某边的两个顶点序号相同时,被认为已被收缩掉,失去了被选取的资格。

MATLAB 程序如下:

```
clc;clear;
M=1000;
a(1,2)=50; a(1,3)=60;
a(2,4)=65; a(2,5)=40;
a(3,4)=52;a(3,7)=45;
a(4,5)=50; a(4,6)=30;a(4,7)=42;
a(5,6)=70;
[i,j]=find((a~=0)&(a~=M));
b=a(find((a~=0)&(a~=M)));
data=[i';j';b'];index=data(1:2,:);
loop=max(size(a))-1;
result=[];
whilelength(result)<loop
   temp=min(data(3,:));
   flag=find(data(3,:)==temp);
   flag=flag(1);
   v1=data(1,flag);v2=data(2,flag);
   if index(1,flag)~=index(2,flag)
       result=[result,data(:,flag)];
   end
   if v1>v2
       index(find(index==v1))=v2;
   else
       index(find(index==v2))=v1;
   end
   data(:,flag)=[];
   index(:,flag)=[];
end
result
```

8.4.4 决策树

在经济活动中，管理者经常要对若干备选方案作出决策，决策的后果有时是确定的，有时是随机的，如公司面临扩大规模的几个备选方案，其后果取决于未来市场产品的销路，而目前只能估计出未来产品销路处于良好状态或较差状态的概率。在这种情况下怎样作出决策呢？下面看一个具体的案例。

一家公司为提高某种产品的质量以拓展市场，拟制订一个 10 年计划。现有新建厂房与改建厂房两种备选方案。如果投资 400 万元新建厂房，若未来产品销路好，则年收益可达 100 万元；而若销路差，则年亏损 20 万元。如果投资 100 万元改建厂房，那么未来销路好和销路差的年收益分别为 40 万元和 10 万元。又据估计，未来产品销路好与产品销路差的可能性是 7 ∶ 3。

从利润最大化的角度，公司应该新建还是改建厂房？

问题的分析与求解：这是一个非常简单的问题，只需计算、比较两种备选方案 10 年的总利润，就可得到应该新建还是改建厂房的决策。

如果把“未来产品销路好与产品销路差的可能性是 7∶3”简单地解释为，未来 10 年中有 7 年销路好和 3 年销路差，那么新建厂房 10 年的总利润是 $100\times7-20\times3-400=240$ 万元，改建厂房 10 年的总利润是 $40\times7+10\times3-100=210$ 万元，决策应该是新建厂房。

如果把“未来产品销路好与产品销路差的可能性是 7∶3”解释为，未来 10 年产品销路好与销路差的概率分别是 0.7 与 0.3，那么新建厂房 10 年总利润的期望值(即平均值)是

$$100\times10\times0.7-20\times10\times0.3-400=240\text{ 万元}$$

改建厂房是

$$40\times10\times0.7+10\times10\times0.3-100=210\text{ 万元}$$

以总利润的期望值最大为目标的决策也是新建厂房。这种决策的依据称为期望值(平均值)准则。

值得注意的是，期望值可看作随机事件多次重复出现条件下的平均值，将期望值准则用于这里的一次性决策会有较大的风险，让我们计算一下，若选择新建厂房决策，如果未来 10 年产品真的销路好，总利润将是 $100\times10-400=600$ 万元，而如果未来 10 年产品真的销路差，总利润将是 $-20\times10-400=-600$ 万元，即亏损 600 万元，正负相差 1200 万元，风险相当大。若选择改建厂房决策，则产品真的销路好的总利润是 300 万元，而产品真的销路差的总利润是零，风险相对较小。

在上面的计算中还可以看到，虽然根据期望值准则应选择新建厂房，但是与改建厂房相比总利润(期望值)只多 $240-210=30$ 万元，因为对未来产品销路好与销路差的概率的估计并不准确，让我们分析一下，对这种概率的估计有多大变化，就会导致最终决策的改变。

将新建厂房(方案 1)和改建厂房(方案 2)10 年总利润的期望值分别记作 $E(1)$、$E(2)$，未来产品销路好的概率记作 p，销路差的概率为 $1-p$，像上面的计算一样，有

$$E(1)=100\times10\times p+(-20\times10)\times(1-p)-400=1200p-600$$

$$E(2)=40\times10\times p+10\times10\times(1-p)-100=300p$$

令 $E(1)=E(2)$，可得 $p=2/3$ 时 $E(1)<E(2)$。这个结果表明，若目前估计的销路好的概率从 0.7 降到 0.66(只下降约 5%)，总利润期望值最大的决策就将由新建厂房变为改建厂房。看来，决策对概率的变化是相当敏感的。

新方案的提出：新建厂房决策的一次性风险太大，决策对概率的变化十分敏感，促使公司考虑制订能降低风险的新的折中方案：先改建厂房经营 3 年，3 年后视市场情况再定。如果 3 年销路好，则未来 7 年销路仍然好的概率预计将提高到 0.9，这时若再投资 200 万元进行扩建，销路好时年收益将为 90 万元，销路差时不盈不亏；若不扩建，年收益不变。如果 3 年销路差，未来 7 年预计销路一定也差，则不扩建，年收益也不变。以总利润期望值最大为目标如何作出新的决策呢？

现在变成一个 2 次决策问题。第 1 次决策：当前是新建厂房还是改建厂房经营 3 年。第 2 次决策：3 年后是扩建还是不扩建。在进行第 1 次决策时，为了计算 10 年总利润的期望值必须先对第 2 次决策的后果作出估计，也就是要从整个过程的终点向前推进。下面介绍一种简捷、直观的方法解决这类问题。

用决策树模型求解：决策树(decision tree)是表述、分析、求解风险性决策的有效方法，下

面先用开始提出的新建或改建厂房问题说明决策树模型的构造。

决策树由节点和分枝组成，用 W 表示决策节点，d 表示状态节点，$<$ 表示结果节点，在由决策节点引向状态节点的分枝(直线)上标注不同的方案，在由状态节点引向结果节点的分枝(直线)上标注发生的概率，在结果节点处标注取得的收益值(投资标以负值)。对于新建或改建厂房的问题，决策树模型的构造如图 8.4.9 所示。

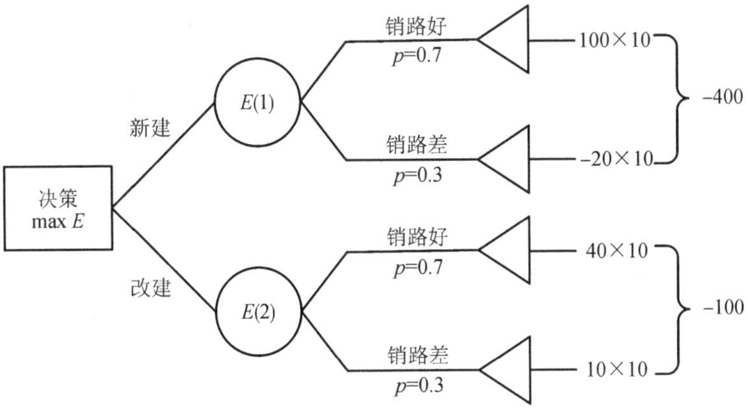

图 8.4.9　新建还是改建问题决策树的构造(单位:万元)

按照结果节点的收益值和状态节点引出分枝上的概率，计算出每个状态节点的期望值并作比较，取最大值的方案为决策，用 // 表示“砍掉”该方案分枝。新建或改建厂房问题决策树模型的求解见图 8.4.10，结果与前面的直接计算相同。

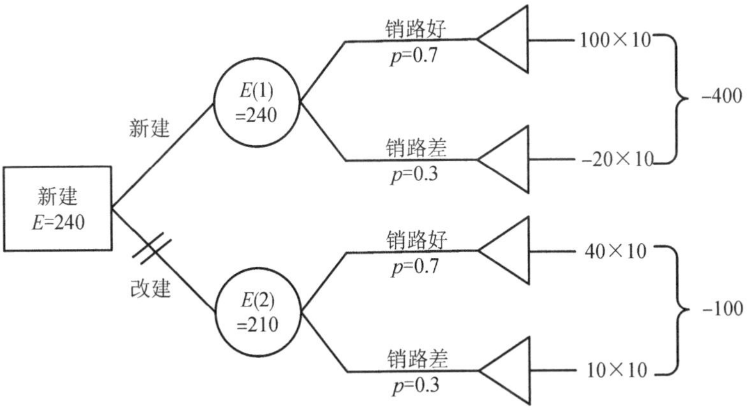

图 8.4.10　新建还是改建问题决策树的求解(单位:万元)

新建还是改建的问题比较简单，决策树方法的优点并不明显，让我们用决策树模型继续讨论改建厂房经营 3 年(新方案，方案 3)后的决策问题。第 1 次决策在方案 1、2、3 中选择(实际上由图 8.4.10 已将方案 2 淘汰)，方案 1、2 的计算同前，只需分析方案 3；若采用方案 3，需在 3 年后作第 2 次决策——扩建或不扩建。

决策树的计算由结果节点开始，反向进行，见图 8.4.11。求解过程见图 8.4.12。首先计算第 2 次决策扩建与不扩建两种方案利润的期望值，记作 $E(3)_1$、$E(3)_2$：

$$E(3)_1 = 90 \times 7 \times 0.9 - 200 \text{ 万元} = 367 \text{ 万元}$$

$$E(3)_2 = 40 \times 7 \times 0.9 + 10 \times 7 \times 0.1 \text{ 万元} = 259 \text{ 万元}$$

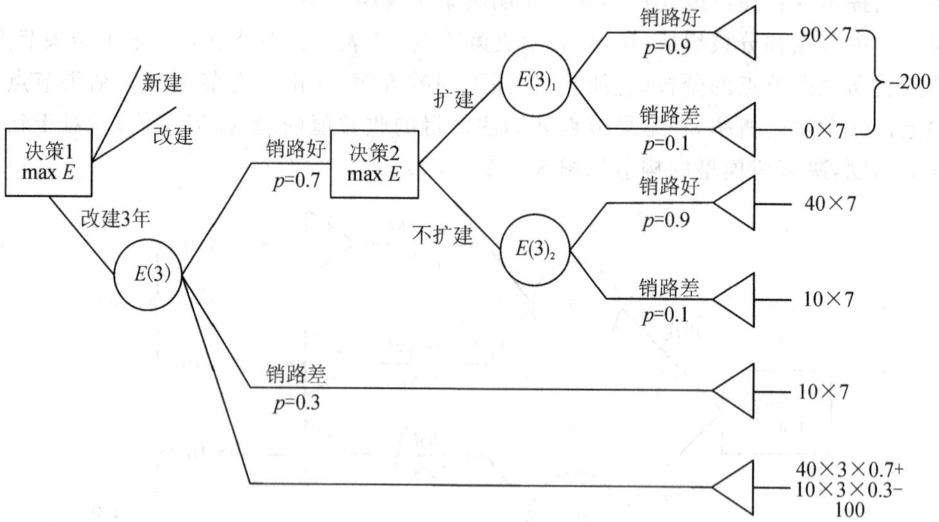

图 8.4.11　加入新方案后决策树的构造(单位:万元)

因为 $E(3)_1 > E(3)_2$，所以第 2 次决策选择扩建，利润期望值 $E = E(3)_1 = 367$ 万元。“砍掉”不扩建分支。

然后计算第 1 次决策中方案 3 的总利润期望值 $E(3)$：

$$E(3) = (40 \times 3 \times 0.7 + 10 \times 3 \times 0.3 - 100) + (367 \times 0.7 + 10 \times 7 \times 0.3) \text{ 万元}$$
$$= 270.9 \text{ 万元}$$

其中，第 1 项是改建厂房经营 3 年的利润期望值(图 8.4.11 最后一行)，第 2 项是 3 年以后的利润期望值。因为 $E(3) > E(1) = 240$，所以第 1 次决策选择改建厂房经营 3 年，2 次决策的总利润期望值 $E = E(3) = 270.9$ 万元。

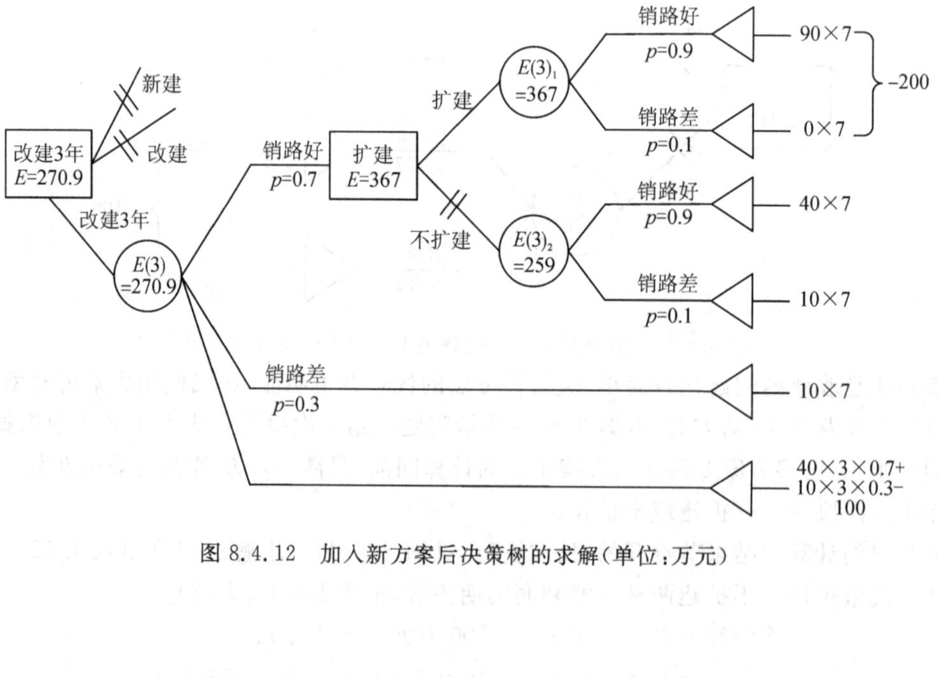

图 8.4.12　加入新方案后决策树的求解(单位:万元)

8.5　二分图的匹配问题

二分图是这样一个图，它的顶点可以分为两个集合 X 和 Y，所有的边关联在两个顶点中，恰好一个属于集合 X，另一个属于集合 Y。二分图有以下三个典型的问题。

最大匹配：图中包含边数最多的匹配称为图的最大匹配。

完备匹配：如果所有点都在匹配边上，称这个最大匹配是完美匹配。

最优匹配：求加权图二分图 G 上的权和最大的完美对集。

人员分派问题等实际问题可以化成二分图的匹配(对集)来解决。

人员分派问题：工作人员 $x_1,x_2,\cdots,x_n$ 去做 n 件工作 $y_1,y_2,\cdots,y_n$，每人适合做其中一件或几件，问能否每人都有一份适合的工作？如果不能，最多几人可以有适合的工作？

这个问题的数学模型是：G 是二分图，顶点集划分为 $V(G)=X\cup Y$，$X_1=\{x_1,\cdots,x_n\}$，$Y_1=\{y_1,\cdots,y_n\}$，当且仅当 x_i 适合做工作 y_i 时，$x_iy_i\in E(G)$，求 G 中的最大对集。

8.5.1　二分图的完备匹配

定义 8.5.1　若 $M\subset E(G)$，$\forall e_i,e_j\in M$，e_i 与 e_j 无公共端点($i\neq j$)，则称 M 为图 G 的一个对集；M 中的一条边的两个端点叫作在对集 M 中相配；M 中的端点称为被 M 许配；G 中每个顶点皆被 M 许配时，M 称为完美对集；G 中已无使 $|M'|>|M|$ 的对集 M'，则 M 称为最大对集；若 G 中有一轨，其边交替地在对集 M 内外出现，则称此轨为 M 的交错轨，交错轨的起止顶点都未被许配时，此交错轨称为可增广轨。

若把可增广轨上在 M 外的边纳入对集，把 M 内的边从对集中删除，则被许配的顶点数增加 2，对集中的“对儿”增加一个。

1957 年，贝尔热(Berge)得到最大对集的充要条件：

定理 8.5.1　M 是图 G 中的最大对集，当且仅当 G 中无 M 可增广轨。

1935 年，霍尔(Hall)得到下面的许配定理：

定理 8.5.2　G 为二分图，X 与 Y 是顶点集的划分，G 中存在把 X 中顶点皆许配的对集的充要条件是 $\forall S\subset X$，则 $|N(S)|\geqslant|S|$，其中 $N(S)$ 是 S 中顶点的邻集。

由上述定理可以得出：

推论 8.5.1　若 G 是 k ($k>0$) 正则二分图，则 G 有完美对集。

所谓 k 正则图，即每顶点皆为 k 度的图。

由推论 8.5.1 得出下面的婚配定理：

定理 8.5.3　每个姑娘都结识 $k(k\geqslant1)$ 位小伙子，每个小伙子都结识 k 位姑娘，则每位姑娘都能和她认识的一个小伙子结婚，并且每位小伙子也能和他认识的一个姑娘结婚。

二分图最大匹配的经典匈牙利算法是由埃德蒙兹(Edmonds)在 1965 年提出的，算法的核心就是根据一个初始匹配不停地找增广路，直到没有增广路为止。

匈牙利算法过程如下：

(1)从 G 中任意取定一个初始对集 M。

(2)若 X 中的顶点皆被 M 许配，停止，M 即完美对集；否则取 X 中未被 M 许配的一顶点 u，记 $S=\{u\}$，$T=\Phi$。

(3)若 $N(S)=T$，停止，无完美对集；否则取 $y \in N(S)-T$。

(4)若 y 是被 M 许配的，设 $y,z \in M$，$S=S\cup\{z\}$，$T=T\cup\{y\}$，转(3)；否则，取可增广轨 $P(u,y)$，令 $M=[M-E(P)]\cup[E(P)-M]$，转(2)。

把以上算法稍加修改就能够用来求二分图的最大对集。

匈牙利算法原理如下：

匈牙利算法就是从二分图中找出一条路径来，让路径的起点和终点都是未被匹配过的点，并且路径经过的连线是一条未被匹配，一条已经被匹配过，再下一条又未被匹配这样交替地出现。找到这样的路径后，显然路径里未被匹配的连线比已经被匹配了的连线多一条，于是修改匹配图，把路径里所有匹配过的连线去掉匹配关系，把未被匹配的连线变成已经被匹配的，这样匹配数就比原来多 1 个。不断执行上述操作，直到找不到这样的路径为止。

匈牙利算法程序清单：

```
#include<stdio.h>
#include<string.h>

bool g[201][201];
int n,m,ans;
bool b[201];
int link[201];

bool init()
{
    int _x,_y;
    memset(g,0,sizeof(g));
    memset(link,0,sizeof(link));
    ans=0;
    if(scanf("%d%d",&n,&m)==EOF)return false;
    for(int i=1;i<=n;i++)
    {
        scanf("%d",&_x);
        for(int j=0;j<_x;j++)
        {
            scanf("%d",&_y);
            g[ i ][_y]=true;
        }
    }
    return true;
}

bool find(int a)
```

```
{
    for(int i=1;i<=m;i++)
    {
        if(g[a][ i ]==1&&! b[ i ])
        {
            b[ i ]=true;
            if(link[ i ]==0||find(link[ i ]))
            {
                link[ i ]=a;
                return true;
            }
        }
    }
    return false;
}

int main()
{
    while(init())
    {
        for(int i=1;i<=n;i++)
        {
            memset(b,0,sizeof(b));
            if(find(i))ans++;
        }
        printf(" %d\n",ans);
    }
}
```

8.5.2　二分图的最优匹配

在人员分派问题中，工作人员适合做的各项工作当中，效益未必一致，需要制订一个分派方案，使公司总效益最大。

这个问题的数学模型是：在人员分派问题的模型中，图 G 的每边加了权 $\omega(x_i y_j) \geqslant 0$，表示 x_i 做 y_j 工作的效益，求加权图 G 上的权最大的完美对集。

解决这个问题可以用库恩-曼克里斯算法。为此，要引入可行顶点标号与相等子图的概念。

定义 8.5.2　若映射 $l:V(G) \to R$，满足 $\forall x \in X, y \in Y$，则

$$l(x)+l(y) \geqslant \omega(x,y)$$

称 l 是二分图 G 的可行顶点标号。令

$$E_l = \{xy \mid xy \in E(G), l(x) + l(y) = \omega(xy)\}$$

称以 E_l 为边集的 G 的生成子图为相等子图，记作 G_l。

可行顶点标号是存在的。例如

$$\begin{cases} l(x) = \max\limits_{y \in Y} \omega(xy) & x \in X \\ l(y) = 0 & y \in Y \end{cases}$$

定理 8.5.4　G_l 的完美对集即为 G 的权最大的完美对集。

库恩-曼克里斯算法过程如下：

(1)选定初始可行顶点标号 l，确定 G_l，在 G_l 中选取一个对集 M。

(2)若 X 中顶点皆被 M 许配，停止，M 即 G 的权最大的完美对集；否则，取 G_l 中未被 M 许配的顶点 u，令 $S = \{u\}$，$T = \Phi$。

(3)若 $N_{G_l}(S) \supset T$，转(4)；若 $N_{G_l}(S) = T$，取

$$\alpha_l = \min_{x \in S, y \notin T} \{l(x) + l(y) - \omega(xy)\}$$

$$\bar{l}(v) = \begin{cases} l(v) - \alpha_l & v \in S \\ l(v) + \alpha_l & v \in T \\ l(v) & \text{其他} \end{cases}$$

$$l = \bar{l}, G_l = G_{\bar{l}}$$

(4)选 $N_{G_l}(S) - T$ 中一顶点 y，若 y 已被 M 许配，且 $yx \in M$，则 $S = S \cup \{z\}$，$T = T \cup \{y\}$，转(3)；否则，取 G_l 中一个 M 可增广轨 $P(u, y)$，令

$$M = [M - E(P)] \cup [E(P) - M]$$

转(2)。其中，$N_{G_l}(S)$ 是 G_l 中 S 的相邻顶点集。

8.6　欧拉图和哈密顿图

8.6.1　欧拉图的基本概念

18 世纪中叶，东普鲁士的哥尼斯堡城(现俄罗斯加里宁格勒)，普莱格尔河的两条支流将整个城分为南区、北区、东区和岛区(奈佛夫岛)四个区域，城内修有 7 座桥让 4 个区域彼此相连。当时城中居民热衷于这样一个问题：是否能够从城中某个位置出发不重复地经过每座桥一次最后回到出发点。这就是著名的哥尼斯堡七桥问题。

问题似乎并不复杂，但当时无人能够解决。瑞士数学家欧拉仔细研究了这个问题，他用一种抽象的图形方式来描述上述四个城区和桥之间的关系，其中四个城区分别用四个点来表示，用连接两个点的一条线来表示这两个点对应的区域间有一座桥相连，如图 8.1.1 所示。这样，上述的哥尼斯堡七桥问题就变成了在图 8.1.1 中是否存在经过每条线一次且仅一次的回路问题，从而使得问题显得简洁很多，同时也广泛和深刻多了。在此基础上，欧拉得出此问题无解的结论。

1736 年，欧拉针对哥尼斯堡七桥问题发表了一篇学术论文《一个与位置几何相关的问题的解》。在这个被认为是第一篇关于图论的论文中，欧拉提出并解决了一个更为一般性的问题：在什么形式的图中可以找到一条通过其中每条边一次且仅一次的回路呢？后来，人们将具

有这种特点的图称为欧拉图。

定义 8.6.1　经过 G 的每条边的迹叫作 G 的欧拉迹；闭的欧拉迹叫作欧拉回路或 $W_0=v_0$ 回路；含欧拉回路的图叫作欧拉图。

直观地讲，欧拉图就是从一顶点出发每边恰通过一次能回到出发点的图，即不重复地行遍所有的边再回到出发点。

定理 8.6.1　G 是欧拉图的充分必要条件是 G 连通且每顶点皆偶次。

证明　(1)如果 G 是欧拉图，显然 G 是连通的。设 C 为包含图 G 中每条边一次且仅一次的一条欧拉回路，如图 8.6.1 所示，当沿着 C 移动时，通过每个结点将会给该结点带来 2 个度数，并需通过关联于这个结点的以前从未走过的两条边。当回到起点时会看到，为每个结点计算的度数应该等于在欧拉回路中出现的次数乘 2，因此图中所有结点的度数均为偶数。

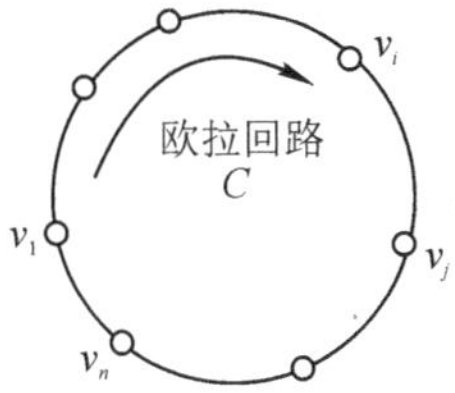

图 8.6.1　欧拉回路

(2)设 G 连通，并且每个结点的度数均为偶数，则 G 中每个结点的度数均为大于等于 2 的偶数，G 中必含圈。

在图 G 中找到一个圈 C_1，若 C_1 中包含 G 中的所有边，则 C_1 即为一条欧拉回路。

否则，从图 G 中删掉 C_1 中的所有边 E_1，得到原图的子图 $G-E_1$，由于 $G-E_1$ 是非零图，因此必存在一个连通分支中每个结点的度数仍然为偶数。同理在 $G-E_1$ 中必可找到一个圈 C_2。

……

如此下去，直到所有结点度数均为 0。这样可以从 G 中找到一组圈 $C_1, C_2, \cdots, C_m$ 且满足：

$$E=E_1\cup E_2\cup\cdots\cup E_m$$

$$E_1\cap E_2\cap\cdots\cap E_m=\varnothing$$

即 G 中的每一条边在且仅在 $E_1, E_2, \cdots, E_m$ 的一个之中。

现将闭迹集$\{C_1, C_2, \cdots, C_m\}$连接成一条欧拉回路。从 C_1 开始，由于 G 是连通的，所以在$\{C_2, \cdots, C_m\}$中至少有一个，设为 C_p，满足 C_1 与 C_p 至少有一个公共结点 v。否则，C_1 将与$\{C_2, \cdots, C_m\}$处于不同的连通分支中，这与 G 是连通的矛盾。设

$$C_1=(v, v_{i_1}, v_{i_2}, v_{i_3}, \cdots, v_{i_m}, v), C_p=(v, v_{j_1}, v_{j_2}, v_{j_3}, \cdots, v_{j_t}, v)$$

则$(v, v_{i_1}, v_{i_2}, v_{i_3}, \cdots, v_{i_m}, v, v_{j_1}, v_{j_2}, v_{j_3}, \cdots, v_{j_t}, v)$是一条恰包含 C_1 和 C_p 中所有边的闭迹，如图 8.6.2 所示，记为 $T^{(1)}$。

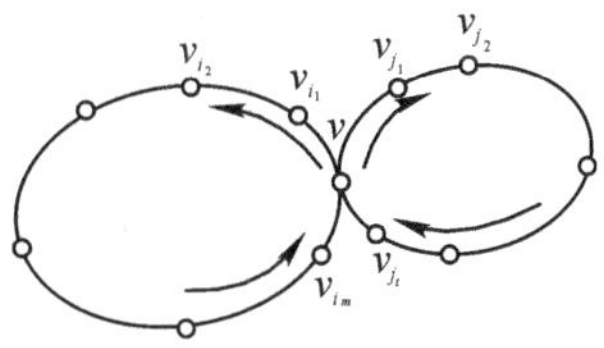

图 8.6.2　包含 C_1 和 C_p 中所有边的闭迹

将 C_1 与 C_p 从闭迹集中删除，将 $T^{(1)}$ 插入其中。

……

重复此过程，直到闭迹集中仅剩下一条回路，即为欧拉回路。故 G 是欧拉图。

证毕。

推论 8.6.1 无向图 G 中存在一条欧拉迹，当且仅当 G 是连通的，并且图中恰有两个奇数度的结点。

证明过程留作练习。

例 8.6.1 图 8.6.3 所示的各图中，哪些图可以一笔画出？若能，请给出画法。

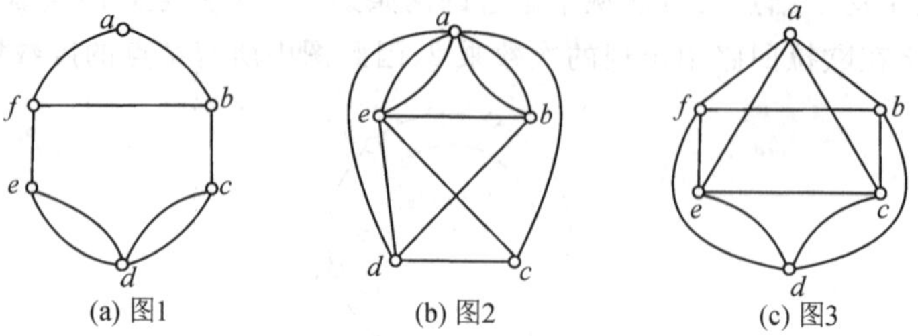

图 8.6.3 例 8.6.3 练习图

解 若图中存在欧拉迹则该图可一笔画出。在图 8.6.3(a)中有 b、c、e、f 四个奇度数的结点，因此它不可一笔画出。图 8.6.3(b)中有两个奇度数的结点 c 和 e，因此从这两个结点中的任一个出发一定存在到达另一个结点的欧拉迹，例如，沿着路$(e, a, d, c, a, b, a, e, d, b, e, c)$可以将图一笔画出。图 8.6.3(c)中所有的结点均为偶数，所以从任一结点出发都存在欧拉回路，利用定理 8.6.1 证明过程中揭示的方法，读者可以自己在图中找出一条欧拉回路，作为该图一笔画的方案。欧拉图的概念很容易推广到有向图中去。

定理 8.6.2 有向图 G 是欧拉图，当且仅当它是强连通的，并且每个结点的入度等于其出度。

例 8.6.2 若图 8.6.4(a)表示一个乡镇的地图，结点表示标志性建筑，边表示街道，邮递员每天骑自行车沿着街道两侧投递邮件。能否为邮递员找到一条沿街道的每一侧恰好骑行一次就可以完成全部投递工作的路线。

解 分别用表示每条街道两侧的方向相反的两条有向边代替图 8.6.4(a)中的每条边，结果如图 8.6.4(b)所示。这样就将邮递员问题转化为寻找有向欧拉回路问题。由于该图的每个结点的入度等于其出度，所以图中存在欧拉回路。其中一种有效的投递路线是：$a \to b \to c \to d \to e \to a \to d \to a \to c \to a \to e \to d \to c \to b \to a$。

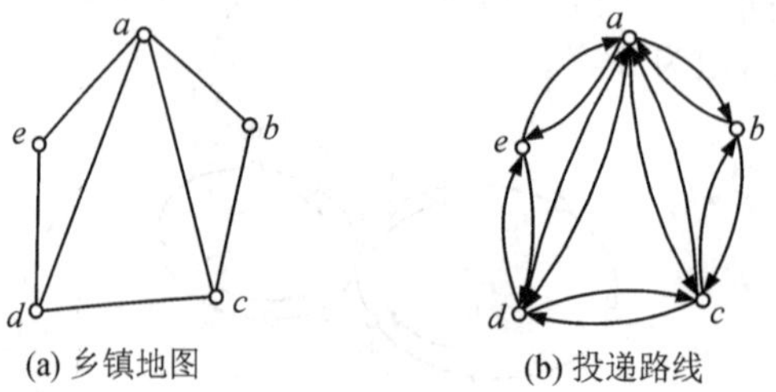

图 8.6.4 邮递员投递图

1921 年，弗勒里给出下面的求欧拉回路的算法。

(1) $\forall v_0 \in V(G)$，令 $W_0 = v_0$。

(2)假设迹 $W_i = v_0 e_1 v_1 \cdots e_i v_i$ 已经选定，那么按下述方法从 $E - \{e_1, \cdots, e_i\}$ 中选取边 e_{i+1}：① e_{i+1} 和 v_i 相关联；②除非没有别的边可选择，否则 e_{i+1} 不是 $G_i = G - \{e_1, \cdots, e_i\}$ 的割边(cut edge)。(所谓割边是一条删除后使连通图不再连通的边)。

(3)当第(2)步不能再执行时，算法停止。

8.6.2 哈密顿图的基本概念

1859 年爱尔兰数学家哈密顿在给他的朋友的一封信中，首先谈到一个被称为"周游世界"的数学游戏。他将正十二面体的 20 个结点均标上重要城市的名称，希望能够沿着正十二面体的棱行走，找到一个遍历每个城市恰一次的周游路线。

如果将正十二面体的结点和边画在一个平面上，"周游世界"游戏相当于在图中找到一条经过每个结点一次且仅一次的回路，如图 8.6.5(a)所示。这个问题是有解的，见图 8.6.5(b)的粗线。

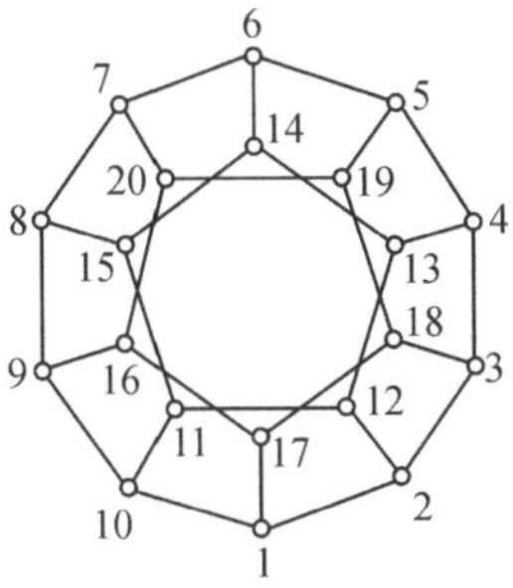

(a) 回路图

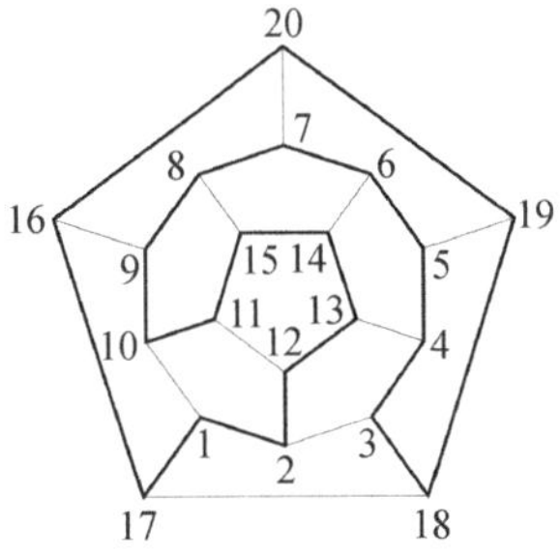

(b) 解图

图 8.6.5 "周游世界"游戏

定义 8.6.2 包含图中每个结点一次且仅一次的通路称哈密顿路(Hamiltonian path)。包含图中所有结点的圈称为哈密顿圈(Hamiltonian cycle)。含哈密顿圈的图称为哈密顿图(Hamiltonian graph)。

直观地讲，哈密顿图就是从一顶点出发每顶点恰通过一次能回到出发点的图，即不重复地行遍所有的顶点再回到出发点。

由于自回路和平行边对于寻找哈密顿路没有意义，因此以下仅考虑简单图。虽然哈密顿图与欧拉图问题颇为相似且同样有趣，但是哈密顿图问题到目前为止尚未完全解决，即还没有找到一个简单的判定哈密顿路或回路存在性的充分必要条件。以下首先介绍哈密顿图的必要条件。

定理 8.6.3 若图 $G = \langle V, E \rangle$ 是哈密顿图，则对于结点集 V 的每个非空子集 S 均满足：

$$\omega(G - S) \leqslant |S|$$

其中，$|S|$ 表示 S 中的结点数，$\omega(G - S)$ 表示 G 删除 S 中所有结点后得到的连通分支个数。

证明 设 C 是 G 中的一条哈密顿圈，则对于 V 的任一非空子集 S，在 C 中删除任一个 S 中的结点 v_i，如图 8.6.6 所示，则 $C - v_i$ 是连通的非回路。若再删去 S 中另一结点 v_j，则 $\omega(C - \{v_i, v_j\}) \leqslant 2$。

由归纳法得：$\omega(C - S) \leqslant |S|$。

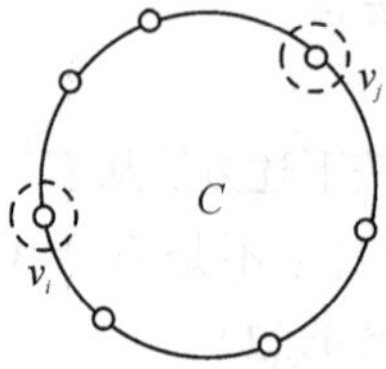

(a) 哈密顿回路

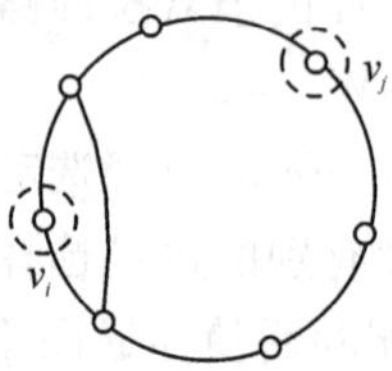

(b) 哈密顿图

图 8.6.6　哈密顿回路和哈密顿图

同时，由于 $C-S$ 是 $G-S$ 的一个生成子图，因而 $\omega(G-S)\leqslant\omega(C-S)\leqslant|S|$。

证毕。

定理 8.6.4　设二部图 $G=\langle X, E, Y\rangle$，设 $|X|=m$，$|Y|=n$。若 $m\neq n$，则 G 必不是哈密顿图。

证明略。

1960 年奥尔(Ore)建立了哈密顿图的充分条件：

定理 8.6.5　设 $G=\langle V, E\rangle$ 是含有 $n(n\geqslant 3)$ 个结点的简单无向图，如果 G 中的每一对结点的度数之和都大于等于 $n-1$，则 G 中存在哈密顿路。

证明　首先，证明 G 是连通的(反证法)。

假设 G 中存在两个或更多个互不连通的分支。设 G 中的结点 v_i 和 v_j 分别属于两个不同的连通分支 G_1 和 G_2，其中 G_1 和 G_2 分别有 n_1 和 n_2 个结点。

显然，$n_1<n$ 且 $n_2<n$，于是有 $\deg(v_i)\leqslant n_1-1$ 且 $\deg(v_j)\leqslant n_2-1$，则 $\deg(v_i)+\deg(v_j)\leqslant n_1+n_2-2=n-2$。

这与已知题设矛盾，假设错误，G 是连通的。

其次，证明 G 中存在哈密顿路。

在 G 中找到一条长度为 $p-1(0<p<n)$ 的通路，如图 8.6.7 所示，则该通路中含 p 个结点，设这些结点为 $v_1, v_2, \cdots, v_p$。

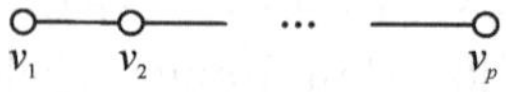

图 8.6.7　长度为 $p-1$ 的通路

扩充这条通路：

(1)如果 v_1 或 v_p 还邻接于不在这条路上的某个结点，则可立即延伸这条路以包含该结点，得到 p 条边、$p+1$ 个结点的通路。

(2)如果 v_1 和 v_p 均只与该通路中的结点邻接，那么接下来证明“存在一条包含结点 $v_1, v_2, \cdots, v_p$ 的圈”。①如果 v_1 与 v_p 邻接，则得到一条包含结点 $v_1, v_2, \cdots, v_p$ 的圈；②如果 v_1 与 v_p 不邻接。不妨设 v_1 邻接于 $v_{i_1}, v_{i_2}, \cdots, v_{i_k}$ $(2\leqslant i_k\leqslant p-1)$ 这 k 个结点$(k\leqslant p-2)$，则 v_p 至少与 $v_{i_1-1}, v_{i_2-1}, \cdots, v_{i_k-1}$ 中之一邻接。

若不然，则 v_p 至多与 $p-k-1$ 个结点(除 $v_{i_1-1}, v_{i_2-1}, \cdots, v_{i_k-1}$ 外还包含 v_p 自身)邻接。因而 $\deg(v_1)+\deg(v_p)\leqslant p-k-1+k=p-1\leqslant n-2$，这与已知题设矛盾。

设 v_1 与 v_{i_t} 邻接且 v_p 与 v_{i_t-1} 邻接，如图 8.6.8 所示可以得到圈 $(v_1, v_2, \cdots, v_{i_t-1}, v_p, v_{p-1}, \cdots, v_{i_t}, v_1)$。

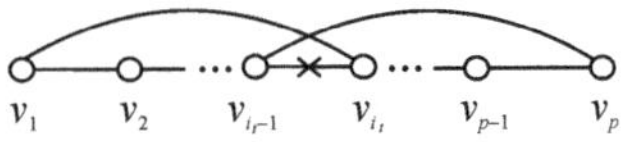

图 8.6.8　通路的圈

由于 G 是连通的，在该回路之外至少还有其他结点与回路中的结点邻接。可以用如图 8.6.9 所示的方法将该结点引入通路中，从而得到一条长度为 p 的通路。

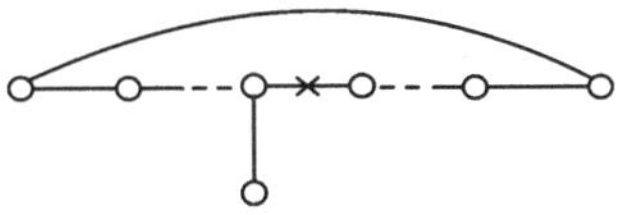

图 8.6.9　长度为 p 的通路

重复上述过程，直到得到一条包含图中所有 n 个结点的通路。

证毕。

推论 8.6.2　设 G 是具有 n 个结点的简单图，如果 G 中每一对结点的度数之和大于等于 n，则 G 中存在一条哈密顿圈。

证明　前一条定理可知 G 中必存在哈密顿路，设为$(v_1, v_2, \cdots, v_n)$，如果 v_1 与 v_n 邻接，则定理得证。

如果 v_1 与 v_n 不邻接，不妨设 v_1 邻接于 $v_{i_1}, v_{i_2}, \cdots, v_{i_k}$ $(2 \leqslant i_k \leqslant n-1)$，总共 k 个结点$(k \leqslant n-2)$。由前一定理的证明过程知：v_p 至少与 $v_{i_1-1}, v_{i_2-1}, \cdots, v_{i_k-1}$ 中之一邻接。

设 v_1 与 v_{i_t} 邻接且 v_p 与 v_{i_t-1} 邻接，如图 8.6.10 所示可以得到一条哈密顿圈$(v_1, v_2, \cdots, v_{i_t-1}, v_n, v_{n-1}, \cdots, v_{i_t}, v_1)$，故图 G 是哈密顿图。

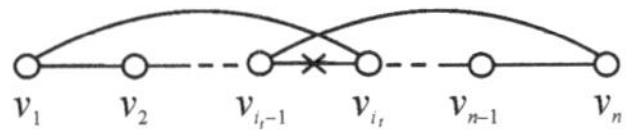

图 8.6.10　哈密顿圈

证毕。

8.6.3　中国邮递员问题

一位邮递员从邮局选好邮件去投递，然后返回邮局，当然他必须经过他负责投递的每条街道至少一次，为他设计一条投递路线，使得他行程最短。

上述中国邮递员问题的数学模型是：在一个赋权连通图上求一个含所有边的回路，且使此回路的权最小。

显然，若此连通赋权图是欧拉图，则可用弗勒里算法求欧拉回路，此回路即为所求。

对于非欧拉图，1973 年，埃德蒙兹和约翰逊(Johnson)给出下面的解法。

设 G 是连通赋权图。

(1)求 $V_0 = \{v \mid v \in V(G), d(v) = 1(\mathrm{mod}2)\}$。

(2)对每对顶点 $u, v \in V_0$，求 $d(u,v)$ [$d(u,v)$ 是 u 与 v 的距离，可用弗洛伊德算法求得)。

(3)构造完全赋权图 $K_{|V_0|}$，以 V_0 为顶点集，以 $d(u,v)$ 为边 uv 的权。

(4)求 $K_{|V_0|}$ 中权之和最小的完美对集 M。

(5)求 M 中边的端点之间的在 G 中的最短轨。

(6)在(5)中求得的每条最短轨上每条边添加一条等权的所谓“倍边”(即共端点共权的边)。

(7)在(6)中得的图 G' 上求欧拉回路即为中国邮递员问题的解。

多邮递员问题：邮局有 $k(k \geqslant 2)$ 位投递员，同时投递信件，全城街道都要投递，完成任务返回邮局，如何分配投递路线，使得完成投递任务的时间最早？其数学模型如下：

$G(V,E)$ 是连通图，$v_0 \in V(G)$，求 G 的回路 $C_1, C_2 \cdots, C_k$，使得

(1) $v_0 \in V(C_i)$，$i=1,2,\cdots,k$；

(2) $\max\limits_{1 \leqslant i \leqslant k} \sum\limits_{e \in E(C_i)} \omega(e) = \min$；

(3) $\bigcup\limits_{i=1}^{k} E(C_i) = E(G)$。

8.6.4　旅行商问题

一名推销员准备前往若干城市推销产品，然后回到他的出发地，如何为他设计一条最短的旅行路线(从驻地出发，经过每个城市恰好一次，最后返回驻地)？这个问题称为旅行商问题。用图论的术语说，就是在一个赋权完全图中，找出一个有最小权的哈密顿圈，称这种圈为最优圈。与最短路问题及连线问题相反，目前还没有求解旅行商问题的有效算法。所以希望有一个方法可以获得相当好(但不一定最优)的解。

一个可行的办法是首先求一个哈密顿圈 C，然后适当修改 C 以得到具有较小权的另一个哈密顿圈。修改的方法叫作改良圈算法。设初始圈 $C = v_1 v_2 \cdots v_n v_1$。

(1)对于 $1 < i+1 < j < n$，构造新的哈密顿圈：

$$C_{ij} = v_1 v_2 \cdots v_i v_j v_{j-1} v_{j-2} \cdots v_{i+1} v_{j+1} v_{j+2} \cdots v_n v_1$$

上式是由 C 中删去边 $v_i v_{i+1}$ 和 $v_j v_{j+1}$，添加边 $v_i v_j$ 和 $v_{i+1} v_{j+1}$ 而得到的。若 $\omega(v_i v_j) + \omega(v_{i+1} v_{j+1}) < \omega(v_i v_{i+1}) + \omega(v_j v_{j+1})$，则以 C_{ij} 代替 C，C_{ij} 叫作 C 的改良圈。

(2)转(1)，直至无法改进，停止。

用改良圈算法得到的结果几乎可以肯定不是最优的。为了得到更高的精确度，可以选择不同的初始圈，重复进行几次算法，以求得较精确的结果。

这个算法的优劣程度有时能用克鲁斯卡尔算法加以说明。假设 C 是 G 中的最优圈。则对于任何顶点 v，$C-v$ 是在 $G-v$ 中的哈密顿轨，因而也是 $G-v$ 的生成树。由此推知：若 T 是 $G-v$ 中的最优树，同时 e 和 f 是和 v 关联的两条边，并使得 $\omega(e)+\omega(f)$ 尽可能小，则 $\omega(T)+\omega(e)+\omega(f)$ 将是 $\omega(C)$ 的一个下界。

这里介绍的方法已被进一步发展。圈在修改过程中，一次替换三条边比一次仅替换两条边更为有效；然而，有点奇怪的是，进一步推广这一想法，结果就不利了。

例如，从北京(Pe)乘飞机到东京(T)、纽约(N)、墨西哥城(M)、伦敦(L)、巴黎(Pa)五城市旅游，每城市恰去一次再回北京，应如何安排旅游线，使旅程最短？各城市之间的航线距离如表 8.6.1 所示。

表 8.6.1　各城市间的航线距离　　单位：100 km

城市	L	M	N	Pa	Pe	T
L		56	35	21	51	60
M	56		21	57	78	70

续表

城市	L	M	N	Pa	Pe	T
N	35	21		36	68	68
Pa	21	57	36		51	61
Pe	51	78	68	51		13
T	60	70	68	61	13	

解 编写以下程序。

```
clc,clear
a(1,2)=56;a(1,3)=35;a(1,4)=21;a(1,5)=51;a(1,6)=60;
a(2,3)=21;a(2,4)=57;a(2,5)=78;a(2,6)=70;
a(3,4)=36;a(3,5)=68;a(3,6)=68;
a(4,5)=51;a(4,6)=61;
a(5,6)=13;
a(6,:)=0;
a=a+a';
c1=[5 1:4 6];
L=length(c1);
flag=1;
while flag>0
      flag=0;
  for m=1:L-3
      for n=m+2:L-1
        if a(c1(m),c1(n))+a(c1(m+1),c1(n+1))<a(c1(m),c1(m+1))+
           a(c1(n),c1(n+1))
           flag=1;
           c1(m+1:n)=c1(n:-1:m+1);
        end
     end
  end
end
sum1=0;
for i=1:L-1
   sum1=sum1+a(c1(i),c1(i+1));
end
circle=c1;
sum=sum1;
c1=[5 6 1:4];%改变初始圈,该算法的最后一个顶点不动
flag=1;
```

```
while flag>0
      flag=0;
   for m=1:L-3
      for n=m+2:L-1
         if a(c1(m),c1(n))+a(c1(m+1),c1(n+1))<…a(c1(m),c1(m+1))+
           a(c1(n),c1(n+1))
            flag=1;
            c1(m+1:n)=c1(n:-1:m+1);
         end
      end
   end
end
sum1=0;
for i=1:L-1
  sum1=sum1+a(c1(i),c1(i+1));
end
if sum1<sum
   sum=sum1;
   circle=c1;
end
circle,sum
```

习　题

1. 设 G 是一个 n 个结点的简单无向图，如果每一对结点的度数和均大于等于 $n-1$，则 G 必是连通图。

2. 试求习题 2 图所示的有向图 G 的强分图、单侧分图和弱分图。

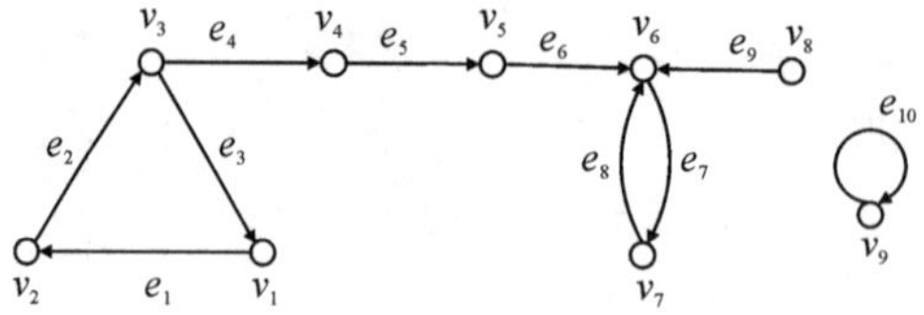

习题 2 图

3. 设 G 是 n 个结点的有向图，证明：G 是强连通的，当且仅当 G 中存在一条经过每个结点至少一次的回路。

4. 证明每个结点的度数至少为 2 的图必包含一条回路。

5. 设 $G=<X, E, Y>$ 是一个二部图。证明：若 G 是一个 k-正则图，则有 $|X|=|Y|$。

6. 设 $G=<V, E>$ 是连通简单无向图，且 G 不是完全图，$|V|\geqslant 3$。证明 G 中存在三个不同的结点 u、v 和 w，使得 $\{u, v\}$，$\{v, w\}\in E$，而 $\{u, w\}\notin E$。

7. 证明一个有向图 G 是单侧连通的，当且仅当它有一条经过每一结点的路。

8. 证明连通图 G 中的任意两条最长通路必有公共结点。

9. 设有向图 G 如习题 9 图所示。

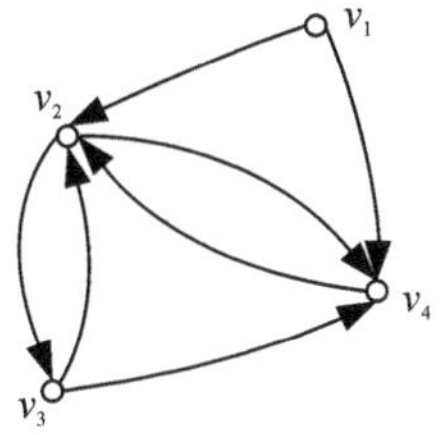

习题 9 图

(1)写出 G 的邻接矩阵。

(2)计算 G 中所有结点的入度和出度。

(3)G 中长度为 3 的路有多少条？其中回路有几条？

10. 求习题 10 图所示结点 a 到其他结点的距离和最短路。

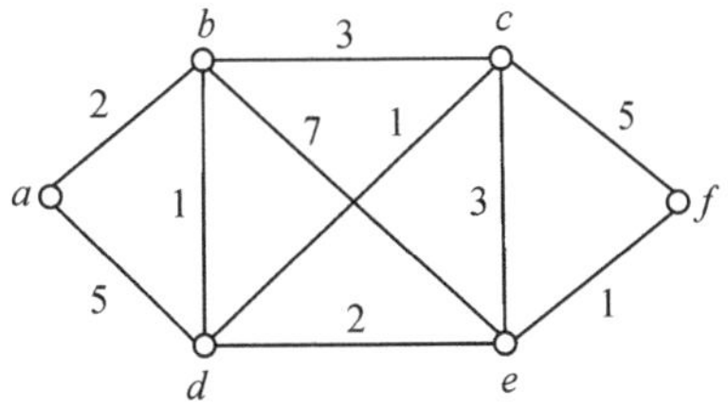

习题 10 图

11. 修改狄克斯特拉算法，让它能够求图中任意两个结点间的距离和最短路。

12. 求习题 12 图所示有向图中顶点 B 到 G 的最短路径和权。

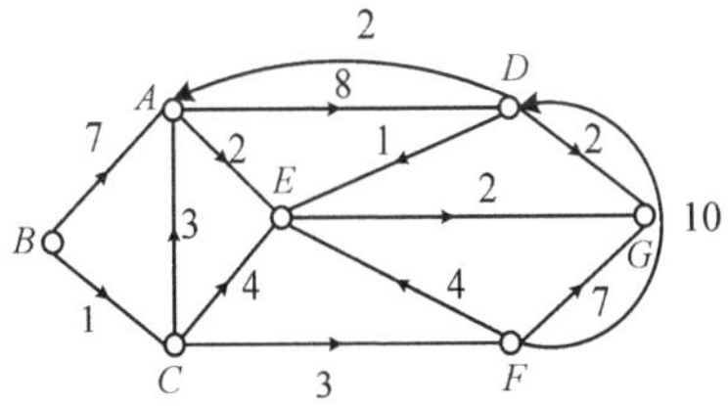

习题 12 图

13. 现有张、王、李、赵 4 名教师，要求他们去教数学、物理、电工和计算机科学 4 门课程。已知张能教数学和计算机科学；王能教物理和电工；李能教数学、物理和电工；而赵只能教电工。如何安排才能使 4 位教师都能教课，并且每门课都有人教？共有几种方案？

14. 求习题 14 图从 v_1 到 v_9 的最短路径及其权。

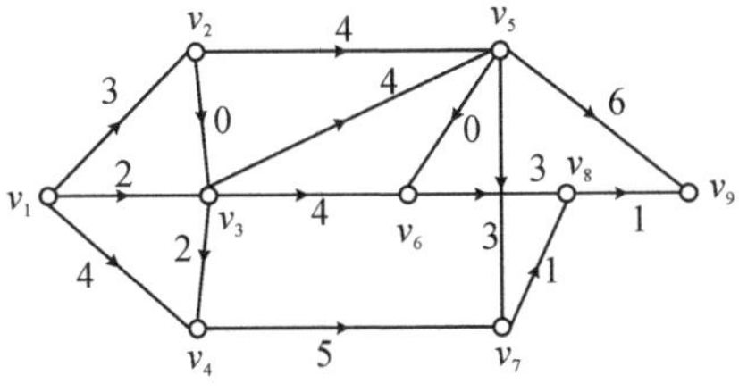

习题 14 图

15. 确定习题 15 图所示有向图中从顶点 A 到顶点 L 的一条最长路径，并求出它的权。

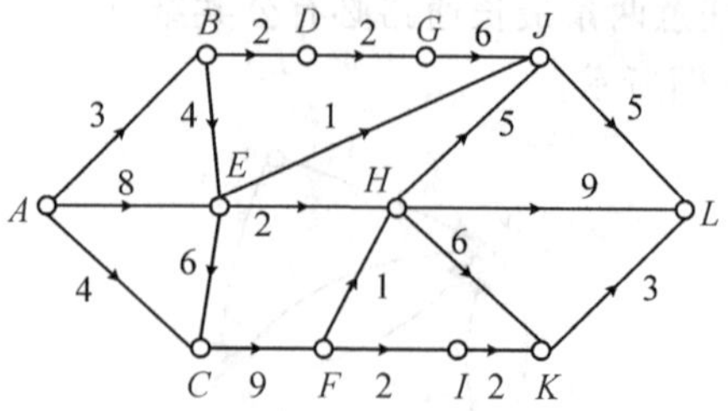

习题 15 图

16. 某地有 10 万人口，当地卫生机构拟对人群的某种疾病作一次检查，现在需要就采用哪种检查方式作出决策。有三种方式可供选择：一是全体人口普查；二是只检查高危人群；三是所有的人都不检查。假设人群的疾病分布状况和预期的检查结果以及检查和治疗费用的有关资料如下表所示，为了使总费用最少，应选择哪种方案？试用决策树法来分析。

习题 16 表 1

检查结果	实际情况/人					
	高危险组			低危险组		
	阳性	阴性	合计	阳性	阴性	合计
阳性	1900	3600	5500	3040	15360	18400
阴性	100	14400	14500	160	61440	61660
合计	2000	18000	20000	3200	76800	80000

习题 16 表 2

项目	费用/(元 · 人$^{-1}$)
全体人口普查	3
重点检查	4
真阳性病人早期治疗	10
假阳性病人早期治疗	5
晚期治疗	100

第 9 章　离散模型

所谓离散模型，一般是相对于连续模型而言的，它是把实际问题抽象成离散的数、符号或图形，再用离散数学工具解决的一类模型。用于描述和研究离散系统或现象，它通过建立数学模型来描述离散事件或状态之间的逻辑关系和动态变化。离散模型具有抽象性、形式化和符号化的特点，能够简洁地表达复杂系统的本质特征，便于分析和预测。前几章中的差分方程相对于微分方程、整数规划相对于线性规划，是常见的离散模型，本章的建模案例主要取自经济、社会等领域经常出现的决策、排序和分配等方面的问题。

9.1　多属性决策

在工程设计、经济、管理和军事等诸多领域中，存在着大量的多属性决策（也称为多准则决策）问题，即根据各个属性的指标值来对若干方案进行排序或选取最优的方案。用下列符号来描述多属性决策问题：$A=\{A_1,A_2,\cdots,A_n\}$ 表示 n 个决策方案的集合；$K=\{1,2,\cdots,m\}$ 表示 m 个可加独立属性的集合；x_{ij} 为方案 A_i 关于属性 j 的指标值。因此，n 个决策方案、m 个属性（或评价指标）的决策矩阵为

$$\boldsymbol{X}=\begin{bmatrix} x_{11} & x_{12} & \cdots & x_{1m} \\ x_{21} & x_{22} & \cdots & x_{2m} \\ \vdots & \vdots & & \vdots \\ x_{n1} & x_{n2} & \cdots & x_{nm} \end{bmatrix}$$

选购一辆私家车是许多进入稳定社会生活的人们要费心考虑的事情之一。由于经济情况、生活习惯、兴趣追求等方面的差别，他（她）们选购汽车的标准自然不会相同。可以认为主要会考虑经济适用、性能良好、款式新颖 3 个因素，只是每个人对这 3 个因素的侧重有所不同。初入社会的年轻人可能以经济适用为重，有一定经济实力的中年人更注重性能良好，所谓“富二代”则更钟情于款式新颖。如果某人对 3 个因素在汽车选购这一目标中的重要性已经有了大致的比较，也确定了待选的若干种型号的汽车，那么他（她）必然要深入了解每一种待选的汽车，以便对各种汽车在每个因素中的优劣程度作出基本的判断。最后，他（她）要根据以上信息对待选汽车进行综合评价，从而为选购哪种汽车作出决策。

人们在日常生活中常常会碰到类似的决策问题：假期旅游，是去风光绮丽的苏杭，还是迷人的北戴河海滨，或是山水甲天下的桂林，这与旅游地的景色、旅途的费用、吃住条件等因素在你心目中的重要程度有关；选择工作岗位，是国企、私企还是科研院所，当然会考虑薪酬、地域、发展前景等方面的因素。

从事各种职业的人在工作中也经常面对决策：厂长要决定购买哪种设备；科技人员要选择研究课题；经理要从应聘者中选拔秘书；各地区、各部门的官员要对经济、环境、交通、居住等方

面的发展作出规划。

现实世界里诸如此类的众多决策问题有一些共同的特点：需要考虑的因素经常涉及经济、社会、人文、环境等领域，对它们的重要性、影响力作比较、评价时缺乏客观的标准；待选对象对于这些因素的优劣程度也往往难以量化。这就给用数学建模解决一大类实际问题带来困难。多属性决策(multiple attribute decision making)和层次分析法(analytic hierarchy process)是处理这类决策问题的常用方法。本节以汽车选购为例介绍用多属性决策建模的全过程。

多属性决策指人们为了一个特定的目的，要在若干备选方案(如几种型号的汽车)中确定一个最优的方案，或者对这些方案按照优劣程度排序，或者需要给出优劣程度的数量结果，而方案的优劣由若干属性(如汽车的价格、性能、款式等因素)进行定量或定性的表述。一般地，多属性决策包含以下要素：决策目标、备选方案与属性集合。

通常，决策目标和备选方案是由实际问题本身决定的，少有选择的余地。而选取哪些属性对于决策结果则至关重要，需要决策者在相关领域有较多的实际经验。大体上，确定属性集合有以下几条原则：全面考虑影响决策目标的因素，注意选取影响力(或重要性)较强的属性；各个属性之间应尽可能独立，至少相关性不要太强；尽可能选取能够定量的属性，定性的也要能分出明确的优劣程度；如果某个属性对各备选方案的差别很小，根据该属性就难以辨别方案的优劣，那么这个属性就不必被选入(即使它对决策目标的影响力很强)；当属性数量太多时应该将它们分层，上层的每一属性包含下层的若干子属性。

决策矩阵是指以方案为行、属性为列，以每一方案对每一属性的取值为元素形成的矩阵，表示了方案对属性的优劣(或偏好)程度。当某一属性可以定量描述时(如汽车价格)，矩阵这一列元素的数值比较容易得到，而当某一属性只能定性描述时(如汽车款式)，这一列元素的数值就需要寻求合适的方法确定。

属性权重是各属性之间的权重分配，对于决策结果至关重要，如媒体上出现的不同机构给出的大学排名榜有不小的差别，在很大程度上是由于对属性(如教师水平、毕业生质量、研究经费等)的选取及其权重分配的不同造成的。同时，由于各属性的不同特性，常常难以客观地、定量地确定其权重。

综合方法是指将决策矩阵与属性权重加以综合，得到最终决策的数学方法。

下面结合汽车选购说明如何确定决策矩阵、属性权重以及利用综合方法得到决策结果。

例 9.1.1　汽车选购。决策矩阵及其标准化：假定有 3 种型号的汽车(相当于 3 个方案)供选购，记作 A_1、A_2、A_3，3 个属性分别为价格、性能和款式，依次记作 X_1、X_2、X_3。对于价格 X_1(单位：万元)，3 种汽车分别为 25、18、12；对于性能 X_2，采用打分的办法(满分 10 分)，3 种汽车分别为 9、7、5；对于款式 X_3，类似地打分为 7、7、5。将这些数值列入表 9.1.1，并记作 $d_{ij}(i=1,2,3,j=1,2,3)$，表示方案 A_i 对属性 X_j 的取值，或称原始权重。

表 9.1.1　汽车采购中的原始权重

型号	X_1	X_2	X_3
A_1	25	9	7
A_2	18	7	7
A_3	12	5	5

一般地，如果一个多属性决策问题有 m 个备选方案 $A_1,A_2,\cdots,A_m$，n 个属性 $X_1,X_2,\cdots,X_n$，方案 A_i 对属性 X_j 的取值为 d_{ij}，以下称属性值，$\boldsymbol{D}=(d_{ij})_{m\times n}$ 称为决策矩阵，表 9.1.1 可以用(原始)决策矩阵表示为

$$\boldsymbol{D}=\begin{bmatrix}25 & 9 & 7\\18 & 7 & 7\\12 & 5 & 5\end{bmatrix}$$

决策矩阵的获取一般有两种途径，一种是直接通过量测或调查得到，如表 9.1.1 中价格 X_1，是偏于客观的方法，另一种是由决策者或请专家评定，是偏于主观的方法。

决策矩阵的每一列表示各方案对某一属性的属性值，由于通常各属性的物理意义(包括量纲)各不相同，在下一步分析之前常需要将决策矩阵标准化(或称规范化)。

进行标准化时首先需要区分效益型属性和费用型属性，前者指属性值越大，该属性对决策的重要程度越高，后者正相反。汽车选购中的属性 X_2、X_3 是效益型的，而 X_1 是费用型的。如果一个多属性决策问题中效益型属性占多数(大多数实际情况如此)，在标准化时应先对费用型属性值作变换，通常的方法是取原属性值的倒数，或者用一个大数减去原属性值，将全部属性统一为效益型的，用取倒数的方法可将汽车选购中的决策矩阵重新表示为

$$\boldsymbol{D}=\begin{bmatrix}1/25 & 9 & 7\\1/18 & 7 & 7\\1/12 & 5 & 5\end{bmatrix}$$

以下所说的决策矩阵 $\boldsymbol{D}$ 均对效益型属性而言。

所谓决策矩阵标准化是对 $\boldsymbol{D}=(d_{ij})_{m\times n}$ 作比例尺度变换，标准化的决策矩阵 $\boldsymbol{R}=(r_{ij})_{m\times n}$ 有以下几种形式：

$$r_{ij}=\frac{d_{ij}}{\sum\limits_{i=1}^{m}d_{ij}} \tag{9.1.1}$$

$\boldsymbol{R}$ 的列向量的分量之和为 1，称为归一化；

$$r_{ij}=\frac{d_{ij}}{\max\limits_{i=1,2,\cdots,m}d_{ij}} \tag{9.1.2}$$

$\boldsymbol{R}$ 的列向量的分量最大值为 1，称为最大化；

$$r_{ij}=\frac{d_{ij}}{\sqrt{\sum\limits_{i=1}^{m}d_{ij}^2}} \tag{9.1.3}$$

$\boldsymbol{R}$ 的列向量的模为 1，称为模一化。经过这些变换可得 $0\leqslant r_{ij}\leqslant 1$，当且仅当 $d_{ij}=0$ 时才有 $r_{ij}=0$，$\boldsymbol{R}$ 的各个列向量表示了在同一尺度下各属性的属性值。

汽车选购中的决策矩阵 $\boldsymbol{D}$ 经过式(9.1.1)、(9.1.2)、(9.1.3)标准化后分别化为

$$\boldsymbol{R}=\begin{bmatrix}0.2236 & 0.4286 & 0.3684\\0.3106 & 0.3333 & 0.3684\\0.4658 & 0.2381 & 0.2632\end{bmatrix}$$

$$\boldsymbol{R}=\begin{bmatrix}0.4800 & 1.0000 & 1.0000\\0.6667 & 0.7778 & 1.0000\\1.0000 & 0.5556 & 0.7143\end{bmatrix}$$

$$R=\begin{bmatrix}0.3709 & 0.7229 & 0.6312\\ 0.5151 & 0.5623 & 0.6312\\ 0.7727 & 0.4016 & 0.4508\end{bmatrix}$$

属性权重的确定：各个属性对决策目标的影响程度(或重要性)称为属性权重，记属性 X_1，X_2，…，X_n 的权重为 $w_1,w_2,\cdots,w_n$，满足 $\sum_{j=1}^{n}w_j=1$，$w=(w_1,w_2,\cdots,w_n)^{\mathrm{T}}$ 称为权向量。属性权重的确定也有偏于主观和偏于客观两种方法。偏于主观的方法可以由决策者根据决策目的和经验先验地给出。

信息熵法属于典型的偏于客观的方法。在信息论中熵是衡量不确定性的指标，一个信息量的(概率)分布越趋向一致，所提供信息的不确定性越大，当信息呈均匀分布时不确定性最大。在多属性决策中将按照归一化式(9.1.1)得到的决策矩阵 R 的各个列向量 $(r_{1j},r_{2j},\cdots,r_{mj})^{\mathrm{T}}(j=1,2,\cdots,n)$ 看作信息量的概率分布，按照香农(Shannon)给出的数量指标——熵的定义，各方案关于属性 X_j 的熵为

$$E_j=-k\sum_{i=1}^{m}r_{ij}\ln r_{ij},k=1/\ln m \qquad j=1,2,\cdots,n \tag{9.1.4}$$

当各方案对某个 X_j 的属性值全部相同，即 $r_{ij}=1/m(i=1,2,\cdots,m)$ 时，$E_j=1$ 达到最大，这样的 X_j 对于辨别方案的优劣不起任何作用；当各方案对 X_j 的属性值 r_{ij} 只有一个 1 其余全为 0 时，$E_j=0$ 达到最小，这样的 X_j 最能辨别方案的优劣。一般地，属性值 r_{ij} 相差越大，E_j 越小，X_j 辨别方案优劣的作用越大。于是定义

$$F_j=1-E_j \qquad 0\leqslant F_j\leqslant 1 \tag{9.1.5}$$

为属性 X_j 的区分度。进一步地，将归一化的区分度取作属性 X_j 的权重 w_j，即

$$w_j=\frac{F_j}{\sum_{j=1}^{n}F_j} \qquad j=1,2,\cdots,n \tag{9.1.6}$$

对于汽车选购，表 9.1.2 给出由归一化的决策矩阵 R（即表中的 r_{ij}）按照式(9.1.4)～(9.1.6)计算的熵 E_j、区分度 F_j 和权重 $w_j(j=1,2,3)$。

表 9.1.2　汽车采购中决策矩阵的熵、区分度和权重

参数	X_1	X_2	X_3
r_{ij}	0.2236	0.4286	0.3684
	0.3106	0.3333	0.3684
	0.4658	0.2381	0.2632
E_j	0.9594	0.9749	0.9895
F_j	0.0406	0.0251	0.0105
w_j	0.5330	0.3293	0.1377

将各属性的权重按照大小排序为 w_1、w_2、w_3。实际上，观察原始决策矩阵 D（或表 9.1.1）可以看出：3 种汽车对 X_1(价格)的属性值相差很大，对 X_3(款式)的属性值相差甚小，根据这样的数据利用信息熵法计算权重，结果自然是 w_1 较大而 w_3 较小。

信息熵法完全由决策矩阵计算属性权重，如果决策矩阵主要是直接通过量测或调查得到

的，那么这种获取权重的方法客观性较强。

与信息熵法的思路相似，可以用 $r_{1j}, r_{2j}, \cdots, r_{mj}$ 的标准差或极差作为区分度 F_j 计算权重，这适用于 m 较大的情况。

如果将偏于主观和客观两种方法得到的权重分别记作

$$w^{(1)} = (w_1^{(1)}, w_2^{(1)}, \cdots, w_n^{(1)})^{\mathrm{T}}, w^{(2)} = (w_1^{(2)}, w_2^{(2)}, \cdots, w_n^{(2)})^{\mathrm{T}}$$

那么可以用如下简单的方法将二者综合，得到新的权重

$$w_j = \frac{w_j^{(1)} w_j^{(2)}}{\sum_{j=1}^{n} w_j^{(1)} w_j^{(2)}} \qquad j = 1, 2, \cdots, n \tag{9.1.7}$$

式中，乘积 $w_j^{(1)} w_j^{(2)}$ 可以改为 $w_j^{(1)\alpha} w_j^{(2)\beta}$ 或 $\alpha w_j^{(1)} + \beta w_j^{(2)}$，其中 α、β 可根据决策者对 $w^{(1)}$、$w^{(2)}$ 的偏好程度进行调节。

综合方法：得到决策矩阵及属性权重以后，数学上可以采用多种方法将它们综合，按照决策者的需要确定一个最优方案，或者各方案按照优劣排序的数量结果，即方案对目标的（综合）权重。下面是几种主要的方法。

1）加权和法

加权和法是人们熟知的、常用的方法。已知标准化决策矩阵 $\boldsymbol{R} = (r_{ij})_{m \times n}$ 及属性权重 $\boldsymbol{w} = (w_1, w_2, \cdots, w_n)^{\mathrm{T}}$（满足 $\sum_{j=1}^{n} w_j = 1$），则方案 A_i 对目标的权重 v_i 是 r_{ij} 对 w_j 的加权和，即

$$v_i = \sum_{j=1}^{n} r_{ij} w_j \qquad i = 1, 2, \cdots, m \tag{9.1.8}$$

若记向量 $\boldsymbol{v} = (v_1, v_2, \cdots, v_m)^{\mathrm{T}}$，则式(9.1.8)可写作矩阵形式

$$\boldsymbol{v} = \boldsymbol{R}\boldsymbol{w} \tag{9.1.9}$$

应该指出，当对决策矩阵采用不同的标准化方法时，得到的结果会有差别。对于汽车选购问题，设属性权重为用信息熵法得到的表 9.1.2 的最后一行 $\boldsymbol{w}$，用归一化和最大化的决策矩阵 $\boldsymbol{R}$ 代入式(9.1.9)计算，得到的结果见表 9.1.3 的第 2、3 列（第 3 列是将直接计算出的数值又归一化的结果，以便与第 2 列比较）。

2）加权积法

将加权和（算数平均）改为加权积（几何平均），与式(9.1.8)相对应的公式为

$$v_i - \prod_{j=1}^{n} d_{ij}^{w_j} \qquad i - 1, 2, \cdots, m \tag{9.1.10}$$

对于汽车选购直接根据决策矩阵 $\boldsymbol{D}$（统一为效益型属性后）及表 9.1.2 最后一行 $\boldsymbol{w}$，利用式(9.1.10)计算，得到的结果归一化后见表 9.1.3 的第 4 列。

3）接近理想解的偏好排序法（简称 TOPSIS 方法）

将 n 个属性、m 个方案的多属性决策放到 n 维空间中 m 个点的几何系统中处理，用向量模一化式(9.1.3)对决策矩阵标准化，以便在空间定义欧氏距离。每个点的坐标由各方案标准化后的加权属性值确定。理论上的最优方案（称正理想解）由所有可能的加权最优属性值构成，最劣方案（称负理想解）由所有可能的加权最劣属性值构成，在确定最优和最劣属性值时应区分效益型与费用型属性。定义距正理想解尽可能近、距负理想解尽可能远的数量指标——

相对接近度，备选方案的优劣顺序按照相对接近度的大小确定。下面通过汽车选购说明TOPSIS方法的一般步骤。

(1)将决策矩阵模一化后的 r_{ij} 乘属性权重 w_j，得 $v_{ij}=r_{ij}w_j$，构成矩阵

$$\boldsymbol{V}=(v_{ij})=\begin{bmatrix}0.1977 & 0.2381 & 0.0869\\ 0.2746 & 0.1852 & 0.0869\\ 0.4118 & 0.1323 & 0.0621\end{bmatrix}$$

(2)正理想解(记作 $\boldsymbol{v}^+$)和负理想解(记作 $\boldsymbol{v}^-$)分别由 $\boldsymbol{V}$ 每一列向量的最大元素和最小元素构成，有 $\boldsymbol{v}^+=(0.4118,\ 0.2381,\ 0.0869)$，$\boldsymbol{v}^-=(0.1977,\ 0.1323,\ 0.0621)$。

(3)方案 A_i 与正理想解的(欧氏)距离按照 $S_i^+=\sqrt{\sum\limits_{j=1}^{3}(v_{ij}-v_j^+)^2}$ 计算(其中 v_j^+ 为 $\boldsymbol{v}^+$ 的第 j 分量)，得

$$\boldsymbol{S}^+=(S_1^+,S_2^+,S_3^+)=(0.2142,\ 0.1471,\ 0.1087)$$

A_i 与负理想解的距离按照 $S_i^-=\sqrt{\sum\limits_{j=1}^{3}(v_{ij}-v_j^-)^2}$ 计算(其中 v_j^- 为 $\boldsymbol{v}^-$ 的第 j 分量)，得

$$\boldsymbol{S}^-=(S_1^-,S_2^-,S_3^-)=(0.1087,\ 0.0966,\ 0.2142)$$

(4)定义方案 A_i 与正理想解的相对接近度为 $C_i^+=\dfrac{S_i^-}{S_i^++S_i^-}$，$0<C_i^+<1$，计算得 $\boldsymbol{C}^+=(C_1^+,C_2^+,C_3^+)=(0.3366,\ 0.3963,\ 0.6634)$，归一化后的结果见表9.1.3的第5列。

表9.1.3 汽车采购问题用3种综合方法的计算结果(备选方案对决策目标的权重)

方案	方法			
	加权和($\boldsymbol{R}$ 归一化)	加权和($\boldsymbol{R}$ 最大化)	加权积	TOPSIS
A_1	0.3110	0.3162	0.3067	0.2411
A_2	0.3260	0.3277	0.3364	0.2838
A_3	0.3629	0.3562	0.3568	0.4751

由表9.1.3可以看出，加权和法与加权积法得到的结果差别很小，TOPSIS方法的结果差别稍大，但用这些方法得到的3个方案的优劣顺序均为 A_3、A_2、A_1。

多属性决策应用的步骤如下。

(1)确定决策目标、备选方案与属性集合；

(2)通过量测、调查、专家评定等手段确定决策矩阵和属性权重，推荐用信息熵法由决策矩阵得出属性权重；

(3)采用归一化、最大化或模一化对决策矩阵标准化；

(4)选用加权和、加权积、TOPSIS等综合方法计算方案对目标的权重。

多属性决策应用中的几个问题如下。

1)比例尺度变换的归一化和最大化

比例尺度变换通过归一化或最大化将原始决策矩阵标准化，两种方法计算的结果一般不会相同(见表9.1.3)。但是大多数实际问题中，特别是在方案数量不多时，方案的优劣排序会大致一样。在实际应用中应该采用哪种方法呢？

以汽车选购为例，如果选购者的目标是综合指标最优、最理想，在确定各种型号汽车的每项属性值时，不受其他型号汽车的某些属性值变化的影响，那么他应该采用最大化方法；如果选购者的目标是综合指标在他的同事们选购的汽车中最突出，承认并接受不同型号汽车某些属性值变化对选择结果的影响，那么他就应该采用归一化方法。最大化和归一化方法又分别称为理想模式和分配模式。

2)区间尺度变换

所谓区间尺度变换是指对原始权重 d_{ij} 作如下形式的标准化：

$$r_{ij}=\frac{d_{ij}-\min\limits_{i=1,2,\cdots,m} d_{ij}}{\max\limits_{i=1,2,\cdots,m} d_{ij}-\min\limits_{i=1,2,\cdots,m} d_{ij}} \tag{9.1.11}$$

与比例尺度变换的最大化式(9.1.2)相似，d_{ij} 的最大值都变为 $r_{ij}=1$，它也可以用于多属性决策。需要注意的是，区间尺度变换后的最小值一定是 $r_{ij}=0$，正是这个 0 可能造成不良后果。

虚拟一个既简单又极端的例子，说明当按照方案的优劣处理资源分配问题时，用归一化的比例尺度变换特别合适，用最大化变换会出现较大的谬误，而若采用区间尺度变换将得到极不合理的结果。

例 9.1.2　奖金分配。将绩效奖金 1 万元按照教学和科研并重的原则分配给 A、B 两位教师，两个原则的权重 w_j 及两位教师的教学和科研原始得分 $d_{ij}(i,j=1,2)$ 如表 9.1.4 所示。

表 9.1.4　奖金分配中的权重 w_j 及原始得分 d_{ij}

编号	教学 $X_1(w_1=0.5)$	科研 $X_2(w_2=0.5)$
A	51	1
B	49	99

按照常识可以非常简单地大致分配 1 万元奖金：教学与科研各分 5000 元，教学 5000 元由 A、B 平分，科研 5000 元全给 B，于是 A 得 0.25 万元，B 得 0.75 万元。

用比例尺度变换的归一化、最大化及区间尺度变换 3 种方法计算的结果 ($w_1=0.5, w_2=0.5$) 如表 9.1.5 所示。

表 9.1.5　奖金分配用 3 种方法计算的结果

编号	归一化			最大化				区间尺度		
	X_1	X_2	综合权重	X_1	X_2	综合权重	归一化	X_1	X_2	综合权重
A	0.51	0.01	0.26	1	0.01	0.51	0.33	1	0	0.5
B	0.49	0.99	0.74	0.96	1	0.98	0.67	0	1	0.5

可以看出，归一化的结果与常识相符，只是更精确些；最大化的结果(再归一化)与常识相差较大，这是由于对应 X_1 的 A、B 权重之和远大于对应 X_2 的 A、B 权重之和，相当于放大了教学的权重，缩小了科研的权重；区间尺度的结果则完全不能接受，这显然是由于把 A、B 非常接近的教学原始分 51 和 49 分别变成 1 和 0 的缘故。

3)方案的排序保持与排序逆转

在多属性决策时会遇到新方案加入或旧方案退出的情况。假定各属性对目标的权重和原有方案对属性的权重都不变，那么方案的加入或退出会影响原有方案的优劣排序吗？直观上似乎不会，但是事实上用理想模式（最大化）计算在某些条件下原有方案的排序一定保持，而用分配模式（归一化）计算却可能发生逆转。

用两种模式计算会出现如此不同的后果并不难理解：在分配模式下各方案对每一属性权重 r_{ij} 之和恒为1，新方案的加入会导致原来 r_{ij} 的减少，即"稀释"了原有"资源"。"资源"的重新分配自然可能导致原方案排序逆转；在理想模式下各方案对每一属性权重 r_{ij} 的最大值为1，新方案的加入只要不改变原来的最大值，就不会"稀释"原有"资源"，原方案排序将保持不变。

9.2 层次分析法

层次分析法（analytic hierarchy process，AHP）是美国运筹学家萨蒂（Saaty）教授于20世纪70年代（稍晚于多属性决策）提出的一种处理复杂决策问题的结构化方法，它将定性与定量相结合，是一种系统化和层次化的决策分析方法。它把一个复杂问题分解为若干个关键影响因素，并将它们的支配关系形成层次关系，然后应用两两比较的方法确定决策方案。由于在处理复杂决策问题上的实用性和有效性，层次分析法已广泛地应用在政府管理、经济计划、能源政策与分配、运输和环境等领域中，在实际应用的领域、处理问题的类型以及具体的计算方法等方面，其与多属性决策有诸多类似和相通之处。

通过深入分析实际决策问题的性质和要达到的目标，层次分析法将各个有关因素按相互关联影响和隶属关系自上而下地分解为若干层，同一层次的各个因素从属于其上一层的因素，同时也支配下一层因素。这些层次可以分为以下三类：

(1)最高层：一般只有一个因素，它表示决策的目的或要解决的问题，也称为目标层。

(2)中间层：这一层次中包含了为实现目标所涉及的中间环节，它可以由若干个层次组成，包括所需考虑的准则、子准则，也称为准则层或指标层。当同一层的准则比较多时，可进一步分解出子层准则。

(3)最底层：这一层次包括了为实现目标可供选择的各种措施、决策方案等，因此也称为方案层或措施层。

职场中公平、公正地实施职员晋升，是管理者的一件非常重要而又困难的工作。一种简单易行、具有一定合理性的办法是，评委会先订立全面评价一位职员的几条准则，如工作年限、教育程度、工作能力、道德品质等，并且确定各条准则在职员晋升这个总目标中所占的权重，然后按照每一条准则对每位申报晋升的职员进行比较和评判，最后将准则的权重与比较、评判的结果加以综合，得到各位申报者的最终排序，作为管理者对职员晋升的决策。

可以看出，职员晋升与9.1节的汽车选购是具有相同特点的决策问题，用多属性决策完全可以类似地予以解决。层次分析法模型的表述、计算过程等，都是以线性代数语言为基础的，并结合了其他学科的理论与方法。这种方法的特点是能够在客观数据不足，或者部分关键因素难以量化的情况下，为复杂的决策问题提供一种简便的决策方法。在原理上，层次分析法并不复杂。本节以职员晋升为例，介绍处理这类问题的另一种常用的方法——层次分析法建模的全过程。

例 9.2.1 职员晋升。

一般地说，层次分析法包含以下几个要素。

图 9.2.1 是职员晋升的层次结构图，最上层是目标层（职员晋升），只有一个元素，最下层是方案层（3 位职员），中间的准则层既影响目标，又支配方案，图中用直线表示上、下层元素之间的联系，与多属性决策相同，层次分析法首先也要确定各个准则（即属性）对目标的权重以及各个方案对每一准则的权重，然后再将二者综合，得到方案对目标的权重。萨蒂教授的贡献之一，在于提出利用成对比较矩阵和特征向量确定下层诸元素对上层元素的权重，并进行一致性检验。

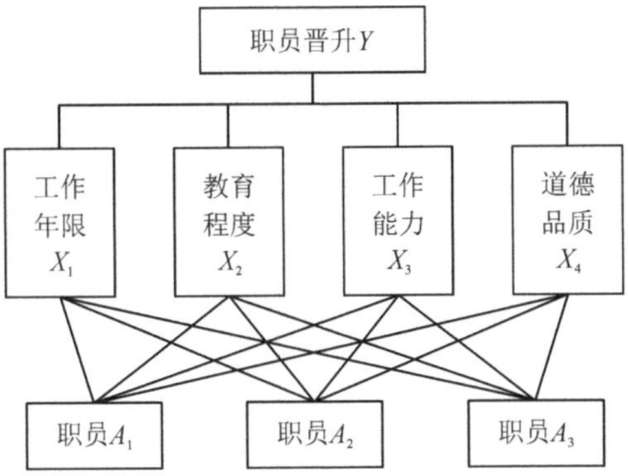

图 9.2.1　职员晋升的层次结构图

那么，成对比较矩阵和特征向量：当确定某一层的 n 个元素 $X_1, X_2, \cdots, X_n$ 对上层的一个元素 Y 的权重（如准则对目标的权重）时，为了减少在这些性质不同的元素之间相互比较的困难，萨蒂建议不把它们放在一起比较，而是两两相互对比，并且对比时采用相对尺度。将 X_i 和 X_j 对 Y 的重要性之比用 a_{ij} 表示，n 个元素 $X_1, X_2, \cdots, X_n$ 两两成对地对 Y 重要性之比的结果用成对比较矩阵表示：

$$a_{ij} > 0, a_{ji} = 1/a_{ij}, a_{ii} = 1 \qquad 1 \leqslant i, j \leqslant n; i, j = 1, 2, \cdots, n \tag{9.2.1}$$

数学上 $\boldsymbol{A}$ 又称为正互反矩阵。

例如，当确定 4 个准则（工作年限 X_1、教育程度 X_2、工作能力 X_3、道德品质 X_4）对目标（职员晋升 Y）的权重时，需将 X_1、X_2、X_3、X_4 两两进行对比。假定决策者认为对于职员晋升的重要性来说，工作年限 X_1 与教育程度 X_2 之比是 1∶2，即 $a_{12} = 1/2$，X_1 与工作能力 X_3 之比是 1∶3，即 $a_{13} = 1/3$，X_1 与道德品质 X_4 之比是 1∶2，即 $a_{14} = 1/2$；教育程度 X_2 与 X_3 之比是 1∶2，即 $a_{23} = 1/2$，X_2 与 X_4 之比是 1∶1，即 $a_{24} = 1$；X_3 与 X_4 之比是 2∶1，即 $a_{34} = 2$。这些 $a_{ij}(1 \leqslant i < j \leqslant 4)$ 是矩阵 $\boldsymbol{A}$ 的上三角元素，按照式(9.2.1)即可写出成对比较矩阵为

$$\boldsymbol{A} = \begin{bmatrix} 1 & 1/2 & 1/3 & 1/2 \\ 2 & 1 & 1/2 & 1 \\ 3 & 2 & 1 & 2 \\ 2 & 1 & 1/2 & 1 \end{bmatrix}$$

你可能已经发现，既然 $a_{12} = 1/2$，$a_{23} = 1/2$，那么 X_1 与 X_3 比较时应该是 1∶4，即 $a_{13} = 1/4$ 而非 1/3，这样才能做到成对比较的一致性。但是，n 个元素需作 $n(n-1)/2$ 次成对比较，要求全部一致是不现实也不必要的，层次分析法容许成对比较存在不一致，并且给出了不一致情况下计算各元素权重的方法，同时确定了这种不一致的容许范围。

为了说明萨蒂提出的办法，考察成对比较完全一致的情况。假定 n 个元素 $X_1, X_2, \cdots, X_n$

对 Y 的重要性之比已经精确地测定为 $w_1 : w_2 : \cdots : w_n$，在成对比较时只需取 $a_{ij}=w_i/w_j$，就一定完全一致，这样的矩阵 $\boldsymbol{A}=(a_{ij})_{n\times n}$ 简称一致阵。实际上，只要成对比较的全部取值满足

$$a_{ij}\cdot a_{jk}=a_{ik} \qquad i,j,k=1,2,\cdots,n \tag{9.2.2}$$

那么，成对比较矩阵 $\boldsymbol{A}=(a_{ij})_{n\times n}$ 就是一致阵，容易看出，一致阵的各列均相差一个比例因子，由此可得一致阵 $\boldsymbol{A}$ 的以下代数性质。

(1) $\boldsymbol{A}$ 的秩为 1。

(2)唯一非零特征根为 n，任一列向量都是对应于特征根 n 的特征向量。

(3)如果成对比较阵 $\boldsymbol{A}$ 是一致阵，显然特征向量可以取 $\boldsymbol{w}=(w_1,w_2,\cdots,w_n)^{\mathrm{T}}$。

(4) $\boldsymbol{A}$ 的转置 $\boldsymbol{A}^{\mathrm{T}}$ 也具有一致性。

单一准则下元素相对排序权重的计算常用的方法有特征根法、和法、根法、对数最小二乘法等。

(1)特征根法。不妨设 $w_1,w_2,\cdots,w_n$ 已经归一化，即满足 $\sum_{j=1}^{n}w_j=1$，那么 $\boldsymbol{w}$ 的各个分量正是 n 个元素的权重。如果成对比较矩阵 $\boldsymbol{A}$ 不一致，但在不一致的容许范围内(稍后说明)，萨蒂建议用对应于 $\boldsymbol{A}$ 的最大特征根(记作 λ)的特征向量(归一化后)为权向量 $\boldsymbol{w}$，即 $\boldsymbol{w}$ 满足

$$\boldsymbol{A}\boldsymbol{w}=\lambda\boldsymbol{w} \tag{9.2.3}$$

对于职业晋升中 4 个准则的成对比较矩阵 $\boldsymbol{A}$，用 MATLAB 软件算出最大特征根 $\lambda=4.0104$，对应特征向量(归一化后) $\boldsymbol{w}=(0.1223,0.2270,0.4236,0.2270)^{\mathrm{T}}$。

(2)和法。当 $\boldsymbol{A}$ 一致时，$\boldsymbol{A}$ 的 n 个列向量归一化后均为 $\boldsymbol{A}$ 的权向量，因此，可取成对比较矩阵 n 个列向量的归一化后的算术平均值近似作为权向量，即

$$w_i=\frac{1}{n}\sum_{j=1}^{n}\frac{a_{ij}}{\sum_{k=1}^{n}a_{kj}} \qquad i=1,2,\cdots,n$$

(3)根法(几何平均法)。$\boldsymbol{A}$ 的各行向量采用几何平均，再归一化后为 $\boldsymbol{A}$ 的权向量，即

$$w_i=\frac{\left(\prod_{j=1}^{n}a_{ij}\right)^{\frac{1}{n}}}{\sum_{k=1}^{n}\left(\prod_{j=1}^{n}a_{kj}\right)^{\frac{1}{n}}} \qquad i=1,2,\cdots,n$$

(4)对数最小二乘法。用拟合方法确定权向量 $\boldsymbol{w}=(w_1,w_2,\cdots,w_n)^{\mathrm{T}}$ 使 w_i/w_j 逼近 a_{ij}，为此，要求残差平方和达到最小，即

$$\min\sum_{1\leqslant i<j\leqslant n}\left[\ln a_{ij}-\ln(w_i/w_j)\right]^2$$

这种方法称为最小二乘法。

注意到成对比较矩阵是通过定性比较得到的相当粗糙的结果，精确地计算特征向量常常是不必要的，在实际应用时可以用成对比较矩阵各列向量的平均值近似代替特征向量。

一致性指标和一致性检验：实际应用中成对比较矩阵 $\boldsymbol{A}$ 通常不是一致阵，为了能用对应于 $\boldsymbol{A}$ 的最大特征根 λ 的特征向量作为权向量 $\boldsymbol{w}$，需要对它不一致的范围加以界定。这里首先碰到的问题是：正互反矩阵是否存在正的最大特征值和正的特征向量；一致性指标的大小是否反映它接近一致阵的程度。特别地，当一致指标为零时，它是否就变为一致阵。下面两个定理可以回答这些问题。

定理 9.2.1　对于正矩阵 **A**（所有因素为正数），有：

(1) **A** 的最大特征根是正单根 λ。

(2) λ 对应正特征向量 $\boldsymbol{w}$（$\boldsymbol{w}$ 的所有分量为正数）。

(3) $\lim\limits_{k\to\infty}\dfrac{\boldsymbol{A}^k\boldsymbol{e}}{\boldsymbol{e}^{\mathrm{T}}\boldsymbol{A}^k\boldsymbol{e}}=\boldsymbol{w},\boldsymbol{e}=(1,1,\cdots,1)^{\mathrm{T}}$，$\boldsymbol{w}$ 是对应 λ 的归一化的特征向量。

定理 9.2.2　对于 n 阶成对比较矩阵（正互反矩阵）**A**，其最大特征根 $\lambda\geqslant n$，且 **A** 是一致阵的充分必要条件为 $\lambda=n$。

上述结论为特征根法用于层次分析提供了一定的理论依据。根据这个结果可知，λ 比 n 大得越多，**A** 与一致阵相差得越远，用特征向量作为权向量引起的判断误差越大，因而可以用 $\lambda-n$ 数值的大小来衡量 **A** 的一致程度，萨蒂将

$$\mathrm{CI}=\frac{\lambda-n}{n-1}\tag{9.2.4}$$

定义为一致性指标。显然 CI=0 时 **A** 是一致阵，CI 越大，**A** 越不一致。于是可以制定一个衡量 CI 数值的标准，来界定 **A** 不一致的容许范围。

为此萨蒂又引入随机一致性指标 RI，其产生过程是，对每个 $n(n=3,4,\cdots)$ 随机模拟大量的正互反矩阵 **A**（其元素 a_{ij} 从 1,2,…,9 及 1,1/2,…,1/9 中等可能地随机取值，原因稍后说明），计算这些 **A** 的一致性指标 CI 的平均值作为 RI。萨蒂用大量样本得到的 RI 如表 9.2.1 所示。

表 9.2.1　萨蒂给出的随机一致性指标 RI 的数值

n	3	4	5	6	7	8	9	10
RI	0.58	0.90	1.12	1.24	1.32	1.41	1.45	1.49

实际应用中计算出 n 阶成对比较矩阵 **A** 的一致性指标 CI 以后，与同阶的随机一致性指标 RI 比较，当比值 CR（称为一致性比率）满足

$$\mathrm{CR}=\frac{\mathrm{CI}}{\mathrm{RI}}<0.1\tag{9.2.5}$$

时认为 **A** 的不一致程度在容许范围之内。式(9.2.5)中的 0.1 是可以调整的，对于重要决策问题应该适当减小。

一致性检验的步骤：

(1)计算一致性指标 CI；

(2)查出对应随机一致性指标 RI；

(3)计算一致性比率 $\mathrm{CR}=\dfrac{\mathrm{CI}}{\mathrm{RI}}$。

若 CR < 0.1，则认为成对比较矩阵的一致性是可以接受的，否则认为成对比较矩阵的一致性是不能接受的，应修改成对比较矩阵。

对于成对比较矩阵 **A** 利用式(9.2.4)、(9.2.5)及表 9.2.1 进行的检验称为一致性检验，若检验通过，可以用 **A** 的特征向量作为权向量，若检验不通过，需要对 **A** 作修正，或者重新作成对比较。

对于职业晋升中 4 个准则的成对比较矩阵 **A**，由 $\lambda=4.0104$ 和式(9.2.4)算出 CI=

0.0035，由表 9.2.1 知 RI=0.90，由式(9.2.5)，CR=0.0035/0.90<0.1，一致性检验通过，于是，归一化的特征向量 $\boldsymbol{w}=(0.1223,0.2270,0.4236,0.2270)^{\mathrm{T}}$ 可以作为权向量。

综合权重(组合权向量)：对于职业晋升问题用成对比较得到第 2 层 4 个准则对第 1 层目标的权重(记作 $\boldsymbol{w}^{(2)}$)之后(参看图 9.2.1)，用同样的方法确定第 3 层 3 个方案(职员 A_1、A_2、A_3)对第 2 层每一准则的权重。设决策者给出的第 3 层对 X_1、X_2、X_3、X_4 的成对比较阵依次为

$$\boldsymbol{B}_1=\begin{bmatrix}1 & 1/2 & 1/4\\ 2 & 1 & 1/3\\ 4 & 3 & 1\end{bmatrix},\boldsymbol{B}_2=\begin{bmatrix}1 & 2 & 3\\ 1/2 & 1 & 2\\ 1/3 & 1/2 & 1\end{bmatrix}$$

$$\boldsymbol{B}_3=\begin{bmatrix}1 & 1 & 2\\ 1 & 1 & 2\\ 1/2 & 1/2 & 1\end{bmatrix},\boldsymbol{B}_4=\begin{bmatrix}1 & 3 & 4\\ 1/2 & 1 & 2\\ 1/4 & 1/2 & 1\end{bmatrix}$$

由 $\boldsymbol{B}_j\,(j=1,2,3,4)$ 计算其最大特征根 λ_j、一致性指标 CI_j 及(归一化)特征向量 $\boldsymbol{w}_j^{(3)}$，结果见表 9.2.2。为了下面的计算方便，将已经得到的 $\boldsymbol{w}^{(2)}$ 放到表 9.2.2 的最后一列。

因为表 9.2.1 的 RI=0.58，由表 9.2.2 的 CI_j 可知 $\mathrm{CR}_j=\mathrm{CI}_j/\mathrm{RI}<0.1$，4 个成对比较矩阵均通过一致性检验，4 个(归一化)特征向量 $\boldsymbol{w}_j^{(3)}$ 可作为第 3 层(职员 A_1、A_2、A_3)对第 2 层每一准则的权重。

表 9.2.2　职业晋升问题第 3 层对第 2 层的计算结果

参数	j				
	1	2	3	4	$\boldsymbol{w}^{(2)}$
$\boldsymbol{w}_j^{(3)}$	0.1365	0.5396	0.4000	0.6250	0.1223
	0.2385	0.2970	0.4000	0.2385	0.2270
	0.6250	0.1634	0.2000	0.1365	0.4236
					0.2270
λ_j	3.0183	3.0092	3.0000	3.0183	
CI_j	0.0092	0.0046	0	0.0092	

注意到表 9.2.2 中第 2 行的前 4 个数值分别是职员 A_1 对 4 项准则的权重，将它们与表 9.2.2 最后一列 4 个准则对目标的权重 $\boldsymbol{w}^{(2)}$ 对应地相乘再求和，就得到职员 A_1 对目标的权重；职员 A_2、A_3 对目标的权重可以类似地得到。

容易看出，上述运算相当于用 $\boldsymbol{w}_j^{(3)}$ 构成的矩阵 $\boldsymbol{W}^{(3)}=[w_1^{(3)},w_2^{(3)},w_3^{(3)},w_4^{(3)}]$ 与权重向量 $\boldsymbol{w}^{(2)}$ 相乘，从而得到第 3 层对第 1 层的综合权重 $\boldsymbol{w}^{(3)}$，表示为

$$\boldsymbol{w}^{(3)}=\boldsymbol{W}^{(3)}\boldsymbol{w}^{(2)} \tag{9.2.6}$$

根据表 9.2.2 的数据，按照式(9.2.6)计算可得 $\boldsymbol{w}^{(3)}=(0.4505,0.3202,0.2292)^{\mathrm{T}}$，如果管理者在职业晋升中所作成对比较由 $\boldsymbol{A}$ 和 $\boldsymbol{B}_1$、$\boldsymbol{B}_2$、$\boldsymbol{B}_3$、$\boldsymbol{B}_4$ 给出，那么用层次分析法得到的 3 位职员的优劣顺序为 A_1、A_2、A_3。

在应用层次分析法作重大决策时，除了对每个成对比较矩阵进行一致性检验外，还常要作所谓综合一致性检验。

1～9 比较尺度：当成对比较 X_i、X_j 对 Y 的重要性时，比较尺度 a_{ij} 采用什么数值表示合

适呢？萨蒂建议用 1～9 尺度，即 a_{ij} 的取值范围规定为 1，2，…，9 及其互反 1，1/2，…，1/9，其大致理由如下。

进行定性的成对比较时人们脑海中通常有 5 个明显的等级，可以用 1～9 尺度方便地表示，见表 9.2.3。

表 9.2.3 比较尺度 a_{ij} 的含义

X_i 与 X_j 的比较尺度 a_{ij}	含义
1	X_i 与 X_j 的重要性相同
3	X_i 比 X_j 稍微重要
5	X_i 比 X_j 重要
7	X_i 比 X_j 明显重要
9	X_i 比 X_j 绝对重要
2，4，6，8	X_i 与 X_j 的重要性在以上两个相邻等级之间
1，1/2，…，1/9	X_i 与 X_j 的重要性比较和以上结果相反

心理学家认为，成对比较的元素太多，会超出人们的判断能力，如以 9 个为限，用 1～9 尺度表示它们之间的差别正合适。

萨蒂曾用 $1\sim3, 1\sim5, \cdots, 1\sim17, 1^p\sim9^p\ (p=2,3,4,5)$ 等 27 种尺度，对一些已经知道元素权重的实例(如不同距离处的光源)构造成对比较矩阵，再由此计算权重，与已知的权重对比发现，1～9 尺度不仅在较简单的尺度中最好，而且不劣于较复杂的尺度。

目前在层次分析法的应用中，大多数人采用 1～9 尺度。

例 9.2.2 科研项目的选择。某科研单位现有 3 个科研项目，限于人力及物力的条件，只能选择其中一个项目，主要考虑以下 3 个因素：成果贡献，项目的可行性，对人才的培养。试作出合理的选择。

1. 建立模型

将问题分解成 3 个层次，即目标层、准则层和方案层。目标层为选择科研项目；准则层包含成果贡献 C_1、项目的可行性 C_2 及对人才的培养 C_3 等 3 个因素；方案层包含 3 个科研项目 P_1、P_2、P_3。从而建立的层次结构模型如图 9.2.2 所示。

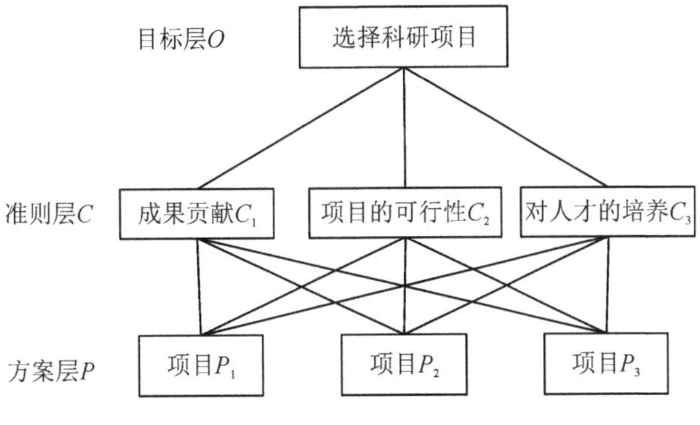

图 9.2.2 选择科研项目的层次结构图

2. 模型求解

1)构造判断矩阵

(1)目标层比较矩阵为

$$\begin{bmatrix} 1 & 3 & 4 \\ 1/3 & 1 & 1 \\ 1/4 & 1 & 1 \end{bmatrix}$$

(2)方案层比较矩阵为

$$\begin{bmatrix} 1 & 2 & 5 \\ 1/2 & 1 & 2 \\ 1/5 & 1/2 & 1/3 \end{bmatrix},\begin{bmatrix} 1 & 1/3 & 1/8 \\ 3 & 1 & 1/3 \\ 8 & 3 & 1 \end{bmatrix},\begin{bmatrix} 1 & 1 & 3 \\ 1 & 1 & 3 \\ 1/3 & 1/3 & 1 \end{bmatrix}$$

2)一致性检验

目标层矩阵中,最大特征值 $\lambda_{\max}=3.0092$,对应特征向量归一化向量为

$$\boldsymbol{w}=(0.6337,0.1919,0.1744)^{\mathrm{T}}$$

由公式计算出 CI＝0.0046,查表得 RI＝0.58,于是

$$\mathrm{CR}=\frac{0.0046}{0.58}=0.0079<0.1$$

因此,通过一致性检验。同理可对方案层矩阵作一致性检验,经计算都能通过一致性检验。具体结果如表 9.2.4 所示。

表 9.2.4　选择科研项目决策的第三层的计算结果

准则层		成果贡献 C_1	项目的可行性 C_2	对人才的培养 C_3	总排序权值
准则层权值		0.6337	0.1919	0.1744	
方案层单排序权值	项目 P_1	0.5954	0.0819	0.4286	0.4678
	项目 P_2	0.2764	0.2364	0.4286	0.2952
	项目 P_3	0.1282	0.6817	0.1428	0.2370
最大特征值 λ_k		3.0055	3.0015	3	
CI_k		0.0027	0.0008	0	
RI_k		0.58	0.58	0.58	
CR_k		0.0040	0.0014	0.0000	

3)总排序权值与一致性检验

总排序的随机一致性比率为

$$\mathrm{CR}=\frac{\sum_{j=1}^{3} a_k \mathrm{CI}_k}{\sum_{j=1}^{3} a_k \mathrm{RI}_k}=0.0033$$

因为 CR＜0.1,所以认为层次总排序具有满意的一致性。

4)结论

根据层次总排序权值,项目 P_1 的权值最大,因此应选择项目 P_1。

层次分析法应用的步骤如下：

(1)分析与问题有关的各因素之间的关系，建立由目标层、准则层、方案层等构成的递阶层次结构。

(2)由上至下对同层次的各元素之间相对于上一层中某一准则的重要性进行两两比较，建立成对比较矩阵。

(3)根据成对比较矩阵计算被比较元素相对于该准则的相对权重并检验一致性。本例中，采用特征根法，先计算各个成对比较矩阵的特征根和特征向量，再作一致性检验，通过后将特征向量取作权向量。

(4)用分层加权和法计算最下层各元素对最上层元素的权重。

众所周知，用定义计算矩阵的特征根和特征向量是相当困难的，特别是矩阵阶数较高时，并且因为成对比较矩阵是通过定性比较得到的比较粗糙的量化结果，对它作精确计算是不必要的，所以完全可以用简便的近似方法计算其特征根和特征向量，下面介绍两种。

1)幂法

(1)任取 n 维归一化初始向量 $\boldsymbol{w}^{(0)}$。

(2)计算 $\tilde{\boldsymbol{w}}^{(k+1)}=\boldsymbol{A}\boldsymbol{w}^{(k)}(k=0,1,2,\cdots)$。

(3) $\tilde{\boldsymbol{w}}^{(k+1)}$ 归一化，即令 $\boldsymbol{w}^{(k+1)}=\tilde{\boldsymbol{w}}^{(k+1)}/\sum\limits_{i=1}^{n}\tilde{w}_i^{(k+1)}$。

(4)对于预先给定的精度 ε，当 $\left|w_i^{(k+1)}-w_i^{(k)}\right|<\varepsilon(i=0,1,2,\cdots,n)$ 时，$\boldsymbol{w}^{(k+1)}$ 即为所求的特征向量；否则返回(2)。

(5)计算最大特征值 $\lambda=\dfrac{1}{n}\sum\limits_{i=1}^{n}\dfrac{\tilde{w}_i^{(k+1)}}{w_i^{(k)}}$。

以上是求最大特征根对应的特征向量的迭代方法，$\boldsymbol{w}^{(0)}$ 可任选或取为下面方法得到的结果。

2)和法

(1)将 $\boldsymbol{A}$ 的每一列向量归一化得 $\tilde{w}_{ij}=a_{ij}/\sum\limits_{i=1}^{n}a_{ij}$。

(2)对 $\tilde{w}_{ij}$ 按行求和得 $\tilde{w}_i=\sum\limits_{j=1}^{n}\tilde{w}_{ij}$。

(3)将 $\tilde{w}_i$ 归一化，$w_i=\tilde{w}_i/\sum\limits_{i=1}^{n}\tilde{w}_i$，$\boldsymbol{w}=(w_1,w_2,\cdots,w_n)^{\mathrm{T}}$ 即为近似特征向量。

(4)计算 $\lambda=\dfrac{1}{n}\sum\limits_{i=1}^{n}\dfrac{(\boldsymbol{A}\boldsymbol{w})_i}{w_i}$，作为最大特征根的近似值。

这个方法实际上是将 $\boldsymbol{A}$ 的列向量归一化后取平均值，作为 $\boldsymbol{A}$ 的特征向量。因为一致阵的列向量都是特征向量，所以若 $\boldsymbol{A}$ 的不一致不严重，则取 $\boldsymbol{A}$ 的列向量(归一化后)的平均值作为特征向量是合理的。

层次分析法与多属性决策这两种方法都能用于解决决策问题，从本节和上节的介绍可以看到，二者在步骤、方法上有很多相同之处，也有一些差别。

不论是层次分析法还是多属性决策，重点都是要确定准则(属性)对目标的权重和方案对准则(属性)的权重，其手段可分为相对量测和绝对量测。层次分析法中进行的成对比较属于前者，而如果能用定量的尺度来描述方案或准则的特征，则属于后者。

对于尚没有太多知识的新问题和模糊、抽象的准则，主要依赖于相对量测，而对于已有充分了解的老问题和明确、具体的准则，应该尽可能地采用绝对量测。如购物选择、旅游地选择中的价格，人员聘用和录取中的工作年限，奖学金评定中的学习成绩，宜居城市选择中的空气质量，大学排行榜制订中的论文数量等，都是可以使用绝对量测的准则。

一般来说，相对量测偏于主观、定性，绝对量测偏于客观、定量，应尽量采用绝对量测。

绝对量测的另一个好处是，当新方案加入或老方案退出时，原有方案的结果不会改变。而若用相对量测就要重新作若干比较，原有方案的结果也可能改变。

在应用中可以将多属性决策和层次分析中的方法结合起来，如用成对比较矩阵来确定属性权重，用绝对量测确定决策矩阵。

经过几十年的发展，许多学者针对层次分析法的缺点进行了改进和完善，形成了一些新理论和新方法，模糊决策、群组决策等理论近几年成为该领域的一个新热点。

9.3　模糊综合评判法

模糊数学是从量的角度研究和处理模糊现象的科学，这里的模糊性是指客观事物的差异所呈现的“亦此亦彼”的特性。例如，某医院管理工作“达标”与“基本达标”、某篇学术论文水平“很高”与“较高”等。从一个等级到另一个等级没有一个明确的分界，中间经历了从量变到质变的连续过渡过程，这种现象叫作中介过渡，由中介过渡引起的划分上的“亦此亦彼”的特性就是模糊性。

在对某个事物进行评价时，被评价的事物通常涉及多个因素或属性，在对每一个因素进行评价的同时，还要考虑对所有因素给出一个综合评语，即作出综合评价。模糊综合评价模型基于模糊数学方法，是一种常用的决策分析方法。

随着知识经济时代的到来，人才资源已成为企业最重要的战略要素之一，对其进行考核评价是现代企业人力资源管理的一项重要内容。

人事考核需要从多个方面对员工作出客观全面的评价，因而实际上属于多目标决策问题。对于那些决策系统运行机制清楚、决策信息完全、决策目标明确且易于量化的多目标决策问题，已经有很多方法能够较好地解决。但是，在人事考核中存在大量具有模糊性的概念，这种模糊性或不确定性不是由于事件发生的条件难以控制而导致的，而是由于事件本身的概念不明确所引起的，这就使得很多考核指标都难以直接量化。在评判实施过程中，评判者又容易受经验、人际关系等主观因素的影响，因此对人才的综合素质评判往往带有一定的模糊性与经验性。

这里说明如何在人事考核中运用模糊综合评判，从而为企业员工职务升迁、评先晋级聘用等提供重要依据，促进人事管理的规范化和科学化，提高人事管理的工作效率。

9.3.1　一级模糊综合评判在人事考核中的应用

在对企业员工进行考核时，由于考核目的、考核对象、考核范围等的不同，考核的具体内容也会有所差别。有的考核涉及的指标较少，有些考核又包含了非常全面且丰富的内容，需要涉及很多指标。鉴于这种情况，企业可以根据需要，在指标个数较少的考核中，运用一级模糊综合评判，而在问题较为复杂、指标较多时，运用多层次模糊综合评判，以提高精度。

一级模糊综合评判模型的建立，主要包括以下步骤：

(1)确定因素集。对员工的表现，需要从多个方面进行综合评判，如员工的工作业绩、工作

态度、沟通能力、政治表现等。所有这些因素构成了评价指标体系集合，即因素集，记为

$$U=\{u_1,u_2,\cdots,u_n\}$$

(2)确定评语集。由于每个指标的评价值的不同，往往会形成不同的等级，如对工业业绩的评价有好、较好、中等、较差、很差等。由各种不同决断构成的集合称为评语集，记为

$$V=\{v_1,v_2,\cdots,v_m\}$$

(3)确定各因素的权重。一般情况下，因素集中的各因素在综合评价中所起的作用是不相同的，综合评价结果不仅与各因素的评价有关，而且在很大程度上还依赖于各因素对综合评价所起的作用，这就需要确定一个各因素之间的权重分配，它是 U 上的一个模糊向量，记为

$$\boldsymbol{A}=[a_1,a_2,\cdots,a_n]$$

式中，a_i 为第 i 个因素的权重，满足 $\sum_{i=1}^{n}a_i=1$。

确定权重的方法很多，如德尔菲(Delphi)法、加权平均法、众人评估法等。

(4)确定模糊综合判断矩阵。对指标 u_i 来说，各个评语的隶属度为 V 上的模糊子集。对指标 u_i 的评判记为

$$\boldsymbol{R}_i=[r_{i1},r_{i2},\cdots,r_{im}]$$

各指标的模糊综合判断矩阵为

$$\boldsymbol{R}=\begin{bmatrix} r_{11} & r_{12} & \cdots & r_{1m} \\ r_{21} & r_{22} & \cdots & r_{2m} \\ \vdots & \vdots & & \vdots \\ r_{n1} & r_{n2} & \cdots & r_{nm} \end{bmatrix}$$

它是一个从 U 到 V 的模糊关系矩阵。

(5)综合评判。如果有一个从 U 到 V 的模糊关系 $\boldsymbol{R}=(r_{ij})_{n\times m}$，那么利用 $\boldsymbol{R}$ 就可以得到一个模糊变换

$$T_R: F(U)\rightarrow F(V)$$

由此变换，就可得到综合评判结果 $\boldsymbol{B}=\boldsymbol{A}\cdot\boldsymbol{R}$。

综合后的评判可看作是 V 上的模糊向量，记为 $\boldsymbol{B}=[b_1,b_2,\cdots,b_m]$。

例 9.3.1　某单位对员工的年终综合评定。

解　(1)取因素集 $U=\{$ 政治表现 u_1，工作能力 u_2，工作态度 u_3，工作成绩 $u_4\}$。

(2)取评语集 $V=\{$ 优秀 v_1，良好 v_2，一般 v_3，较差 v_4，差 $v_5\}$。

(3)确定各因素的权重 $\boldsymbol{A}=[0.25,0.2,0.25,0.3]$。

(4)确定模糊综合评判矩阵，对每个因素 u_i 作出评价。

u_1 由群众评议打分来确定：

$$\boldsymbol{R}_1=[0.1,0.5,0.4,0,0]$$

上式表示，参与打分的群众中，有 10%的人认为政治表现优秀，50%的人认为政治表现良好，40%的人认为政治表现一般，认为政治表现较差或差的人为 0。用同样方法对其他因素进行评价。

u_2、u_3 由部门领导打分来确定：

$$\boldsymbol{R}_2=[0.2,0.5,0.2,0.1,0],\boldsymbol{R}_3=[0.2,0.5,0.3,0,0]$$

u_4 由单位考核组成员打分来确定：

$$\boldsymbol{R}_4=[0.2,0.6,0.2,0,0]$$

以 $\boldsymbol{R}_i$ 为第 i 行构成评价矩阵：

$$\boldsymbol{R}=\begin{bmatrix}0.1 & 0.5 & 0.4 & 0 & 0\\0.2 & 0.5 & 0.2 & 0.1 & 0\\0.2 & 0.5 & 0.3 & 0 & 0\\0.2 & 0.6 & 0.2 & 0 & 0\end{bmatrix}$$

它是从因素集 U 到评语集 V 的一个模糊关系矩阵。

(5)模糊综合评判。进行矩阵合成运算：

$$\boldsymbol{B}=\boldsymbol{A}\cdot\boldsymbol{R}=[0.25,0.2,0.25,0.3]\cdot\begin{bmatrix}0.1 & 0.5 & 0.4 & 0 & 0\\0.2 & 0.5 & 0.2 & 0.1 & 0\\0.2 & 0.5 & 0.3 & 0 & 0\\0.2 & 0.6 & 0.2 & 0 & 0\end{bmatrix}$$

$$=[0.175,0.53,0.275,0.02,0]$$

取数值最大的评语作为综合评判结果，则评判结果为“良好”。

9.3.2 多层次模糊综合评判在人事考核中的应用

对于一些复杂的系统，如人事考核中涉及的指标较多时，需要考虑的因素很多，这时如果仍用一级模糊综合评判，则会出现两个方面的问题：一是因素过多，它们的权数分配难以确定；另一方面，即使确定了权数分配，由于需要满足归一化条件，每个因素的权值都小，对这种系统，可以采用多层次模糊综合评判方法。对于人事考核而言，采用二级系统就足以解决问题了，如果实际中要划分更多的层次，那么可以用二级模糊综合评判的方法类推。

下面介绍一下二级模糊综合评判法模型建立的步骤。

第一步，将因素集 $U=\{u_1,u_2,\cdots,u_n\}$ 按某种属性分成 s 个子因素集 $U_1,U_2,\cdots,U_s$，其中 $U_i=\{u_{i1},u_{i2},\cdots,u_{in_i}\}$，$i=1,2,\cdots,s$，且满足

(1) $n_1+n_2+\cdots+n_s=n$；

(2) $U_1\cup U_2\cup\cdots\cup U_s=U$；

(3)对任意的 $i\neq j$，$U_i\cap U_j=\varnothing$。

第二步，对每一个因素集 U_i，分别作出综合评判。设 $V=\{v_1,v_2,\cdots,v_m\}$ 为评语集，U 中各因素相对于 V 的权重分配是

$$\boldsymbol{A}_i=[a_{i1},a_{i2},\cdots,a_{in_i}]$$

如果单因素评判矩阵，则得到一级评判向量：

$$\boldsymbol{B}_i=\boldsymbol{A}_i\cdot\boldsymbol{R}_i=[b_{i1},b_{i2},\cdots,b_{im}]\qquad i=1,2,\cdots,s$$

将 U_i 看作一个因素，记为

$$K=\{u_1,u_2,\cdots,u_n\}$$

于是三个项目的评价矩阵为

$$\boldsymbol{R}_{甲}=\begin{bmatrix}0.7 & 0.2 & 0.1\\0.1 & 0.2 & 0.7\\0.3 & 0.6 & 0.1\end{bmatrix},\boldsymbol{R}_{乙}=\begin{bmatrix}0.3 & 0.6 & 0.1\\1 & 0 & 0\\0.7 & 0.3 & 0\end{bmatrix},\boldsymbol{R}_{丙}=\begin{bmatrix}0.1 & 0.4 & 0.5\\1 & 0 & 0\\0.1 & 0.3 & 0.6\end{bmatrix}$$

采用 $M(\wedge,\vee)$ 算子进行综合评价，得

$$\boldsymbol{B}_{甲}=\boldsymbol{W}\cdot\boldsymbol{R}_{甲}=[0.2,0.3,0.5]\cdot\begin{bmatrix}0.7&0.2&0.1\\0.1&0.2&0.7\\0.3&0.6&0.1\end{bmatrix}=[0.3,0.5,0.3]$$

$$\boldsymbol{B}_{乙}=\boldsymbol{W}\cdot\boldsymbol{R}_{乙}=[0.2,0.3,0.5]\cdot\begin{bmatrix}0.3&0.6&0.1\\1&0&0\\0.7&0.3&0\end{bmatrix}=[0.5,0.3,0.1]$$

$$\boldsymbol{B}_{丙}=\boldsymbol{W}\cdot\boldsymbol{R}_{丙}=[0.2,0.3,0.5]\cdot\begin{bmatrix}0.1&0.4&0.5\\1&0&0\\0.1&0.3&0.6\end{bmatrix}=[0.3,0.3,0.5]$$

然后归一化，得到

$$\bar{\boldsymbol{B}}_{甲}=[0.27,0.46,0.27],\bar{\boldsymbol{B}}_{乙}=[0.56,0.33,0.11],\bar{\boldsymbol{B}}_{丙}=[0.27,0.27,0.46]$$

根据最大隶属度准则，这三个科技项目的优先次序为乙、甲、丙。

9.3.3　多级模糊综合评判

有些情况因为要考虑的因素太多，而权重难以细分，或因各权重都太小，使得评价失去实际意义。为此，可根据因素集中各指标的相互关系，把因素集按不同属性分为几类。先在因素较少的每一类（二级因素集）中进行综合评判，然后再对综合评判的结果进行类之间的高层次评判。如果二级因素集中有些类含的因素过多，可对它再作分类，得到三级以至更多级的综合评判模型。注意要逐级分别确定每类的权重。

设第一级评价因素集为 $U=\{u_1,u_2,\cdots,u_m\}$，各评价因素相应的权重向量为 $\boldsymbol{W}=(\mu_1,\mu_2,\cdots,\mu_m)$；第二级评价因素集为 $U_i=\{u_{i1},u_{i2},\cdots,u_{ik}\}$ $(i=1,2,\cdots,m)$，相应的权重向量为 $\boldsymbol{W}_i=(\mu_{i1},\mu_{i2},\cdots,\mu_{ik})$，对应的单因素评判矩阵为 $\boldsymbol{R}_i=(r_{lj})_{k\times n}$ $(l=1,2,\cdots,k)$。则二级综合评判数学模型为

$$\boldsymbol{B}=\boldsymbol{W}\cdot\begin{bmatrix}W_1\cdot R_1\\W_2\cdot R_2\\\vdots\\W_m\cdot R_m\end{bmatrix}$$

例 9.3.2　（科技项目的综合评价）设某市对科技项目的技术指标为 $U=\{$ 技术水平，成功概率，经济效益 $\}$，评语集为 $V=\{$ 高，中，低 $\}$，其权重向量为 $\boldsymbol{W}=(0.2,0.3,0.5)$。设有三个科技项目甲、乙、丙，其技术指标的情况如表 9.3.1 所示。

表 9.3.1　三个项目的技术指标情况

项目	因素		
	技术水平	成功概率/%	经济效益/万元
甲	接近国际先进	70	>100
乙	国内先进	100	>200
丙	一般	100	>20

通过分析，达到三个项目的各个指标的评价情况，如表 9.3.2 所示。

表 9.3.2 三个项目指标评价情况

项目	评价								
	技术水平			成功概率			经济效益		
	高	中	低	高	中	低	高	中	低
甲	0.7	0.2	0.1	0.1	0.2	0.7	0.3	0.6	0.1
乙	0.3	0.6	0.1	1	0	0	0.7	0.3	0
丙	0.1	0.4	0.5	1	0	0	0.1	0.3	0.6

于是三个项目的评价矩阵为

$$\boldsymbol{R}_{甲}=\begin{bmatrix}0.7 & 0.2 & 0.1\\0.1 & 0.2 & 0.7\\0.3 & 0.6 & 0.1\end{bmatrix},\boldsymbol{R}_{乙}=\begin{bmatrix}0.3 & 0.6 & 0.1\\1 & 0 & 0\\0.7 & 0.3 & 0\end{bmatrix},\boldsymbol{R}_{丙}=\begin{bmatrix}0.1 & 0.4 & 0.5\\1 & 0 & 0\\0.1 & 0.3 & 0.6\end{bmatrix}$$

采用 $M(\wedge,\vee)$ 算子进行综合评价，得

$$\boldsymbol{B}_{甲}=\boldsymbol{W}\cdot\boldsymbol{R}_{甲}=[0.2,0.3,0.5]\cdot\begin{bmatrix}0.7 & 0.2 & 0.1\\0.1 & 0.2 & 0.7\\0.3 & 0.6 & 0.1\end{bmatrix}=[0.3,0.5,0.3]$$

$$\boldsymbol{B}_{乙}=\boldsymbol{W}\cdot\boldsymbol{R}_{乙}=[0.2,0.3,0.5]\cdot\begin{bmatrix}0.3 & 0.6 & 0.1\\1 & 0 & 0\\0.7 & 0.3 & 0\end{bmatrix}=[0.5,0.3,0.1]$$

$$\boldsymbol{B}_{丙}=\boldsymbol{W}\cdot\boldsymbol{R}_{丙}=[0.2,0.3,0.5]\cdot\begin{bmatrix}0.1 & 0.4 & 0.5\\1 & 0 & 0\\0.1 & 0.3 & 0.6\end{bmatrix}=[0.3,0.3,0.5]$$

然后归一化，得到

$$\bar{\boldsymbol{B}}_{甲}=[0.27,0.46,0.27],\bar{\boldsymbol{B}}_{乙}=[0.56,0.33,0.11],\bar{\boldsymbol{B}}_{丙}=[0.27,0.27,0.46]$$

根据最大隶属度准则，这三个科技项目的优先次序为乙、甲、丙。

习 题

1. 假设买家已经去过几家主要的摩托车商店，基本确定将从三种车型中选购一种。选择的标准主要有：价格、耗油量、舒适程度和外表美观情况。经反复思考比较，构造了它们之间的成对比较矩阵

$$\boldsymbol{A}=\begin{bmatrix}1 & 3 & 7 & 8\\\frac{1}{3} & 1 & 5 & 5\\\frac{1}{7} & \frac{1}{5} & 1 & 3\\\frac{1}{8} & \frac{1}{5} & \frac{1}{3} & 1\end{bmatrix}$$

三种车型(记为 a、b、c)关于价格、耗油量、舒适程度及买家对它们外表美观程度的成对比较矩阵为

(价格)

$$\begin{array}{c} \\ a \\ b \\ c \end{array}\begin{array}{c} a \quad b \quad c \\ \begin{bmatrix} 1 & 2 & 3 \\ \frac{1}{2} & 1 & 2 \\ \frac{1}{3} & \frac{1}{2} & 1 \end{bmatrix}\end{array}$$

(耗油量)

$$\begin{array}{c} \\ a \\ b \\ c \end{array}\begin{array}{c} a \quad b \quad c \\ \begin{bmatrix} 1 & \frac{1}{5} & \frac{1}{2} \\ 5 & 1 & 7 \\ 2 & \frac{1}{7} & 1 \end{bmatrix}\end{array}$$

(舒适程度)

$$\begin{array}{c} \\ a \\ b \\ c \end{array}\begin{array}{c} a \quad b \quad c \\ \begin{bmatrix} 1 & 3 & 5 \\ \frac{1}{3} & 1 & 4 \\ \frac{1}{5} & \frac{1}{4} & 1 \end{bmatrix}\end{array}$$

(外表美观程度)

$$\begin{array}{c} \\ a \\ b \\ c \end{array}\begin{array}{c} a \quad b \quad c \\ \begin{bmatrix} 1 & \frac{1}{5} & 3 \\ 5 & 1 & 7 \\ \frac{1}{3} & \frac{1}{7} & 1 \end{bmatrix}\end{array}$$

(1)根据上述矩阵可以看出四项标准在买家心目中的比重是不同的,请按由重到轻的顺序将它们排出。

(2)哪辆车最便宜?哪辆车最省油?哪辆车最舒适?哪辆车最漂亮?

(3)用层次分析法确定买家对这三种车型的喜欢程度(用百分比表示)。

2. 选择战斗机。待测评或购买的战斗机有 4 种备选型号 A_1、A_2、A_3、A_4,已确定的属性为最高速度 X_1(马赫)、航程 X_2(10^3 nmile,1 nmile = 1.852 km)、最大载荷 X_3(10^3 lb,1 lb = 0.453592 kg)、价格 X_4(10^6 美元)、可靠性 X_5、机动性 X_6。4 种战斗机对 6 个属性的定量取值或定性表述如下表所示。

习题 2 表

备选方案	属性					
	X_1	X_2	X_3	X_4	X_5	X_6
A_1	2.0	1.5	20	5.5	中	很高
A_2	2.5	2.7	18	6.5	低	中
A_3	1.8	2.0	21	4.5	高	高
A_4	2.2	1.8	20	5.0	中	中

根据以下要求确定最终决策(优劣排序和数值结果):

(1)对属性 X_5、X_6 的定性表述予以定量化,对“很高”“高”“中”“低”“很低”分别予以分值 9、7、5、3、1,或者分别予以分值 5、4、3、2、1。

(2)属性权重主观地给定为 0.2、0.1、0.1、0.1、0.2、0.3,或者对决策矩阵用信息熵方法得到。

(3)对决策矩阵归一化、最大化、模一化。

(4)用加权和法、加权积法、TOPSIS 方法计算方案对目标的权重。

3. 对某水源地进行模糊综合评价，取 U 为各污染物单项指标的集合，取 V 为水体分级的集合。可取 U（矿化度、总硬度、硝酸盐、亚硝酸盐、硫酸盐），V（Ⅰ级水、Ⅱ级水、Ⅲ级水、Ⅳ级水、Ⅴ级水）。现得到该水源地的每个指标实测值 x，计算得到对于Ⅰ～Ⅴ级水的隶属度如下表所示。

习题 3 表

指标	Ⅰ级水	Ⅱ级水	Ⅲ级水	Ⅳ级水	Ⅴ级水
矿化度	0	0.35	0.65	0	0
总硬度	0.51	0.49	0	0	0
硝酸盐	0.83	0.17	0	0	0
亚硝酸盐	0	0	0.925	0.075	0
硫酸盐	0.21	0.79	0	0	0

根据水质对污染的影响计算权重为 $\boldsymbol{A}=[0.28,0.22,0.06,0.22,0.22]$，试判断该地水源是几级水。

附录 A　交巡警服务平台的设置与调度(2011B)

本书针对交巡警服务平台设置与调度的问题，作出了合理的假设，将该问题归结为一系列带有约束条件的优化问题。

针对问题一中的交巡警服务平台管辖范围分配问题，采用弗洛伊德算法编程寻找出 A 区中距离各路口最近的交巡警服务平台，然后根据就近原则，将各路口分配给最近的平台，得到了服务平台管辖范围的分配方案(见附表 A.6.1)。

针对问题一中的快速全封锁问题，以实现全封锁为约束条件，以封锁时间最短为目标函数建立优化模型，得最短封锁时间 8.015 min。在满足封锁时间不超过 8.015 min 的条件下，以总出警路程最小为目标函数，求得最优调度方案(见附表 A.6.3)，最小出警总路程为 46.188 km。

在问题一的增加平台问题中，以 3 min 出警时间作为约束条件，选择使工作量最大值最小化为目标函数建立工作量均衡优化模型。通过编程计算，最少增设平台数量为 4，当增设第 5 个平台时，发现优化效果不显著，考虑到警力资源的有限性，认为增设平台数量为 4 更合理。其具体增设位置为 28，40，48，91。

针对问题二的现有设置方案合理性分析中，计算发现多达 138 个点发生案件时交巡警 3 min 内无法到达。考虑处理案件的及时性，以 3 min 出警时间为制约条件，建立了不改变现有平台布局的情况下增设平台以及不考虑已有平台对所有路口进行平台重新布局两种模型，并且分别结合问题一中的工作量均衡模型，对全市 6 个区的警备资源配置进行调整。综合考虑出警时间和警力资源有限性后，发现平台重新布局更加节省警力资源，此方案只需设置 101 个工作平台(见附表 A.6.7)。

在问题二的犯罪嫌疑人围堵问题中，全面考虑犯罪嫌疑人的可能逃窜路线，以围堵区域和围堵时间最小为目标建立了动态的围堵模型。利用启发式算法寻求到最优的围堵方案，接到报案后 8.9798 min 就形成了包围圈的围堵方案(见附表 A.6.9)。

模型皆为 0－1 规划或网络规划模型，采用 MATLAB、Lingo 软件求得全局最优解，结果准确可靠。

A.1　问题重述

为了更有效地贯彻实施刑事执法、治安管理、交通管理、服务群众等职能，需要在市区的一些交通要道和重要部位设置交巡警服务平台。每个交巡警服务平台的职能和警力配备基本相同。由于警务资源是有限的，如何根据城市的实际情况与需求合理地设置交巡警服务平台、分配各平台的管辖范围、调度警务资源是警务部门面临的一个实际课题。

现就某市设置交巡警服务平台的相关情况，建立数学模型分析研究下面的问题：

问题一：根据中心城区 A 的交通网络和现有的 20 个交巡警服务平台的设置情况，为各交巡警服务平台分配管辖范围。当在管辖范围内出现突发事件时，尽量能在 3 min 内有交巡警（警车的时速为 60 km/h）到达事发地。

对于重大突发事件，能调度全区 20 个交巡警服务平台的警力资源，对进出该区的 13 条交通要道实现快速全封锁。实际中一个平台的警力最多封锁一个路口，综合考虑给出该区交巡警服务平台警力合理的调度方案。

根据现有交巡警服务平台的工作量不均衡和有些地方出警时间过长的实际情况，需在该区内再增加 2 至 5 个平台，试确定需要增加平台的具体个数和位置。

问题二：针对全市的具体情况，按照设置交巡警服务平台的原则和任务，分析研究该市现有交巡警服务平台设置方案的合理性并对不合理的地方给出解决方案。

如果该市地点 P 处发生了重大刑事案件，在案发 3 min 后接到报警，犯罪嫌疑人已驾车逃跑。为了快速搜捕嫌疑犯，给出调度全市交巡警服务平台警力资源的最佳围堵方案。

A.2　问题分析

A.2.1　问题一的分析

（1）对于交巡警服务平台管辖范围的分配，可利用弗洛伊德算法求得最短路径，同时，根据就近原则将交叉路口分配给距离最近的交巡警平台管辖即可最大限度满足分配要求。

（2）从 20 个交巡警服务平台选择 13 个实行道路全封锁，要实现快速封锁，须使所取封锁方案中最后一个到达交通要道口的交巡警服务平台所用时间是所有可行方案中最少的一个，即将最大路径最小化。进一步考虑到方案最优化，应在最大路径最小化的前提下使出警总路程达到最短。

（3）增设平台时可将 3 min 内到达案发现场这一要求作为约束条件，求得不满足要求的点，为使这些点满足约束条件，应在这些点附近（包括本身）进行增设，考虑到工作量的均衡，进而求得增设点的个数与位置。

A.2.2　问题二的分析

（1）本问题要求按照设置交巡警服务平台的原则和任务，分析研究该市现有交巡警服务平台设置方案的合理性。①平台原则上包括市区的一些交通要道和重要部位；②平台的任务是尽量使每个平台工作量均衡。

（2）这里的围堵问题是一个动态的过程，案发后，犯罪嫌疑人立即逃窜，其逃窜路线事先并不确定，因此，在建立模型时，考虑的是全面围堵封锁，即封锁嫌疑人所有可能逃窜的线路。

A.3　模型假设

（1）假设出警时道路畅通，警车行驶正常，无交通事故及交通堵塞的状况。

（2）假设出警过程中，所走路程都是最短路径。

（3）假设每次案发地都在交叉路口。

（4）案犯车速与警车车速相等。

A.4 符号说明

l_{ij}：第 i 个交巡警平台距第 j 个交通要道的最短路程。

x_{ij}：第 i 个交巡警平台距负责第 j 交通要道的出警。

p_i：第 i 个路口是否设置交巡警平台。

W_i：第 i 个交巡警平台的总工作量。

rate_j：第 j 个交叉路口的案发率。

v：警车实际行驶速度。

v'：警车在地图上的行驶速度。

t：交巡警出警时路上的行驶时间。

r_{pj}：案发地点 p 到第 j 个点的最短路程。

A.5 模型准备

A.5.1 地图距离与出警时间的转换

将警车实际行驶速度 v 转换为图上行驶速度 v'，由地图比例尺计算公式得：

$$v' = \frac{v}{100000} = 10\ \mathrm{mm/min}$$

即出警时交巡警每走 1 min 对应图上 10 mm 的路程。

A.5.2 各交叉路口到任意平台间两点最短路程计算

本问题要求给出的分配方案使交巡警在接到报案后尽快赶到事发地，也就是要求在最短时间内到达，又已知车速恒定，所以需要时间最短即要求路程最短，问题便转化为最短路径问题。用图论中弗洛伊德算法由 MATLAB 编程即可求出 A 区各个交叉路口到达任意平台间两点的最短路程。

A.6 模型的建立与求解

A.6.1 问题一模型的建立与求解

A.6.1.1 管辖范围分配问题

为满足尽量快速到达事发地的要求，采用就近原则将各个交叉路口分别分配给路程最近的服务平台管辖。据此，记第 i 个交巡警平台距第 j 个交通要道的路程为 l_{ij}，建立目标函数为

$$f_j = \min_{i=1}^{20} l_{ij} \qquad j = 1, \cdots, 92$$

管辖范围分配如附表 A.6.1 所示：

附表 A.6.1 交巡警平台管辖对应的管辖路口

交巡警服务的平台	管辖范围路口序号
1	1,67,68,69,71,73,74,75,76,78
2	2,39,40,43,44,70,72
3	3,54,55,65,66
4	4,57,60,62,63,64
5	5,49,50,51,52,53,56,58,59
6	6
7	7,30,32,47,48,61
8	8,33,46
9	9,31,34,35,45
10	10
11	11,26,27
12	12,25
13	13,21,22,23,24
14	14
15	15,28,29
16	16,37,38
17	17,41,42
18	18,80,81,82,83
19	19,77,79
20	20,84,85,86,87,88,89,90,91,92

考虑到 A_{28}、A_{29}、A_{38}、A_{39}、A_{61}、A_{92} 等 6 个点距离最近交巡警服务平台的路程超出 30 mm,即当这 6 个路口发生案件时,交巡警满足不了在 3 min 内到达事发地的要求。如果这 6 点发生案件,交巡警最短到达时间如附表 A.6.2 所示。

虽然当这 6 点发生案件时 3 min 内警车无法到达,但是让距它们最近的平台管辖,最大限度地满足了尽快到达案发现场的要求。

A.6.1.2 警力合理调度问题模型的建立与求解

1.最快全封锁模型的建立与求解

基于问题分析,可将题意表述如下:寻找一种方案,在 20 个交巡警服务平台中选择 13 个,对 13 条交通要道进行封锁,并使封锁时间最小。

为满足快速实现全封锁,采用以下步骤:

(1)在 20 个交巡警服务平台中选择 13 个,对 13 条交通要道进行封锁,得到一个可行方案。

(2)每种可行方案对应 13 条出警路线,封锁时间取决于其中最长出警路线。

(3)对这些最长出警路线进行比较,选择其中最小的一个作为调度方案。

由此可得目标函数为

附表 A.6.2　最近平台到达 6 个交叉路口的最短时间

交巡警服务平台	所管辖交叉路口	到达所需最短时间/min
16	38	3.40588
20	92	3.60127
2	39	3.68219
7	61	4.1902
15	28	4.75184
15	29	5.70053

$$\min \max_{1\leqslant j\leqslant 13}\left\{\sum_{i=1}^{20} x_{ij} l_{ij}\right\}$$

x_{ij} 为 0—1 变量,具体含义为

$$x_{ij}=\begin{cases}1 & \text{第 } i \text{ 个平台封锁第 } j \text{ 个交通要道}\\ 0 & \text{第 } i \text{ 个平台不封锁第 } j \text{ 个交通要道}\end{cases}$$

$l_{ij}\ (i=1,\cdots,20;j=1,\cdots,13)$ 表示第 i 个交巡警平台到第 j 个交通要道的最短路程。

约束条件为

$$\sum_{i=1}^{20} x_{ij}=1 \qquad j=1,\cdots,13$$

一个路口必须由一个交巡警平台来实施封锁;

$$\sum_{j=1}^{13} x_{ij}\leqslant 1 \qquad i=1,\cdots 20$$

一个交巡警平台最多只封锁一个路口。综合以上讨论得到完整模型如下:

目标函数:

$$\min \max_{1\leqslant j\leqslant 13}\left\{\sum_{i=1}^{20} x_{ij} l_{ij}\right\}$$

约束条件:

$$\begin{cases}\sum_{i=1}^{20} x_{ij}=1 & j=1,\cdots,13\\ \sum_{j=1}^{13} x_{ij}=1 & i=1,\cdots,20\\ x_{ij}=0 \text{ 或 } 1 & i=1,\cdots,20;j=1,\cdots,13\end{cases}$$

应用 Lingo 软件编程 80.15 mm,即交巡警服务平台最快可在 8.015 min 内对 13 条交通要道进行全封锁。

2. 最快封锁方案优化模型的建立与求解

上述模型得到了最短的封锁时间,但是在这一时间内封锁方案并不是唯一的。在最短的

封锁时间内，让某个方案对应的 13 条出警路线的总时间最小，也就是使警力消耗最小。

以 80.15 mm 为前提，得到 13 条出警路线总路程最小的目标函数：

$$\min\sum_{i=1}^{20}\sum_{j=1}^{13}x_{ij}l_{ij}$$

约束条件：

$$\max_{1\leqslant j\leqslant 13}\left\{\sum_{i=1}^{20}x_{ij}l_{ij}\right\}\leqslant 80.15$$

这是一个线性规划模型，用 Lingo 软件编程求得最佳调度方案如附表 A.6.3 所示。

附表 A.6.3　最佳调度方案

调度方案	调度路径
$A_2\rightarrow A_{38}$	$A_2\rightarrow A_{40}\rightarrow A_{39}\rightarrow A_{38}$
$A_4\rightarrow A_{62}$	$A_2\rightarrow A_{62}$
$A_5\rightarrow A_{48}$	$A_5\rightarrow A_{47}\rightarrow A_{48}$
$A_7\rightarrow A_{29}$	$A_7\rightarrow A_{30}\rightarrow A_{29}$
$A_8\rightarrow A_{30}$	$A_8\rightarrow A_{33}\rightarrow A_{32}\rightarrow A_7\rightarrow A_{30}$
$A_9\rightarrow A_{30}$	$A_8\rightarrow A_{35}\rightarrow A_{36}\rightarrow A_{16}$
$A_{10}\rightarrow A_{22}$	$A_{10}\rightarrow A_{26}\rightarrow A_{11}\rightarrow A_{22}$
$A_{11}\rightarrow A_{24}$	$A_{11}\rightarrow A_{25}\rightarrow A_{24}$
$A_{12}\rightarrow A_{12}$	$A_{12}\rightarrow A_{12}$
$A_{13}\rightarrow A_{23}$	$A_{13}\rightarrow A_{23}$
$A_{14}\rightarrow A_{21}$	$A_{14}\rightarrow A_{21}$
$A_{15}\rightarrow A_{28}$	$A_{15}\rightarrow A_{28}$
$A_{16}\rightarrow A_{14}$	$A_{16}\rightarrow A_{14}$

调度方案表述如附图 A.6.1 所示。

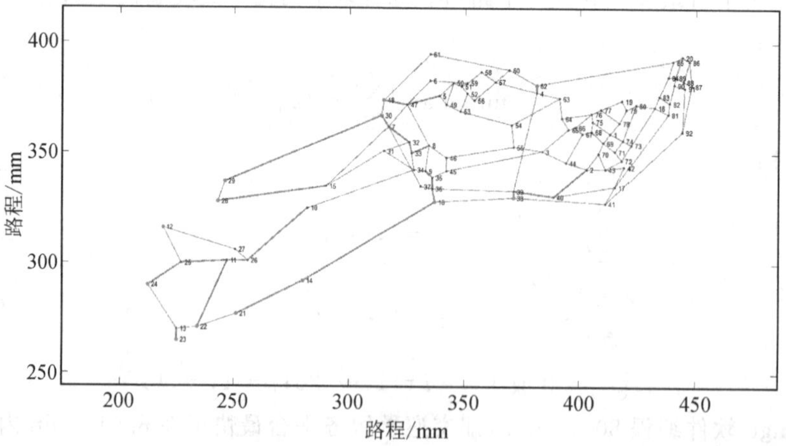

附图 A.6.1　调度方案直观图

在本方案中，由 13 个平台出动警力封锁 13 个交通要道，其余 7 个作为备用警力，随时调动。交巡警出警所走总路程最短，为 461.88 mm，节省了警力资源，为最佳的调度方案。

A.6.1.3　增加平台模型(工作量均衡模型)的建立与求解

交巡警在办理案件时,及时到达案发现场是对案件进行有效处理的关键,因此将 3 min 内有交巡警到达事发地这一要求作为增加交巡警平台的约束条件。

故有

$$t = \frac{l_{ij}}{v'} \leqslant 3 \text{ min}$$

即约束条件为

$$l_{ij} \leqslant 30 \text{ mm}$$

交巡警一次出警的工作量可用其出警途中耗费时间 T 和处理案发现场耗费时间 T' 之和来表述,那么一个服务平台的工作量即为

$$W_i = \sum_{j=1}^{m} [x_{ij}(l_{ij} + T')\,\text{rate}_j]$$

l_{ij} 可由平台到达案发现场最短路程求得具体值;但是针对不同的案件,处理案发现场耗费时间 T' 为一个随机量。为此,查阅相关资料可以得到一定量案件的处理案发现场时间 T',求 T' 的数学期望 $E(T')=100(10 \text{ min})$。最终得到服务平台的工作量为

$$W_i = \sum_{j=1}^{m} \{x_{ij}[l_{ij} + E(T')]\,\text{rate}_j\}$$

为了使各交巡警平台的工作量尽量均衡,可将新增平台数量最少及所有平台工作量最大值最小化作为目标。

因此有目标函数:

$$\min\left(\sum_{i=n+1}^{m} p_i\right)$$

$$\min\max_{i}\{W_i\}$$

综合以上讨论得到的完整模型如下:

目标函数

$$\min\left(\sum_{i=n+1}^{m} p_i\right)$$

$$\min W$$

$$\begin{cases} l_{ij}x_{ij} \leqslant 30 & i=1,\cdots,m;j=1,\cdots,m \\ \sum\limits_{i=1}^{n} x_{ij} - 1 & j=1,\cdots,m \\ \sum\limits_{j=1}^{n} x_{ij}[l_{ij} + E(T')]\,\text{rate}_j \leqslant W & i=1,\cdots,m \\ x_{ij} \leqslant p_i & i=1,\cdots,m,j=1,\cdots,m \\ x_{ij}=0,1 & i=1,\cdots,m,j=1,\cdots,m \\ p_i=0,1 & i=1,\cdots,m \\ p_i=1 & i=1,\cdots,n \end{cases}$$

至此,工作量均衡模型已经建立完毕,以下为求解过程。

在现有交巡警服务平台设置情况中得到有 A_{28}、A_{29}、A_{38}、A_{39}、A_{61}、A_{92} 6 个交叉路口不符合约束条件，因此增加的平台必须存在于 6 个路口周围且使 6 个交叉路口满足约束条件，由约束条件寻找可能增设平台的位置如附表 A.6.4 所示。

附表 A.6.4　可增设平台位置

未满足约束条件点	可使交叉点满足约束条件的增设平台位置
28	28,29
29	28,29
38	38,39,40
39	38,39,40
61	48,61
92	87,88,89,90,91,2

由表可判定，至少需要增设 4 个点才能满足设置标准，为能从(28,29)，(38,39,40)，(48,61)，(87,88,89,90,91,92)中选择 4 个最优路口进行设置，根据已建立的模型，运用 MATLAB 软件优化结果，得到满足要求的平台位置为 28、40、48、91 交叉路口。

此时得到的交巡警服务平台管辖范围表示如附表 A.6.5 所示。

附表 A.6.5　增设平台后管辖范围分配方案

交巡警服务平台	管辖范围
1	18,43,73,74,75,78
2	40,44,67,68,69,70,76
3	2,3,54,55,64,65
4	4,57,58,60,62,63
5	5,7,49,50,53
6	51,52,56,59
7	47,48
8	8,9,32,33,46
9	34
10	10
11	11,26,27
12	12,25
13	13,21,22,23,24
14	14
15	15,31
16	16,35,36,37,45

续表

交巡警服务平台	管辖范围
17	17,41,42,72
18	1,82,83,84,89,90
19	19,66,71,77,79,80,81
20	20,85,86,87,88,91
28	28,29
40	38,39
48	6,30,61
91	92

设立上述4点为新增点，平台最大工作量为938.83，即93.883 min左右(不考虑返回时间)。

A.6.2 问题二模型的建立与求解

A.6.2.1 现有平台设置合理性分析

为分析现有平台设置合理性，用算法求得全市内所有路口到达最近服务平台的最短路程。发现存在多达138个路口发生案件时3 min内交巡警无法到达，这严重不符合处理案件的及时性这一要求。考虑以3 min内有交巡警可以到达案发现场为约束条件，以设置平台数最少为目标函数，在现有平台设置的基础上增设服务平台(方案一)或不考虑现有平台重新设置服务平台(方案二)两种方案来求得需要设置的平台数。

同时为了让每个服务平台的工作量均衡，用A.6.1.3小节中工作量均衡模型对平台设置的具体位置及管辖范围求解。

A.6.2.2 需增加平台数模型的建立

基于A.6.2.1小节分析，新增平台后应该满足所有路口发生案件时3 min内有交巡警可以到达案发现场。

模型一：在不改变现有平台布局的情况下增设平台，使所有路口都能在3 min内有巡警到达，并使各平台工作量尽量均衡。

建立如下模型：

目标函数：

$$\min\sum_{i=1}^{m}p_i$$

约束条件：

$$
\begin{cases}
l_{ij}x_{ij} \leqslant 30 & i=1,\cdots,m;j=1,\cdots,m \quad ①\\
\sum\limits_{i=1}^{n} x_{ij}=1 & j=1,\cdots,m \quad ②\\
\sum\limits_{j=1}^{n} x_{ij}[l_{ij}+E(T')]\text{rate}_j \leqslant W & i=1,\cdots,m\\
x_{ij} \leqslant p_i & i=1,\cdots,m;j=1,\cdots,m \quad ③\\
x_{ij}=0,1 & i=1,\cdots,m;j=1,\cdots,m\\
p_i=0,1 & i=1,\cdots,m\\
p_i=1 & i=1,\cdots,n \quad ④
\end{cases}
$$

目标函数说明：

p_i 为 0—1 变量，具体含义为 $p_i=\begin{cases}1 & 第 i 个路口是平台\\0 & 第 i 个路口不是平台\end{cases}$，考虑到警力资源的有限性，将平台数 $\sum\limits_{i=1}^{m} p_i$ 作为目标函数。

约束条件说明：

m 为总路口数，l_{ij} 为第 i 个平台到第 j 个路口的最短路程，具体含义为

$$
x_{ij}=\begin{cases}1 & 第 i 个平台管辖第 j 个路口\\0 & 第 i 个平台不管辖第 j 个路口\end{cases}
$$

式①表示每个平台管辖的所有点能够在 3 min 内赶到；

式②表示每个路口只能由一个平台管辖；

式③表示只有在第 i 个路口为服务平台时才能将第 j 个路口让其管辖；

式④表示前 n 个路口为已有平台。

此模型确定了增加平台的个数，而具体增设位置及管辖范围考虑到尽量使平台的工作量均衡，用 A. 6. 1. 3 小节中的工作量均衡模型求解。

用 Lingo 编程求得增设平台 56 个，详细情况如附表 A. 6. 6 所示。

附表 A. 6. 6　解决方案一

区域	新增平台个数	新增平台位置
A	4	28,40,48,91
B	2	116,15
C	15	183,201,204,205,208,216,238,240,251,259,263,270,289,313,315
D	8	329,332,333,338,344,362,368,370
E	14	387,388,390,393,408,418,420,421,439,446,459,463,472,474
F	13	488,491,509,525,533,539,541,558,566,573,574,575,582

模型二：不考虑已有平台，对所有路口进行重新布局，使所有路口都能在 3 min 内有交巡警到达，并使各平台工作量尽量均衡。

建立如下模型：

目标函数：

$$\min \sum_{i=1}^{m} p_i$$

约束条件:

$$\begin{cases} l_{ij}x_{ij} \leqslant 30 & i=1,\cdots,m;j=1,\cdots,m \quad ① \\ \sum_{i=1}^{n} x_{ij}=1 & j=1,\cdots,m \quad ② \\ \sum_{j=1}^{n} x_{ij}[l_{ij}+E(T')]\text{rate}_j \leqslant W & i=1,\cdots,m \\ x_{ij} \leqslant p_i & i=1,\cdots,m,j=1,\cdots,m \quad ③ \\ x_{ij}=0,1 & i=1,\cdots,m,j=1,\cdots,m \\ p_i=0,1 & i=1,\cdots,m \end{cases}$$

目标函数说明:

$$p_i=\begin{cases}1 & \text{第 } i \text{ 个路口是新设平台} \\ 0 & \text{第 } i \text{ 个路口不是新设平台}\end{cases}$$

考虑到警力资源的有限性,故将设置平台数 $\sum_{i=1}^{m} p_i$ 最少作为目标函数。

对约束条件的说明:

m 为总路口数,l_{ij} 为第 i 个平台到第 j 个路口的最短路程,具体含义为

$$x_{ij}=\begin{cases}1 & \text{第 } i \text{ 个平台管辖第 } j \text{ 个路口} \\ 0 & \text{第 } i \text{ 个平台不管辖第 } j \text{ 个路口}\end{cases}$$

式①表示每个平台管辖的所有点能够在 3 min 内赶到;

式②表示每个路口只能由一个平台管辖;

式③表示只有在第 i 个路口为服务平台时才能将第 j 个路口让其管辖。

同理此模型确定了新设平台的个数,而具体如何设置平台及管辖范围分配用 A.6.1.3 小节中的工作量均衡模型求解。

用 Lingo 编程求得增设平台情况如附表 A.6.7 所示。

附表 A.6.7 解决方案二

区域	平台个数	重设平台位置
A	15	10,11,14,18,22,25,28,31,40,43,46,48,58,63,87
B	5	104,114,137,150,163
C	27	166,169,170,174,177,179,184,185,191,198,200,202,204,206,216,232,238,240,249,250,256,263,268,285,297,314,315
D	12	327,329,332,333,338,344,350,361,362,363,368,370
E	23	372,373,378,380,386,387,388,390,393,400,408,416,417,418,420,423,430,443,446,458,462,472,473
F	19	479,483,485,488,489,499,509,515,532,539,541,558,559,562,565,570,573,574,575,576,580,581,582

比较模型一与模型二,发现模型二只需设 101 个平台,而模型一需增加 56 个,即共设 136 个平台。从警力资源的有限性考虑,选择模型二结果作为调整方案。

A.6.2.3 模型二结果的检验

考虑到警力资源的合理配置,每个交巡警服务平台的职能和警力配备基本相同。那么人口密度越大,在这一区域的平台设置也应越密集,定义平台设置的密集程度为平台密度。当人口密度与平台密度成正比时警力资源达到最理想最公平分配。

实际情况无法满足人口密度与平台密度成正比,为定量描述资源配置合理性,引入多维向量相似度这一概念。

即六个区域的人口密度构成向量 $\boldsymbol{P}=(\rho_1,\rho_2,\rho_3,\rho_4,\rho_5,\rho_5)$,六个区域的平台密度构成向量 $\boldsymbol{P}'=(\rho_1{}',\rho_2{}',\rho_3{}',\rho_4{}',\rho_5{}',\rho_5{}')$。

相似度计算如下:

$$\mathrm{Sim}(\boldsymbol{P},\boldsymbol{P}')=\frac{|\boldsymbol{P}\cdot\boldsymbol{P}'|}{|\boldsymbol{P}|\cdot|\boldsymbol{P}'|}$$

这两向量相似度越大,警力资源分配越合理,当其为 1 时警力资源达到最理想最公平分配。调整前后平台密度如附表 A.6.8 所示。

附表 A.6.8 调整前后平台密度对照表

区域	人口密度	现有平台密度	调整后的平台密度
A	2.72727273	0.909091	0.636364
B	0.2038835	0.07767	0.048544
C	0.22171946	0.076923	0.122172
D	0.19060052	0.023499	0.031332
E	0.17592593	0.034722	0.053241
F	0.19343066	0.0400146	0.069343

计算调整前两向量相似度 $\mathrm{Sim}(\boldsymbol{P},\boldsymbol{P}')=0.85667$;调整后两向量相似度 $\mathrm{Sim}(\boldsymbol{P},\boldsymbol{P}')=0.94523$。由此发现调整之后两向量相似度更大,更接近 1,则说明调整之后警力资源分配更合理,所以模型二所得调整方案更优。

A.6.2.4 最佳围堵问题模型的建立

犯罪嫌疑人逃窜路线事先并不确定,因此,在建立模型时,考虑的是全面围堵封锁,即封锁嫌疑人所有可能逃窜的线路。

以案发的时刻为时间零点,记在时刻 t 时嫌疑人的可能逃窜范围为区域 Ω_t。区域 Ω_t 中包含的所有交叉路口记为集合 S_t,全市范围内除区域 Ω_t 外与 S_t 直接邻接的路口记为集合 $\bar{S}_t$。其所有元素称为关键点,如果平台能在 $t-3$ 时间内封锁 $\bar{S}_t$ 即可。这时此问题即划归为 A.6.1.2 小节警力合理调度问题。不同的是调度全市警力封锁这些关键点。

综合以上讨论建立完整模型如下:

目标函数:

$$\min t$$

约束条件：

$$\begin{cases} \sum_{i=1}^{80} x_{ij} l_{ij} \leqslant t-3 & j \in \bar{S}_t \\ x_{ij}=0,1 & i=1,\cdots,80; j \in \bar{S}_t \\ \sum_{i=1}^{80} x_{ij}=1 & j \in \bar{S}_t \\ \sum_{j \in \bar{S}_t} x_{ij} \leqslant 1 & i=1,\cdots,80 \end{cases}$$

A.6.2.5 最佳围堵问题模型的求解

围堵方案问题采用启发式算法求解。

初始条件：各路口节点间最短距离，交巡警平台，全市交通路口的路线。

结果：由哪个交巡警平台围堵哪个路口节点及围堵路线。

(1)判断路口节点 32 是否与出入市区的路口畅通(如果畅通说明围堵失败)，若否，跳出；否则转(2)。

(2)将与路口节点 32 的距离按升序排序，依次判断是否存在交巡警平台能够比路口节点 32 提前 3 min 到达该路口节点。若有，则剔除该交巡警平台和对应的路口，并记录此数据。

(3)由剔除交巡警平台和对应的路口的数据重新计算各路口节点间最短距离，得到全市交通路口的路线；否则转(1)。

得到一种有效的全封锁方案，见附表 A.6.9。

附表 A.6.9 围堵方案

交巡警	围堵路口	到达路径	围堵时间/min
16	16	16	0
5	5	5	0
6	6	6	0
173	236	173,236	0.6325
15	15	15	0
3	55	3,55	1.2659
171	232	171,231,232	1.9064
10	10	10	0
2	3	2,44,3	2.1117
17	40	17,40	2.6879
172	246	172,227,228,229,230,243,242,246	4.7192
475	561	475,557,558,561	4.3548

续表

交巡警	围堵路口	到达路径	围堵时间/min
4	60	4,62,60	4.7392
1	41	1,69,70,43,42,17,41	4.4412
168	4	168,189,190,62,4	3.6994
169	240	169,254,253,240	7.0474
175	168	175,194,193,192,189,168	4.9779
320	370	320,349,371,370	7.8085
321	371	321,355,350,320,349,371	8.9798
167	248	167,249,248	3.6788

完成围堵的包围区如附图 A.6.2 所示。

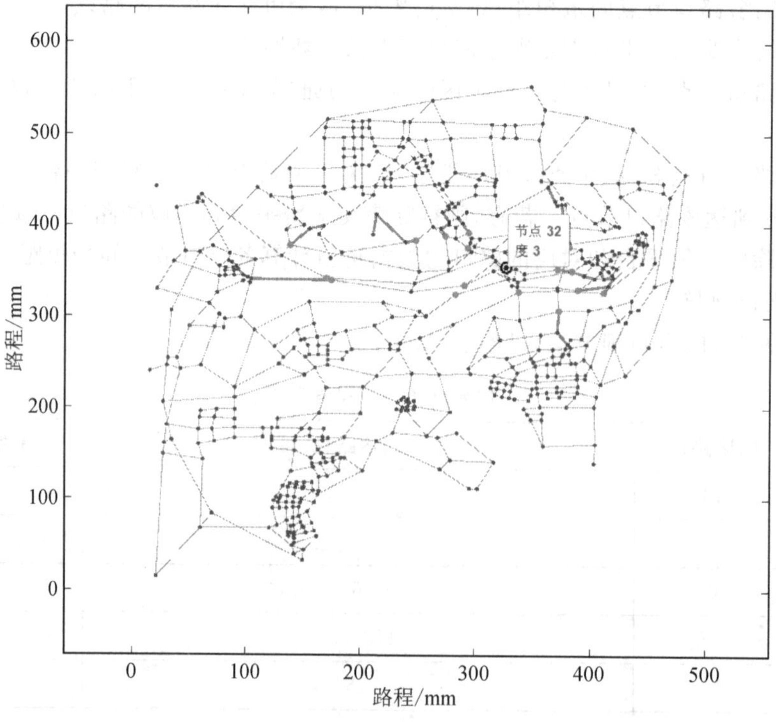

附图 A.6.2 围堵方案图

在此方案中,接到报案后 8.9798 min 就形成了包围圈,满足快速搜捕要求,为最佳围堵方案。

附录 B 创意平板折叠桌(2014B)

本书通过建立数学模型,对平板折叠桌进行优化设计,旨在设计出产品稳固性好、加工方便、用材最少的平板折叠桌。同时根据折叠桌桌面边缘线的演变,建立了任意桌型的优化设计模型,并结合实际,设计、仿真出具有创意的平板折叠桌。

对于问题一,本书建立了桌面边缘线为圆形的折叠桌离散型动态描述模型和连续型动态描述模型。离散模型实现了对产品设计参数的精确描述,结合已知尺寸,计算出此折叠桌的加工参数(滑槽位置及长度),并得出最长滑槽为 17.87 cm。同时,分析了每根木条随桌腿的运动情况并仿真展示。在连续模型中,将木条的运动抽象成线的运动,以此实现了桌脚边缘线的连续描述,结合运动过程仿真模拟,清晰地展示了桌脚边缘线的动态过程。

对于问题二,本书建立了桌面边缘线为圆形的折叠桌优化设计模型。通过对折叠桌的稳定性、设计尺寸、滑槽长度的综合优化,得出最优设计尺寸和加工参数。在稳定性分析过程中,首先对立置折叠桌进行受力分析,得出只有桌腿承力,因此可进行折叠桌简化分析,确定单侧木桌重心的位置,求解力的平衡方程得出稳定条件。在尺寸设计过程中,根据稳定时的桌腿位置与高度的关系,得出平板的设计尺寸。在滑槽设计过程中,因滑槽的长短和加工位置是影响系统稳定性及木板设计尺寸的关键,同时从易于加工的角度考虑,得出符合产品设计的约束条件。根据题设折叠桌参数,结合优化设计模型得出,在地面摩擦系数为 0.4 和 0.5,权重值为 0.5 的情况下,最佳木板长度均为 159 cm,滑槽长度为 34.64 cm。

对于问题三,本书建立了任意桌形折叠桌优化设计模型。由于桌面形状的不确定性,需要抽象描述桌形。分析发现,任意桌形的设计必须满足沿桌长方向对称,桌宽方向桌形可不对称,这就需要根据折叠桌桌面的对称情况考虑是否需要分别优化通过重力作用点的平面两侧桌形。为了表示通用的数学模型,仅对一侧建立优化模型,结合实际采用离散的优化模型,对折叠桌的稳定性、设计尺寸、滑槽长度进行分析。考虑到客户期望的桌脚边缘线是连续的,建立连续的设计桌脚边缘线方程,通过空间曲线间距离的积分来描述两边缘线的接近程度。综合上述条件,可以设计出稳定性好、加工方便、用材最少的任意桌形的折叠桌并得出最优设计尺寸和加工参数。结合实际,设计出具有创意的心形和菱形的平板折叠桌。

本书所建立的任意桌形优化设计模型具有很强的通用性,为折叠桌软件设计提供了有力的理论支撑。

B.1 问题重述

B.1.1 问题背景

某公司生产一种可折叠的桌子,桌面呈圆形,桌腿随着铰链的活动可以平摊成一张平板。

桌腿由若干根木条组成，分成两组，每组各用一根钢筋将木条连接，钢筋两端分别固定在桌腿各组最外侧的两根木条上，并且沿木条有空槽以保证滑动的自由度。桌子外形由直纹曲面构成，造型美观。附件视频展示了折叠桌的动态变化过程。

B.1.2 目标任务

问题一：给定长方形平板尺寸为 120 cm×50 cm×3 cm，每根木条宽 2.5 cm，连接桌腿木条的钢筋固定在桌腿最外侧木条的中心位置，折叠后桌子的高度为 53 cm。试建立模型描述此折叠桌的动态变化过程，在此基础上给出此折叠桌的设计加工参数和桌脚边缘线的数学描述。

问题二：折叠桌的设计应做到产品稳固性好、加工方便、用材最少。对于任意给定的折叠桌高度和圆形桌面直径的设计要求，讨论长方形平板材料和折叠桌的最优设计加工参数。对于桌高 70 cm、桌面直径 80 cm 的情形，确定最优设计加工参数。

问题三：开发一种折叠桌设计软件，根据客户任意设定的折叠桌高度、桌面边缘线的形状大小和桌脚边缘线的大致形状，给出所需平板材料的形状尺寸和切实可行的最优设计加工参数，使得生产的折叠桌尽可能接近客户所期望的形状。

B.2 问题分析

非创意，不生活！创意不仅是一种生活态度，更是对更高生活品质的追求。创意平板折叠桌不仅可以表达木制品的优雅和设计师所想要强调的自动化与功能性，还可以最大程度地节省空间。

题目介绍了一种新型的平板折叠桌，桌腿上固定有钢筋，钢筋贯穿桌腿之间的所有木条，钢筋沿木条内部的空槽运动，以保证该折叠桌可通过桌腿绕铰链活动平摊成一张平板。

对于问题一，题目中给出平板折叠桌的高度、平面尺寸、板厚、木条宽度及钢筋位置等具体数据，由立体几何中的相关知识可以建立坐标系，将已知数据代入得到的空间数学模型中，即可解得此折叠桌的设计参数及桌脚边缘线的数学描述，可以通过仿真得到折叠桌桌角的动态变化过程。

对于问题二，题目要求折叠桌的设计应做到稳固性好、加工方便、用材最少，本书将建立多目标优化模型，研究长方形平板材料制作折叠桌时的设计参数。首先，利用立体几何关系建立折叠桌设计参数；然后，鉴于折叠桌这种艺术品实际使用过程中不会承受较大重物，因而只考虑折叠桌本身重力对其稳定性的影响，并且根据折叠桌材料选取适当的地面摩擦系数建立稳定性方程；最后，在稳定的基础上从加工方便及耗材最少的角度出发，建立优化设计的模型，确定最优解。

对于问题三，为了满足客户需求，本书将原先的圆形桌面推广成任意形状（只要关于 x 轴对称）的桌面，结合问题二中的目标函数及约束建立数学模型，用范数描述实际桌脚边缘线与用户需要的桌脚边缘线的相近程度。然后，以此模型为背景，设计几种构造合理、实用价值相对较高的折叠桌，并利用问题一、问题二的结果求出设计参数并画出动态特性图。

平板折叠桌通过最边缘的两根位置固定的钢筋和具有滑槽可运动的木条组成，本书通过建立数学模型，分析其折叠过程中的动态变化过程，从设计加工参数着手，建立多目标优化模型,旨在设计出符合客户需求、产品稳定性好、加工方便、用材最少的平板折叠桌。

B.3 模型假设

(1)桌面圆与每根木条的始端相交于木条宽度的中心位置。

(2)为了不改变产品的美观,设计折叠桌时木条宽度保持不变。

(3)折叠桌板在平置时不会因桌面设计产生中空部分。

(4)木条间缝隙尺寸为零。

(5)木条与圆桌面之间的交界处间隙很小,可忽略不记。

(6)木条材料均匀,在加工过程中不会变形或折断。

(7)实际加工误差对设计影响很小,可忽略不记。

(8)不计钢筋尺寸。

(9)钢筋每次运动到最大滑槽的极限位置,且折叠桌缓慢放置于地面之上。

(10)折叠桌桌面设计要满足桌面关于 x 轴对称。

B.4 符号说明

L 为木板的长度;R 为桌面圆半径;D 为木板的厚度;B 为木板的宽度;H 为折叠桌的高度;W 为木条的宽度;$l_i(i=1,2,\cdots,N)$ 为木条 i 的长度($i=1$ 时表示桌腿);$\theta_i(i=1,2,\cdots,N)$ 为木条 i 移动过程中与桌面的夹角;θ_{end} 为最终位置时桌腿与桌面的夹角;$b_{i(x,y)}(i=1,2,\cdots,N)$ 为桌面圆内与木条 i 连接部分的位置;$x_i(y_i,z_i)$ 为木条 i 在末端坐标系内的坐标;$d_x(d_y,d_z)$ 为钢筋在 $Oxyz$ 坐标系内的坐标。

B.5 模型的建立与求解

B.5.1 圆面折叠桌的动态描述

为了充分描述创意平板折叠桌的动态变化过程,首先要确定静态折叠桌各个参量的数学表达式,然后从折叠过程中运动的每根木条入手,假定折叠桌腿以匀角速运动,根据木条与桌腿之间的运动关系得出木条运动角速度以及角加速度,同时,钢筋在木条内部运动,通过求解其在不同木条中的始末位置求解滑槽长度,最后确定木条末端的运动过程中的位置,确定桌角边缘线的形状及变化过程。

B.5.1.1 圆面折叠桌的离散型动态描述

初始状态时,折叠桌处于平放位置,在上面建立坐标系,并表达出各个参量的位置如附图B.5.1所示,其中 z 轴垂直于 Oxy 平面向内。

根据示意图,考虑对称性取右上半圆,自上而下木条 i 的长度为

$$l_i=\frac{1}{2}L-\sqrt{R^2-\left[R-\left(i-\frac{1}{2}\right)\times W\right]^2}\qquad i=1,2,\cdots,\text{BarNumber}\tag{B.5.1}$$

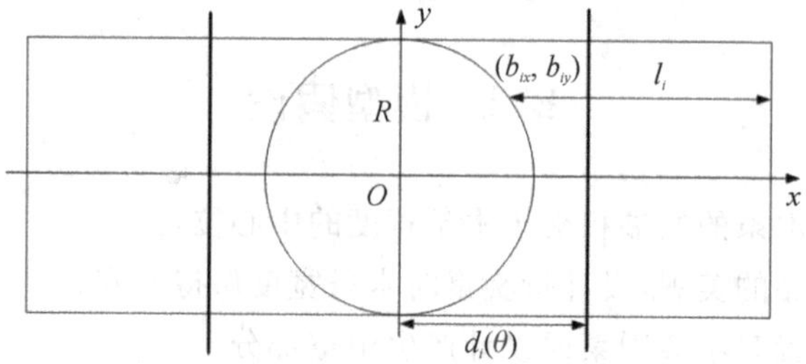

附图 B.5.1 折叠桌示意图

其中，当木条运动到末态位置，滑槽与钢筋卡紧时，桌腿与桌面的夹角为

$$\theta_{\text{end}} = \arcsin\left(\frac{H-D}{l_1}\right) \tag{B.5.2}$$

折叠过程中，桌面圆内与木条 i 连接部位到 Oyz 平面的长度不变，根据假设，桌面圆相交于桌腿的中心位置，可以确定木条 i 连接部位到 Oyz 平面有

$$b_{ix} = \frac{1}{2}L - l_i = \sqrt{R^2 - \left[R - \left(i - \frac{1}{2}\right) \times W\right]^2} \qquad i = 1,2\cdots,\text{BarNumber} \tag{B.5.3}$$

在图示 $Oxyz$ 坐标系内，桌面圆内与木条 i 连接部分 y 坐标可以用下式表示：

$$b_{iy} = \left(\text{BarNumber} - i + \frac{1}{2}\right) W_i \qquad i = 1,2,\cdots,\text{BarNumber} \tag{B.5.4}$$

因为桌面处于平放位置时，钢筋位置不能穿过桌面，而桌面立置时，钢筋不能穿过桌面边缘，由此钢筋所在位置可以表示为

$$d_x = b_{1x} + \alpha l_1 \cos\theta_1 \qquad 0 \leqslant \theta_1 \leqslant \theta_{\text{end}} \tag{B.5.5}$$

$$d_z = \alpha l_1 \sin\theta_1 \qquad 0 \leqslant \theta_1 \leqslant \theta_{\text{end}} \tag{B.5.6}$$

其中，$\frac{2R}{L} < \alpha < 1$。

木条运动过程中，滑槽时刻与钢筋保持接触，利用几何关系可以确定每根木条与桌面的夹角为

$$\theta_i = \arctan\frac{d_z}{d_x - b_{ix}} \qquad i = 1,2,\cdots,\text{BarNumber} \tag{B.5.7}$$

将式(B.5.5)和式(B.5.6)代入式(B.5.7)得

$$\theta_i = \arctan\frac{\alpha l_1 \sin\theta_1}{\alpha l_1 \cos\theta_1 + b_{1x} - b_{ix}} \qquad i = 1,2,\cdots,\text{BarNumber} \tag{B.5.8}$$

在每根木条的运动状态确定之后，钢筋在木条内部的运动也可以随相对位置而确定，钢筋与每根木条接触的位置到桌面圆边缘的距离可以用下式表示：

$$\begin{aligned} d_i(\theta) &= \sqrt{(\alpha L \sin\theta)^2 + (b_{1x} + \alpha L \cos\theta - b_{ix})^2} \\ &= \sqrt{\alpha^2 L^2 + (b_{1x} - b_{ix})^2 + 2\alpha L (b_{1x} - b_{ix}) \cos\theta} \qquad 0 \leqslant \theta \leqslant \theta_{\text{end}} \end{aligned} \tag{B.5.9}$$

$\cos\theta$ 在 $0 \leqslant \theta \leqslant \theta_{\text{end}}$ 范围内单调递减，因而 $d_i(\theta)$ 在对应区间内单调递增。即随着桌腿的移动，钢筋在每根木条中的位置逐渐向木条末端(背离桌面的方向)延伸，能够延伸的距离即为木条内部开槽长度，为

$$D_{caoi}=d_i(\theta_{end})-d_i(0) \tag{B.5.10}$$

为了确定桌角边缘线的形状及变化过程，每根木条的末端坐标如下：

$$\begin{cases} x_i=b_{ix}+l_i\cos\theta_i \\ y_i=\left(\text{BarNumber}-i+\dfrac{1}{2}\right)W_i \qquad i=1,2,\cdots,\text{BarNumber} \\ z_i=l_i\sin\theta_i \end{cases} \tag{B.5.11}$$

B.5.1.2 圆面折叠桌的连续型动态描述模型

为了形象地描述木条运动过程中桌角边缘线的形状及变化过程，由离散型动态描述，本书利用每个时刻木条末端坐标来描绘边角线时，末端坐标离散，绘制曲线不连续，尽管可以通过插值拟合的方式把所有末端坐标用连续曲线绘出，但是此曲线只是为了近似而近似，不具有明确的物理含义。为了更准确地描绘边角线，本书设计了折叠桌连续型动态描述模型，将每根木条无限细化，宽度无限减小，桌子立置时，可以得出无穷多的木条末端坐标，其中相邻的两木条末端坐标无限接近，此时将所有末端连接起来，可以得到更为精确的边角线描述。

此时，因木条宽度忽略不计，每根木条的长度可以表示为

$$l=\frac{1}{2}L-\sqrt{R^2-y^2} \qquad 0\leqslant y\leqslant R \tag{B.5.12}$$

任意一根木条与桌面圆内连接部分的长度可表示为

$$\theta=\arctan\frac{\alpha\dfrac{1}{2}L\sin\theta_1}{\alpha\dfrac{1}{2}L\cos\theta_1-\sqrt{R^2-y^2}} \qquad 0\leqslant\theta_1\leqslant\theta_{end} \tag{B.5.13}$$

$$x=\sqrt{R^2-y^2}+l\cos\theta \qquad 0\leqslant y\leqslant R \tag{B.5.14}$$

$$z=l\sin\theta \tag{B.5.15}$$

综上，可以确定每根木条的末端坐标如下：

$$\begin{cases} \theta=\arctan\dfrac{\alpha\dfrac{1}{2}L\sin\theta_1}{\alpha\dfrac{1}{2}L\cos\theta_1-\sqrt{R^2-y^2}} & 0\leqslant\theta_1\leqslant\theta_{end} \\ l=\dfrac{1}{2}L-\sqrt{R^2-y^2} & 0\leqslant y\leqslant R \\ x=\sqrt{R^2-y^2}+l\cos\theta & 0\leqslant y\leqslant R \\ z=l\sin\theta \end{cases} \tag{B.5.16}$$

利用 Maple 求解

$$\text{solve}\left(\left\{\theta=\arctan\left[\frac{\alpha}{2}L\sin(\theta_1),\frac{\alpha}{2}L\cos(\theta_1)-\sqrt{R^2-y^2}\right],\ l=\frac{1}{2}L-\sqrt{R^2-y^2},\ x=\sqrt{R^2-y^2}+l\cos(\theta),z=l\sin(\theta)\right\},\{x,z,\theta,l\}\right)$$

解得

$$\left\{l=\frac{L}{2}-\sqrt{R^2-y^2},\theta=\arctan\left[\frac{\alpha L\sin(\theta_1)}{2},\frac{\alpha L\cos(\theta_1)}{2}-\sqrt{R^2-y^2}\right],\right.$$

$$
\left.\begin{aligned}
x= & \Big[\alpha L^2\cos(\theta_1)-2\alpha L\cos(\theta_1)\sqrt{R^2-y^2}-2\sqrt{R^2-y^2}L+ \\
& 2\sqrt{R^2-y^2}\sqrt{\alpha^2L^2\sin(\theta_1)^2+\alpha^2L^2\cos(\theta_1)^2-4\alpha L\cos(\theta_1)\sqrt{R^2-y^2}+4R^2-4y^2}+4R^2-4y^2\Big]\Big/ \\
& \Big[2\sqrt{\alpha^2L^2\sin(\theta_1)^2+\alpha^2L^2\cos(\theta_1)^2-4\alpha L\cos(\theta_1)\sqrt{R^2-y^2}+4R^2-4y^2}\Big], \\
z= & \frac{\alpha L\sin(\theta_1)(L-2\sqrt{R^2-y^2})}{2\sqrt{\alpha^2L^2-\sin(\theta_1)^2+\alpha^2L^2\cos(\theta_1)^2-4\alpha L\cos(\theta_1)\sqrt{R^2-y^2}+4R^2-4y^2}}
\end{aligned}\right\}
$$

B.5.1.3　模型的求解

根据题目条件，给定长方形平板尺寸为 120 cm×50 cm×3 cm，每根木条宽 2.5 cm，连接桌腿木条的钢筋固定在桌腿最外侧木条的中心位置，折叠后桌子的高度为 53 cm。

桌子关于 Oxz 和 Oyz 平面对称，所以只需要考虑四分之一桌面内具体参数的情况。当桌板水平放置时，根据假设，桌面圆相交于桌腿木条的中心位置，运用 MATLAB 进行数值计算，可以得出四分之一桌面内木条的长度如附表 B.5.1 所示。

附表 B.5.1　四分之一桌面内每根木条长度

参数	木条编号									
	1	2	3	4	5	6	7	8	9	10
木条长度/cm	52.19	46.83	43.46	41.00	39.12	37.67	36.58	35.79	35.28	35.03

木条长度确定后，可以算出桌腿运动的最终位置：

$$\theta_{\text{end}}=\arcsin\left(\frac{H-D}{l_1}\right)=73.3292^\circ$$

木条运动的同时，钢筋在滑槽内部运动，始末位置确定后根据式(B.5.12)可确定滑槽长度如附表 B.5.2 所示。

附表 B.5.2　钢筋位置及滑槽长度表

参数	木条编号									
	1	2	3	4	5	6	7	8	9	10
钢筋初始位置/cm	33.90	33.90	33.90	33.90	33.90	33.90	33.90	33.90	33.90	33.90
钢筋最终位置/cm	33.90	38.25	41.56	44.27	46.49	48.29	49.70	50.74	51.43	51.77
滑槽长度/cm	0.00	4.35	7.66	10.36	12.59	14.39	15.80	16.84	17.53	17.87

分析表中数据，可以得出，钢筋从相同的初始状态开始移动，b_{ix} 越大的木条，即木条起点距离 Oyz 平面越远的木条，其滑槽长度越长。

由式(B.5.16)求解得曲线方程如下：

$$x=\frac{\alpha L^2\cos(\theta_1)-2\alpha L\cos(\theta_1)\sqrt{R^2-y^2}-2\sqrt{R^2-y^2}L+2\sqrt{R^2-y^2}\sqrt{\alpha^2L^2\sin(\theta_1)^2+\alpha^2L^2\cos(\theta_1)^2-4\alpha L\cos(\theta_1)\sqrt{R^2-y^2}+4R^2-4y^2}+4R^2-4y^2}{2\sqrt{\alpha^2L^2\sin(\theta_1)^2+\alpha^2L^2\cos(\theta_1)^2-4\alpha L\cos(\theta_1)\sqrt{R^2-y^2}+4R^2-4y^2}}$$

$$y=y$$

$$z=\frac{\alpha L\sin(\theta_1)(L-2\sqrt{R^2-y^2})}{2\sqrt{\alpha^2L^2\sin(\theta_1)^2+\alpha^2L^2\cos(\theta_1)^2-4\alpha L\cos(\theta_1)\sqrt{R^2-y^2}+4R^2-4y^2}}$$

其中，$0 \leqslant \theta_1 \leqslant \theta_{\mathrm{end}}, 0 \leqslant y \leqslant R$。

根据圆面折叠桌的连续型动态描述模型(见附图 B.5.2)，代入已经确定的设计加工参数，运用 MATLAB 描点作图即可得出连续的光滑的桌角边缘线如附图 B.5.3 所示。

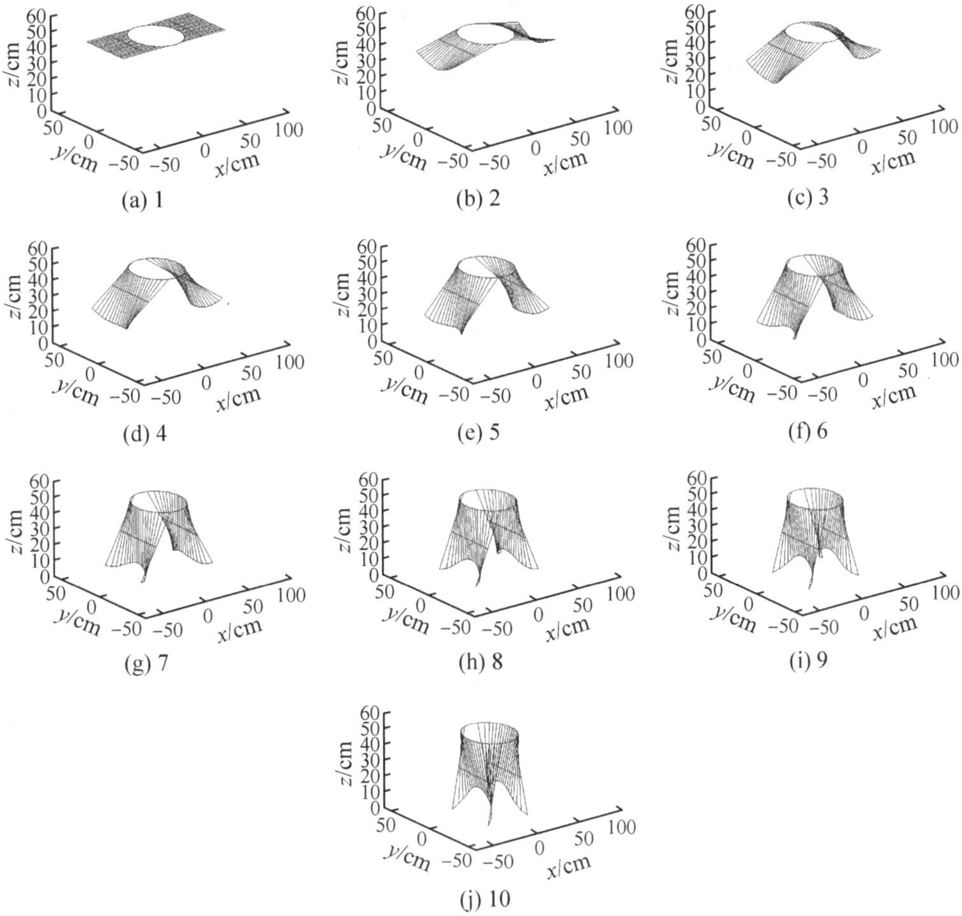

附图 B.5.2　折叠桌的动态变化过程

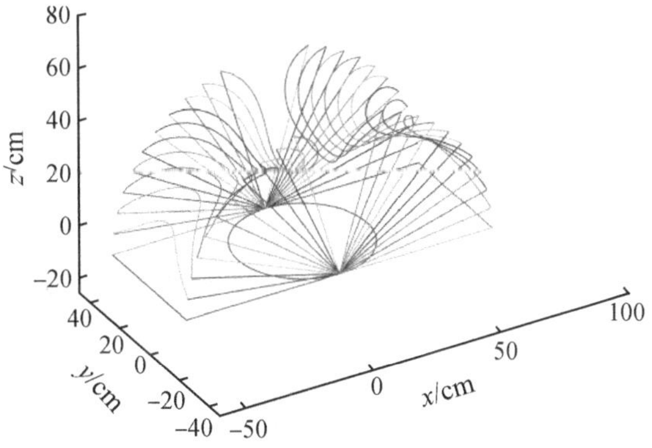

附图 B.5.3　桌角边缘线动态变化过程示意图

由桌角边缘线的变化情况可以分析得出，随着 θ 从初始状态到极限位置的变化，桌角边缘线弯曲程度逐渐增大，最终形成一道三维曲线。

B.5.2　圆面折叠桌设计的优化模型及实例分析

折叠桌的设计应做到稳固性好、加工方便、用材最少，所以折叠桌设计优化模型的建立应从三个方面入手，分别是折叠桌的稳定性设计、滑槽设计及尺寸设计。

B.5.2.1　折叠桌的稳定性设计

在优化设计折叠桌的过程中，首先应满足稳定性条件，本书从受力分析入手。平板桌立置时，主要考虑桌面承担重物和地面摩擦力，以铰链为轴的力矩平衡，如附图 B.5.4 所示。

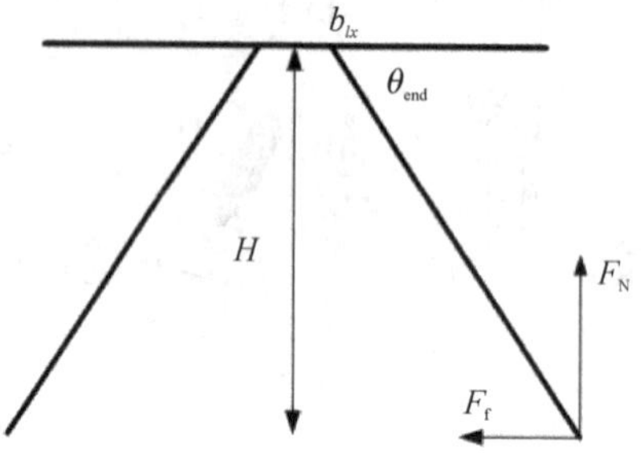

附图 B.5.4　折叠桌简化系统受力分析示意图

$$F_N = \frac{1}{4}G_{物}$$

根据稳定状态力矩平衡，有

$$F_f H = F_N H/\tan\theta_{end}$$

$$F_f = F_N/\tan\theta_{end}$$

这就要

$$F_f \leqslant \mu F_N$$

整理得

$$\mu \geqslant \frac{1}{\tan\theta_{end}} \tag{B.5.17}$$

上式为折叠桌稳定性设计过程中必须满足的条件。

B.5.2.2　折叠桌的滑槽设计

第一块木条起始位置横坐标：

$$L_1 = \sqrt{R^2 - \left(R - \frac{W}{2}\right)^2}$$

滑槽钢筋位置 $\left(\alpha\frac{1}{2}L\sin\theta_{end}, \alpha\frac{1}{2}L\cos\theta_{end}\right)$，滑槽钢筋位置到圆桌 x 轴位置的距离应该不超过对应腿长，即

$$\sqrt{\left[\alpha\left(\frac{1}{2}L - L_1\right)\sin\theta_{end}\right]^2 + \left[L_1 + \alpha\left(\frac{1}{2}L - L_1\right)\cos\theta_{end} - R\right]^2} \leqslant \frac{1}{2}L - R$$

桌面直径为

$$B = 2R$$

桌高为

$$H=\left(\frac{L}{2}-L_1\right)\cdot\sin(\theta_{\text{end}})$$

$$\min u\cdot L\cdot B+(1-u)\cdot \text{caochang max}$$

约束条件如下：

$$\mu\tan\theta\geqslant 1$$

满足稳定性要求。

$$\text{huacaoend}\leqslant\frac{L}{2}-R$$

滑槽不能突破木板边缘。

$$2R\leqslant\alpha L$$

滑槽不能穿过桌面。

$$\alpha\leqslant 1$$

滑槽不能突破木板边缘。

$$x_i\geqslant 0$$

木条末端横坐标不能越过桌子中线。

$$z(i)\leqslant z(1)$$

木条末端竖坐标不能高于支撑木条。

$$L_1=\sqrt{R^2-\left(R-\frac{W}{2}\right)^2}$$

为第一块木条起始位置的横坐标。

$$\text{caochangmax}=\text{huacaoend}-\left(\frac{\alpha L}{2}-R\right)$$

为最大槽长。

$$\text{huacaoend}=\sqrt{\left[\alpha\left(\frac{L}{2}-L1\right)\sin\theta\right]^2+\left[L1+\alpha\left(\frac{L}{2}-L1\right)\cos\theta-R\right]^2}$$

为中间木条滑槽位置距离起点的位置。

$$B=2R$$

木板宽度为直径。

$$H=\left(\frac{L}{2}-L_1\right)\sin\theta$$

为桌子高度与桌腿长度及倾角关系。

$$H=70-W$$

为桌子高度(去掉木板厚度)。

$$\mu=0.5$$

为摩擦系数。

$$B=80$$

为木板宽度。

$$W=3$$

为木板厚度。

$$u=1$$

为比例系数。

$$0\leqslant\theta\leqslant\frac{\pi}{2}$$

为最终位置时桌腿与桌面的夹角范围。

B.5.2.3 折叠桌的尺寸设计

在桌形的尺寸设计过程中,结合实际,采用离散型的数学模型。

这里假设桌子具有对称性,桌面边缘线方程为

$$x=f(y)\qquad 0\leqslant y\leqslant R$$

桌脚边缘线方程为

$$\begin{cases}x=g(y) & 0\leqslant y\leqslant R\\ z=h(y) & 0\leqslant y\leqslant R\end{cases}$$

$$\min\sum_{i=1}^{\text{BarNumber}}[x_i-g(y_i)]^2+[z_i-h(y_i)]^2$$

$$l_i=\frac{1}{2}L-f\left[\left(\text{BarNumber}-i+\frac{1}{2}\right)W\right]\qquad i=1,2,\cdots,\text{BarNumber}$$

$$L_1=f\left[\left(\text{BarNumber}-\frac{1}{2}\right)W\right]$$

其他约束条件与上述模型相同。修改相关参数,得出给定桌面边缘线的最优桌形。

参考文献

[1] 温正. MATLAB科学计算[M]. 2 版. 北京:清华大学出版社,2023.

[2] 肖华勇. 基于 MATLAB 和 Lingo 的数学实验[M]. 西安:西北工业大学出版社,2014.

[3] 戴朝寿,孙世良. 数学建模简明教程[M]. 北京: 高等教育出版社, 2007.

[4] 李尚志. 数学建模竞赛教程[M]. 南京: 江苏教育出版社, 1996.

[5] 姜启源, 谢金生, 叶俊. 数学模型[M]. 3 版. 北京: 高等教育出版社, 2003.

[6] 叶其孝. 大学生数学建模竞赛辅导教材(二)[M]. 长沙: 湖南教育出版社, 1997.

[7] 寿纪麟. 数学建模:方法与范例[M]. 西安: 西安交通大学出版社, 1993.

[8] 侯云畅. 高等数学[M]. 北京: 高等教育出版社, 1999.

[9] 周义仓,曹慧,肖燕妮. 差分方程及其应用[M]. 北京:科学出版社,2014.

[10] 郭文艳,王小侠,李灿,等. 线性代数应用案例分析[M]. 北京:科学出版社,2019.

[11] 盛骤,谢式千,潘承毅. 概率论与数理统计[M]. 北京:高等教育出版社,2001.

[12] JAMES D J Q, MEDONALD J. Case studies in mathematical modeling[M]. New York: Wiley, 1981.

[13] 运筹学教材编写组. 运筹学[M]. 北京:清华大学出版社,2005.

[14] 袁新生,邵大宏,郁时炼. Lingo 和 Excel 在数学建模中的应用[M]. 北京:科学出版社,2006.

[15] 西北工业大学数学建模指导委员会. 数学建模简明教程[M]. 北京:高等教育出版社,2008.

[16] 王海英,黄强,李传涛,等. 图论算法及其 MATLAB 实现[M]. 北京:北京航空航天大学 2010.

[17] 许丽佳,穆炯. MATLAB 程序设计及应用[M]. 北京:清华大学出版社,2011.

